●艺术实践教学系列教材

网 页 设 计

张 滨 编著

ZHEJIANG UNIVERSITY PRESS
浙江大学出版社

图书在版编目(CIP)数据

网页设计 / 张滨编著. —杭州:浙江大学出版社,2015.1

ISBN 978-7-308-14102-4

Ⅰ.①网… Ⅱ.①张… Ⅲ.①网页制作工具 Ⅳ.①TP393.092

中国版本图书馆 CIP 数据核字(2014)第 280616 号

网 页 设 计

张　滨　编著

责任编辑	石国华	
封面设计	刘依群	
出版发行	浙江大学出版社	
	(杭州市天目山路 148 号　邮政编码 310007)	
	(网址:http://www.zjupress.com)	
排　　版	杭州星云光电图文制作有限公司	
印　　刷	杭州日报报业集团盛元印务有限公司	
开　　本	787mm×1092mm　1/16	
印　　张	20.25	
字　　数	518 千	
版 印 次	2015 年 1 月第 1 版　2015 年 1 月第 1 次印刷	
书　　号	ISBN 978-7-308-14102-4	
定　　价	48.00 元	

丛书编委会

总　序

　　面对我国飞速发展的今天和高等教育从精英教育向大众化教育转变的现实，我们必须思考在这场激烈的人才竞争中如何使我们的教育适应新形势下的社会需求，如何全面地提升学生的综合竞争力，真正使我们所教的知识能"学以致用"。

　　教学改革是一个持久的课题，其没有模式可套，我们只能从社会对人才需求的不断变化和在教学实践中结合自身的具体情况不断地去提升与完善。要对以往的教学进行反思、梳理，调整我们的教学结构与体系，去完善这个体系中的具体课程。这里包含着对现有教学知识链的思考：如何在原有知识结构的基础上整合出一条更科学的知识链，并使链中的知识点环环相扣；也包含着对每个知识点的深入研究与探讨：怎样才能更好地体现每门课程的准确有效的知识含量，以及切实可行的操作流程与教学方法。重视学生的全面发展，关注社会需求，开发学生潜能，激发学生的创新精神，培养学生的综合应用能力。教育的根本目的不仅要授予学生"鱼"，更要授予以"渔"，使之拥有将所学知识与技能转化成一种能量、意识和自觉行为的能力。

　　编写一部好的教材确实不易，从实验实训的角度则要求更高，不仅要有广深的理论，更要有鲜活的案例、科学的课题设计以及可行的教学方法与手段。编者们在编写的过程中以自身教学实践为基础，吸取了相关教材的经验并结合时代特征而有所创新。本套教材的作者均为一线的教师，他们中有长期从事艺术设计、摄影、传播等教育的专家、教授，有勇于探索的青年学者。他们不满足书本知识，坚持教学与实践相结合，他们既是教育工作者，也是从事相关专业社会实践的参与者，这样深厚的专业基础为本套教材撰写一改以往教材的纸上谈兵提供了可能。

　　实验实训教学是设计、摄影、传播等应用学科的重要内容，是培养学生动手能力的有效途径。希望本套教材能够适应新时代的需求，能成为学生学习的良好平台。

　　本套教材是浙江财经大学人文艺术省级实验中心的教研成果之一，由浙江大学出版社出版发行。在此，对辛勤付出的各位教师、工作人员以及参与实验实训环节的各位同学表示衷心的感谢。

张继东

前　言

　　网页设计是一门新兴学科,是20世纪以来随着管理科学、信息科学、计算机科学与通信技术等学科的不断发展及相互渗透,逐渐形成的一门综合性、边缘性学科。随着网站技术的进一步发展,各个部门对网站开发技术的要求日益提高,综观人才市场,各企事业单位对网站开发工作人员的需求也大大增加。但是网站建设作为一项综合性的技能,对很多计算机技术都有着很高的要求。网站开发工作主要涉及市场需求研究、网站策划、网页平面设计、网站程序开发、数据库设计以及网站的推广运作等,如此诸多方面的知识,使得很多初学者往往都会感到十分困惑。本书就是针对这些问题并在近几年所用讲义的基础上修改而成的。在编写时突出了以下几点:第一,在理论上较为完整和系统,力求反映本学科的最新理论与方法;第二,在内容与方法上紧密联系系统开发实际,所介绍的工具与方法在实践中行之有效。本书可作为艺术类、广告类、管理类、经济学类等专业本科生的教材,同时也可作为计算机应用系统开发人员、工程技术人员、企业管理人员的参考书及在职干部的培训教材。

　　本书共分12章。第1章为网页设计简介,主要介绍了网页、Internet、网站和网络的基本概念,网页设计的特点、功能、发展现状;以及系统地介绍了网站开发的生命周期、原则、方法和组织管理。第2章为Dreamweaver工作界面及基本操作,主要介绍了Dreamweaver的工作界面。第3章为站点管理,介绍了站点管理的作用、特点、方法。第4章为简单网页制作,介绍了简单网页的制作过程。第5章为超链接、多媒体,介绍了超级链接的使用方法,Flash、音乐等多媒体对象的使用。第6章为表格及布局表格,主要介绍了表格的使用,如何利用表格做网页的布局。第7章为表单,详细介绍了各个表单对象。第8章为样式表。第9章为层。第10章为行为。第11章为与其他网页设计软件的结合。第12章为生成动态页和站点发布。

　　本书主要由浙江财经大学张滨编著,参加编写和提供、整理资料的还有罗岑宏、段晓艳。

　　本书吸收了国内同行的相关论著中的观点,并引用了其中的图表资料,谨在此表示深深的谢意。本教材得到了浙江省实验教学示范中心出版基金的资助。浙江大学出版社为本书的出版给予了大力支持。在此一并致谢。

　　由于编者水平有限,书中难免存在一些缺点和错误,敬请广大读者批评指正。

目　录

第1章　网页设计简介

本章我们首先认识什么是网页和网站,掌握基本的 html 语言,了解网页制作和美化的基本工具,熟悉网站开发流程,了解 Dreamweaver 工作界面及基本操作。

1.1　网　站

1.1.1　网页与网站

浏览网页时在浏览器中看到的一个个页面就是网页,而多个相关的网页的集合就构成了一个网站。

如:搜狐网(www. sohu. com)、百度网(www. baidu. com)、优酷网(www. youku. com)等。

Internet 上各式超文本文件称为网页(Page),其中超文本(Hypertext)是一种文件格式,是一种对信息的描述方法,这种描述方法不受系统平台的限制,可以在不同的平台上使用,用户也可以在各种操作系统上浏览这些超文本文件。

在每一个页面上,可以有一些词、语句或图片等作为链接点(Link),通过这些链接点可以快速地跳转到本网站的其他页面或其他网站上的页面,这种"链接点"方式称为超链接。

存放这些页面的服务器称为网站。

1.1.2　浏览网页的工具——浏览器

浏览器:用于打开显示网页的软件,最常见的是 Windows 系统自带的 IE 浏览器。还有火狐 Firefox、360 安全浏览器、遨游、腾讯 TT 等。

网址:用于定位某个网站某个页面的一串字符,通常是这种格式 http://www. zufe. edu. cn

主页:访问网站时,默认打开的第一个页面也叫首页。

1.1.3　静态网页与动态网页

静态网页使用语言:HTML(超文本标记语言)。

动态网页使用语言:HTML＋ASP 或 HTML＋PHP 或 HTML＋JSP 等。

静态网页与动态的区别:程序是否在服务器端运行,是重要标志。在服务器端运行的程序、网页、组件,属于动态网页,它们会随不同客户、不同时间,返回不同的网页,例如 ASP、PHP、JSP、ASP. NET、CGI 等。运行于客户端的程序、网页、插件、组件,属于静态网页,例如 html 页、Flash、JavaScript、VBScript 等,它们是永远不变的。

1.2　Internet 与 Web 服务

Internet 是一个覆盖范围极广、功能极其强大的网络,在 Internet 上用户可以享受很多服务,Web 服务是目前 Internet 上很重要也是用户最多的一项服务。

Web 服务最初是由日内瓦欧洲核物理研究中心(CERN)开发的一个科研项目,1990 年底研制成功并投入使用。

1993 年初,美国国家超级计算机应用中心(NCSA)开发的基于图形用户界面的 MOSAIC 浏览器问世,使得 Web 服务得以突飞猛进地发展。

随后,Internet 上 Web 服务器的数量也呈几何倍数增长,并使得 Web 服务迅速成为 Internet 上最有吸引力的服务之一。

1.2.1 Internet 的起源与发展

1969 年,美国国防部研究计划管理局(Advanced Research Projects Agency,ARPA)开始建立一个命名为 ARPANET 的网络,当时建立这个网络的目的只是为了将美国的几个军事及研究用电脑主机连接起来,人们普遍认为这就是 Internet 的雏形。而且在 Internet 正式形成之前,已经建立了以 ARPANET 技术和协议为主的国际网,这种网络之间的连接模式,也是随后 Internet 所用的模式。

1985 年,美国国家科学基金会(NFS)开始建立 NSFNET。NSF 规划建立了 15 个超级计算中心及国家教育科研网,用于支持科研和教育的全国性规模的计算机网络 NESNET,并以此作为基础,实现同其他网络的连接。NSFNET 成为 Internet 上主要用于科研和教育的主干部分,代替了 ARPANET 的骨干地位。

1989 年,MILNET(由 ARPANET 分离出来)实现和 NSFNET 连接后,就开始采用 Internet 这个名称。自此以后,其他部门的计算机网相继并入 Internet,ARPANET 宣告解散。

90 年代初,商业机构开始进入 Internet,使 Internet 开始了商业化的新进程,也成为 Internet 大发展的强大推动力。

1995 年,NSFNET 停止运作,Internet 已彻底商业化了。

1.2.2 域名

一是国际域名(international top-level domain-names,iTDs),也叫国际顶级域名。这也是使用最早也最广泛的域名。例如表示工商企业的.com,表示网络提供商的.net,表示非盈利组织的.org 等。详见表 1-1。

二是国内域名,又称为国内顶级域名(national top-level domain-names,nTLDs),即按照国家的不同分配不同后缀,这些域名即为该国的国内顶级域名。目前 200 多个国家和地区都按照 ISO3166 国家代码分配了顶级域名,例如中国是 cn,美国是 us,日本是 jp 等。

表 1-1 机构域名

域名	表示的组织或机构的类型	域名	表示的组织或机构的类型
.com	商业机构	.firm	商业或公司
.edu	教育机构或设施	.store	商场
.gov	非军事性的政府机构	.web	和 WWW 有关的实体
.int	国际性机构	.arts	文化娱乐
.mil	军事机构或设施	.arc	消遣性娱乐
.net	网络组织或机构	.info	信息服务
.org	非盈利性组织机构	.cc	商业领域

我们可以使用命令 nslookup 查看域名,例如:www. sina. com. cn,www. zufe. edu. cn 等的域名信息。首先,单击"开始"菜单,输入 CMD 打开"命令"窗口,在窗口中输入 nslookup。如图 1-1 所示。

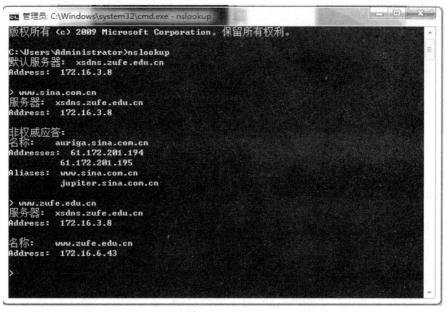

图 1-1　查看域名

1.2.3　IP 地址

Internet 上的每台主机(Host)都有一个唯一的 IP 地址。IP 协议就是使用这个地址在主机之间传递信息,这是 Internet 能够运行的基础。IP 地址的长度为 32 位,分为 4 段,每段 8 位,用十进制数字表示,每段数字范围为 0~255,段与段之间用句点隔开,例如 202.0.86.86。

互联网上的 IP 地址统一由一个叫"互联网网络号分配机构"(Internet Assigned Numbers Authority, IANA)的组织来管理。所有的 IP 地址都由国际组织 NIC(Network Information Center)负责统一分配,目前全世界共有三个这样的网络信息中心。

InterNIC:负责美国及其他地区;

ENIC:负责欧洲地区;

APNIC:负责亚太地区。

我国申请 IP 地址要通过 APNIC,APNIC 的总部设在澳大利亚布里斯班(www. apnic. net)。

私有地址:私有地址(Private Address)属于非注册地址,专门为组织机构内部使用。

以下列出留用的内部私有地址:

A 类　10.0.0.0~10.255.255.255

B 类　172.16.0.0~172.21.255.255

C 类　192.168.0.0~192.168.255.255

使用命令 ipconfig/all 查看本机 IP 地址,如图 1-2 所示。

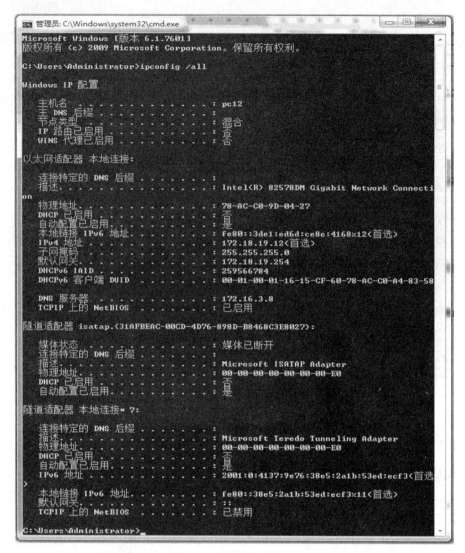

图 1-2　查看本机 IP 地址

1.2.4　URL:统一资源定位符

URL:Uniform Resource Locator。

格式:协议://ip 地址或域名/路径/文件名。

例子:http://www.zufe.edu.cn/info/news/nry/2795.htm。

URL 第一部分"http://"说明要访问的是哪一类资源,使用什么协议;

URL 第二部分"www.zufe.edu.cn"是指存放资源的主机的 IP 地址或域名;

URL 第三部分"/info/news/nry/2795.htm"是可选项,用来指明所要访问的资源在服务器中的路径(info/news/nry/)和文件名(2795.htm)。通常情况下,站点的 IIS 或 Apache 服务器系统都会指定一个默认的文件名,如果省略了文件名,则访问该路径下的默认文件,例如:index.htm,index.html 等。

1.2.5　HTML 概述

1. HTML 简介

HTML 语言是由一个世界性的标准化组织 W3C(World Wide Web Consortium)制定出来的。该语言自 1990 年问世以来,迄今为止已经发行了 4 个版本。现在最新的是 HTML4.0 版本,通过浏览"http://www.w3.org/pub/www/"站点,可以了解 HTML 标准的最新动态。

HTML 文件本身是一个 ASCII 文件,在任何文本编辑器中都可以进行编辑,当一个 HTML 文件编辑好后,必须用扩展名".htm"或".html"来存储,以表示该文件是 HTML 文档。一个 HTML 文件是由内容和标记构成的。

HTML5 是用于取代 1999 年所制定的 HTML 4.01 和 XHTML 1.0 标准的 HTML 标准版本,现在仍处于发展阶段,但大部分浏览器已经支持某些 HTML 5 技术。HTML 5 有两大特点:首先,强化了 Web 网页的表现性能。其次,追加了本地数据库等 Web 应用的功能。广义论及 HTML 5 时,实际指的是包括 HTML、CSS 和 JavaScript 在内的一套技术组合。它希望能够减少浏览器对于需要插件的丰富性网络应用服务(Plug-in-based Rich Internet Application,RIA),如 Adobe Flash、Microsoft Silverlight,与 Oracle JavaFX 的需求,并且提供更多能有效增强网络应用的标准集。

1.2.6　网页的基本构成要素

虽然网页种类繁多,形式内容各有不同。但网页的基本构成要素大体相同,包括标题(Logo)、导航、文本、图片、动画、超链接、表单、音视频等,如图 1-3 所示。网页设计就是要将上述构成要素有机整合,展示美与和谐。

图 1-3　网页的基本构成要素

1.3 常用网页制作工具

1.3.1 超文本标识语言

常用的网页设计软件有 Dreamweaver，FrontPage，EditPlus，UltraEdit 等，主要的编程体系如图 1-4 所示。

1.3.2 网页"三剑客"

1. Dreamweaver

Dreamweaver 是由 Macromedia 公司推出的一款在网页制作方面大众化的软件，它具有可视化编辑界面，用户不必编写复杂的 HTML 代码就可以生成跨平台、跨浏览器的网页，不仅适合于专业网页编辑人员的需要，同时也容易被业余网友们所掌握。另外，Dreamweave 的网页动态效果与网页排版功能都比一般的软件好用，即使是初学也能制作出相当于专业水准的网页，所以 Dreamweaver 是网页设计的首选工具。

2. Fireworks

Fireworks 是由 Macromedia 公司开发的图形处理工具，它的出现使 Web 作图发生了革命性的变化，因为它是第一套专为制作网页图形而设计的软件，同时也是专业的网页图形设计及制作的解决方案，具有强大的动画功能和一个相当完美的网络图像生成器。

3. Flash

Flash 是美国 Macromedia 公司开发的矢量图形编辑和动画创作的专业软件，它是一种交互式动画设计工具，用它可以将音乐、声效、动画以及富有新意的界面融合在一起，以制作出高品质的网页动态效果。它主要应用于网页设计和多媒体创作等领域，功能十分强大和独特，已成为交互式矢量动画的标准，在网上非常流行。Flash 广泛应用于网页动画制作、教学动画演示、网上购物、在线游戏等的制作中。

1.3.3 其他常用工具

1. Photoshop

Photoshop 是由 Adobe 公司开发的图形处理软件，它是目前公认的 PC 机上最好的通用平面美术设计软件，它功能完善、性能稳定、使用方便，所以在几乎所有的广告、出版、软件公司，Photoshop 都是首选的平面制作工具。

2. FrontPage

FrontPage 是由 Microsoft 公司推出的新一代 Web 网页制作工具。FrontPage 使网页制作者能够更加方便、快捷地创建和发布网页，具有直观的网页制作和管理方法，简化了大量工作。FrontPage 界面与 Word、PowerPoint 等软件的界面极为相似，为使用者带来了极大的方便，Microsoft 公司将 FrontPage 封装入 Office 之中，成为 Office 家族的一员，使之功能更为强大。

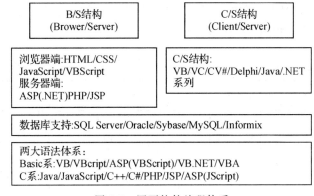

图 1-4 网页软件编程体系

1.4 网页设计基本流程

1.4.1 确定主题和目的

根据客户的需求,经过多次交流、沟通,确定网页设计的主题和目的。

1.4.2 可行性分析

可行性分析是指分析建设者是否有能力建设和维护网站,即这个网站的制作在经济上及技术上是否可行,是否具备一定的经济效益和社会效益,是否值得为制作和维护网站而付出时间、精力和金钱。

1.4.3 建立网站的基本流程

网站制作的基本流程与顺序是十分重要的。因为网站的制作流程可以明确工作目标和方向,提高工作效率,使网站结构清晰。如图 1-5 所示。

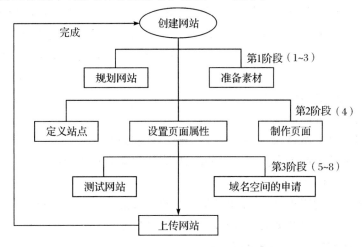

图 1-5 网站制作基本流程与顺序

1.确定主题;2.搜集资料;3.网站的整体规划;4.网页设计与制作;5.测试与发布网页;6.网站的宣传与推广;7.网站的反馈与评价;8.网站的更新与维护

规范的网站建设应遵循一定的流程,主要由规划设计阶段、实施发布阶段、评价阶段组成,各个阶段的具体环节如图1-6所示。

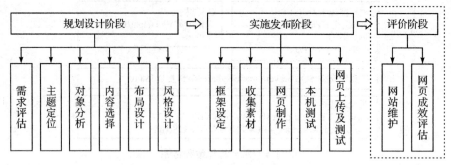

图1-6　网站制作基本流程

1. 网页艺术设计

主要有网页版式设计和网页色彩设计。

2. 网页版式设计

网页的版式设计是网页设计的核心,主要内容包括网页整体布局设计和导航样式的设计。

3. 网页布局

页布局是网页设计的基础,目前网页的布局主要可归为三大类型:分栏式结构、区块分布式结构和无框架局限式结构。

4. 导航设计

导航是网页设计中不可或缺的基础元素之一。导航就如同一个网站的路标,有了它就不会在浏览网站时"迷路"。导航链接着各个页面,只要单击导航中的超级链接就能进入相应的页面。

导航设计的好坏,决定着用户是否能很方便地使用网站。导航设计应直观明确,最大限度地为用户使用考虑,尽可能使网页切换更便捷。导航的设计要符合整个网站的风格和要求,不同的网站会采用不同的导航方式。一般来说,在网页的上端或左侧设置导航栏是比较普遍的方式,如图1-7所示。网站采用上端文字作为一级导航,左侧树状结构菜单作为二级导航。

导航设计应遵循以下原则:

(1)让用户了解当前所处的位置;

(2)让用户能根据走过的路径,确定下一步的前进方向和路径;

(3)不需要浏览太多的页面才能找到需要的信息,让用户能快速而简捷地找到所需的信息,并以最佳的路径到达这些信息;

(4)让用户使用网站遇到困难时,能寻求到解决困难的方法,找到最佳路径;

(5)让用户清楚地了解整个网站的结构概况,产生整体性感知;

(6)对使用频率不同的信息作有序处理。

5. 网页风格设计

同样的版式设计,配色不同,文字样式不同,也可以呈现出多种不同的网页风格。

图 1-7　网站导航

（1）网页配色

设计精美的网站都有其色调构成的总体倾向。以一种或几种临近颜色为主导,使网页全局呈现某种和谐、统一的色彩倾向。

先根据网页主题,选定一种主色,然后调整透明度或饱和度,也就是将色彩变浅或加深,调配出新的色彩。这样的页面看起来色彩一致,有层次感。

（2）文字艺术

文字在版面中一般占有绝大部分空间,是网页信息的主要载体。处理好文字关系到网页设计的成败。字体的选择、字号的大小、文字的颜色、行与行的距离、段落与段落的安排,都需要认真考虑。好的文字设计会给网页增色不少。

第 2 章　Dreamweaver 工作界面及基本操作

2.1　Dreamweaver 简介

Dreamweaver 是美国 Macromedia 公司开发的集网页制作和管理网站于一身的所见即所得网页编辑器,它是第一套针对专业网页设计师特别发展的视觉化网页开发工具,利用它可以轻而易举地制作出跨越平台限制和跨越浏览器限制的充满动感的网页。

利用 Dreamweaver 中的可视化编辑功能,可以快速地创建页面而无需编写任何代码。不过,如果用户更喜欢用手工直接编码,Dreamweaver 还包括许多与编码相关的工具和功能。并且,借助 Dreamweaver,还可以使用服务器语言(例如 ASP、ASP. NET、JSP 和 PHP)生成支持动态数据库的 Web 应用程序。

2.2　工作区布局概述

Dreamweaver 工作区使用户可以查看文档和对象属性。工作区还将许多常用操作放置于工具栏中,使用户可以快速更改文档。在 Windows 中,Dreamweaver 提供了一个将全部元素置于一个窗口中的集成布局。在集成的工作区中,全部窗口和面板都被集成到一个更大的应用程序窗口中。如图 2-1 所示。本书主要讨论 Windows 系统,不讨论 Mac OS 系统。

2.2.1　工作区元素概述

工作区中主要包括以下元素:

1. 欢迎屏幕

用于打开最近使用过的文档或创建新文档。还可以从"欢迎"屏幕通过产品介绍或教程了解关 Dreamweaver 的更多信息。

2. 应用程序栏

应用程序窗口顶部包含一个工作区切换器、几个菜单(仅限 Windows)以及其他应用程序控件。

3. 文档工具栏

该工具栏包含一些按钮,它们提供各种"文档"窗口视图(如"设计"视图和"代码"视图)的选项、各种查看选项和一些常用操作(如在浏览器中预览)。

4. 标准工具栏

该工具栏包含一些按钮,可执行"文件"和"编辑"菜单中的常见操作:"新建"、"打开"、"在

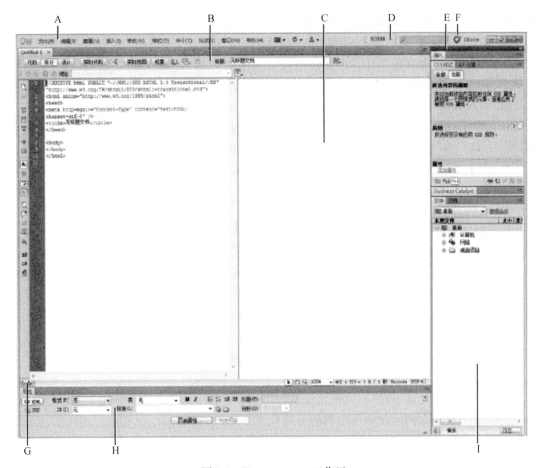

图 2-1 Dreamweaver 工作区

A. 应用程序栏；B. 文档工具栏；C. 文档窗口；D. 工作区切换器；E. 面板组；F. CSLive；G. 标签选择器；H. 属性检查器；I. 文件面板

Bridge 中浏览"、"保存"、"全部保存"、"打印代码"、"剪切"、"复制"、"粘贴"、"撤销"和"重做"。"标准"工具栏在默认工作区布局中不显示，若要显示请选择"查看">"工具栏">"标准"。

5. 编码工具栏

编码工具栏仅在"代码"视图中显示，它包含可用于执行多项标准编码操作的按钮。

6. 样式呈现工具栏

样式呈现工具栏默认为隐藏状态，它包含一些按钮，如果使用依赖于媒体的样式表，则可使用这些按钮查看用户的设计在不同媒体类型中的呈现效果；还包含一个允许用户启用或禁用层叠式样式表(CSS)样式的按钮。

7. 文档窗口

显示用户当前创建和编辑的文档。

8. 属性检查器

用于查看和更改所选对象或文本的各种属性，每个对象具有不同的属性。在"编码器"工作区布局中，"属性"检查器默认是不展开的。

9. 标签选择器

位于"文档"窗口底部的状态栏中，显示环绕当前选定内容的标签的层次结构，单击该层次结构中的任何标签可以选择该标签及其全部内容。

10.面板

帮助用户监控和修改工作。例如,"插入"面板、"CSS样式"面板和"文件"面板。若要展开某个面板,请双击其选项卡。

11.插入面板

包含用于将图像、表格和媒体元素等各种类型的对象插入到文档中的按钮。每个对象都是一段HTML代码,允许用户在插入它时设置不同的属性。例如,用户可以在"插入"面板中单击"表格"按钮,以插入一个表格。如果用户愿意,可以不使用"插入"面板而使用"插入"菜单来插入对象。

12.文件面板

用于管理文件和文件夹,无论它们是Dreamweaver站点的一部分还是位于远程服务器上。"文件"面板还使用户可以访问本地磁盘上的全部文件,非常类似于Windows资源管理器。

注:Dreamweaver另外提供了许多面板、检查器和窗口。若要打开面板、检查器和窗口,请使用"窗口"菜单。

2.2.2 文档窗口概述

"文档"窗口显示当前文档。可以选择下列任一视图:

1.设计视图

一个用于可视化页面布局、可视化编辑和快速应用程序开发的设计环境。在该视图中,Dreamweaver显示文档的完全可编辑的可视化表示形式,类似于在浏览器中查看页面时看到的内容。

2.代码视图

一个用于编写和编辑HTML、JavaScript、服务器语言代码(如PHP或ColdFusion标记语言(CFML))以及任何其他类型代码的手工编码环境。

3.拆分代码视图

代码视图的一种拆分版本,使用户可以通过滚动以同时对文档的不同部分进行操作。

4.代码和设计视图

使用户可以在一个窗口中同时看到同一文档的"代码"视图和"设计"视图。

5.实时视图

与"设计"视图类似,"实时"视图更逼真地显示文档在浏览器中的表示形式,并使用户能够像在浏览器中那样与文档交互。"实时"视图不可编辑。不过,用户可以在"代码"视图中进行编辑,然后刷新"实时"视图来查看所做的更改。

6.实时代码视图

仅当在"实时"视图中查看文档时可用。"实时代码"视图显示浏览器用于执行该页面的实际代码,当用户在"实时"视图中与该页面进行交互时,它可以动态变化。"实时代码"视图不可编辑。

当"文档"窗口处于最大化状态(默认值)时,"文档"窗口顶部会显示选项卡,上面显示了所有打开的文档的文件名。如果用户尚未保存已做的更改,则Dreamweaver会在文件名后显示一个星号。

若要切换到某个文档,请单击它的选项卡。

Dreamweaver还会在文档的选项卡下(如果在单独窗口中查看文档,则在文档标题栏下)显示"相关文件"工具栏。相关文档指与当前文件关联的文档,例如 CSS 文件或 JavaScript 文件。若要在"文档"窗口中打开这些相关文件之一,请在"相关文件"工具栏中单击其文件名。

2.2.3　文档工具栏概述

使用"文档"窗口工具栏包含的按钮可以在文档的不同视图之间快速切换。工具栏中还包含一些与查看文档、在本地和远程站点间传输文档有关的常用命令和选项。图 2-2 显示展开的"文档"工具栏。

图 2-2　文档工具栏

A. 显示代码视图;B. 显示代码视图和设计视图;C. 显示设计视图;D. 实时代码视图;E. 检查浏览器兼容性;F. 实时视图;G. CSS 检查模式;H. 在浏览器中预览/调试;I. 可视化助理;J. 刷新设计视图;K. 文档标题;L. 文件管理

以下选项出现在"文档"工具栏中:

1. 显示代码视图

只在"文档"窗口中显示"代码"视图。

2. 显示代码视图和设计视图

将"文档"窗口拆分为"代码"视图和"设计"视图。当选择了这种组合视图时,"视图选项"菜单中的"顶部的设计视图"选项变为可用。

3. 显示设计视图

只在"文档"窗口中显示"设计"视图。

注:如果处理的是 XML、JavaScript、Java、CSS 或其他基于代码的文件类型,则不能在"设计"视图中查看文件,而且"设计"和"拆分"按钮将会变暗。

4. 实时视图

显示不可编辑的、交互式的、基于浏览器的文档视图。

5. 实时代码视图

显示浏览器用于执行该页面的实际代码。

6. 文档标题

允许用户为文档输入一个标题,它将显示在浏览器的标题栏中。如果文档已经有了一个标题,则该标题将显示在该区域中。

7. 文件管理

显示"文件管理"弹出菜单。

8. 在浏览器中预览/调试

允许用户在浏览器中预览或调试文档。从弹出菜单中选择一个浏览器。

9. 刷新设计视图

在"代码"视图中对文档进行更改后刷新文档的"设计"视图。在执行某些操作(如保存文件或单击该按钮)之后,用户在"代码"视图中所做的更改才会自动显示在"设计"视图中。

注:刷新过程也会更新依赖于 DOM(文档对象模型)的代码功能,如选择代码块的开始标签或结束标签的能力。

10.视图选项

允许用户为"代码"视图和"设计"视图设置选项,其中包括想要这两个视图中的哪一个居上显示。该菜单中的选项会应用于当前视图:"设计"视图、"代码"视图或同时应用于这两个视图。

11.可视化助理

使用户可以使用各种可视化助理来设计页面。

12.验证标记

用于验证当前文档或选定的标签。

13.检查浏览器兼容性

用于检查用户的 CSS 是否对于各种浏览器均兼容。

2.2.4 标准工具栏概述

"标准"工具栏包含一些按钮,可执行"文件"和"编辑"菜单中的常见操作:"新建"、"打开"、"在 Bridge 中浏览"、"保存"、"全部保存"、"打印代码"、"剪切"、"复制"、"粘贴"、"撤销"和"重做"。可像使用等效的菜单命令一样使用这些按钮。

2.2.5 样式呈现工具栏概述

"样式呈现"工具栏(默认情况下隐藏)包含一些按钮,如果使用依赖于媒体的样式表,这些按钮使用户能够查看设计在不同媒体类型中的呈现方式。它还包含一个允许用户启用或禁用 CSS 样式的按钮。若要显示该工具栏,请选择"查看">"工具栏">"样式呈现"。如图 2-3 所示。

图 2-3 "样式呈现"工具栏

只有在文档使用依赖于媒体的样式表时,此工具栏才有用。例如,样式表可能会为打印媒体指定某种正文规则,而为手持设备指定另一种正文规则。有关创建与媒体相关的样式表的详细信息,请访问 WWW 联合会网站,网址为 www.w3.org/TR/CSS21/media.html。

默认情况下,Dreamweaver 会显示屏幕媒体类型的设计(该类型显示页面在计算机屏幕上的呈现方式)。用户可以在"样式呈现"工具栏中单击相应的按钮来查看下列媒体类型的呈现。

1.呈现屏幕媒体类型

显示页面在计算机屏幕上的显示方式。

2.呈现打印媒体类型

显示页面在打印纸张上的显示方式。

3.呈现手持型媒体类型

显示页面在手持设备(如手机或 BlackBerry 设备)上的显示方式。

4.呈现投影媒体类型

显示页面在投影设备上的显示方式。

5.呈现 TTY 媒体类型

显示页面在电传打字机上的显示方式。

6. 呈现 TV 媒体类型

显示页面在电视屏幕上的显示方式。

7. 切换 CSS 样式的显示

用于启用或禁用 CSS 样式。此按钮可独立于其他媒体按钮之外工作。

8. 设计时样式表

可用于指定设计时样式表。

2.2.6　"浏览器导航"工具栏概述

"浏览器导航"工具栏在实时视图中激活,并显示用户正在"文档"窗口中查看的页面的地址,如图 2-4 所示。从 Dreamweaver CS5 起,实时视图的作用类似于常规的浏览器,因此即使浏览到用户的本地站点以外的站点(例如 http://www.adobe.com/cn),Dreamweaver 也将在"文档"窗口中加载该页面。

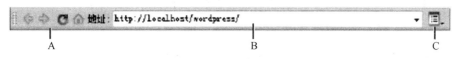

图 2-4　"浏览器导航"工具栏
A. 浏览器控件;B. 地址框;C. 实时视图选项

默认情况下不激活实时视图中的链接。在不激活链接的情况下可选择或单击"文档"窗口中的链接文本而不进入另一个页面。要在实时视图中测试链接,可通过从地址框右侧的"视图选项"菜单中选择"跟踪链接"或"持续跟踪链接",启用一次性单击或连续单击。

2.2.7　编码工具栏概述

"编码"工具栏包含可用于执行多种标准编码操作的按钮,例如折叠和展开所选代码、高亮显示无效代码、应用和删除注释、缩进代码、插入最近使用过的代码片断,等等。"编码"工具栏垂直显示在"文档"窗口的左侧,仅当显示"代码"视图时才可见。如图 2-5 所示。

用户不能取消停靠或移动"编码"工具栏,但可以将其隐藏("视图">"工具栏">"编码")。

用户还可以编辑"编码"工具栏来显示更多按钮(例如"自动换行"、"隐藏字符"和"自动缩进")或隐藏用户不想使用的按钮。不过,为此用户必须编辑生成该工具栏的 XML 文件。有关更多信息,请参见"扩展 Dreamweaver"。

2.2.8　状态栏概述

"文档"窗口底部的状态栏提供与用户正创建的文档有关的其他信息。如图 2-6 所示。

1. 标签选择器

显示环绕当前选定内容的标签的层次结构。单击该层次结构中　图 2-5　"编码"工具栏的任何标签以选择该标签及其全部内容。单击〈body〉可以选择文档的整个正文。若要在标签选择器中设置某个标签的 class 或 ID 属性，请右键单击，然后从上下文菜单中选择一个类或 ID。

2．选取工具

启用和禁用手形工具。

3．手形工具

用于在"文档"窗口中单击并拖动文档。

4．缩放工具和"设置缩放比率"弹出菜单

使用户可以为文档设置缩放比率。

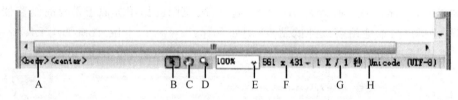

图 2-6　状态栏

A.标签选择器；B.选取工具；C.手形工具；D.缩放工具；E.设置缩放比率；F.窗口大小弹出菜单；
G.文档大小和估计的下载时间；H.编码指示器

5．窗口大小弹出菜单

该菜单在"代码"视图中不可用，它用于将"文档"窗口的大小调整到预定义或自定义的尺寸。

6．文档大小和下载时间

显示页面（包括所有相关文件，如图像和其他媒体文件）的预计文档大小和预计下载时间。

7．编码指示器

显示当前文档的文本编码。

2.2.9　属性检查器概述

"属性"检查器使用户可以检查和编辑当前选定页面元素（如文本和插入的对象）的最常用属性。"属性"检查器中的内容根据选定的元素会有所不同。例如，如果用户选择页面上的一个图像，则"属性"检查器将改为显示该图像的属性（如图像的文件路径、图像的宽度和高度、图像周围的边框（如果有），等等）。如图 2-7 所示。

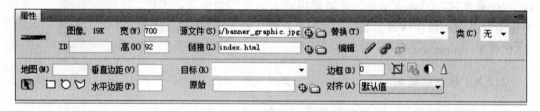

图 2-7　"属性"检查器

默认情况下，属性检查器位于工作区的底部边缘，但是可以将其取消停靠并使其成为工作区中的浮动面板。

2.2.10 "插入"面板概述

"插入"面板包含用于创建和插入对象(例如表格、图像和链接)的按钮。这些按钮按几个类别进行组织,用户可以通过从"类别"弹出菜单中选择所需类别来进行切换。当前文档包含服务器代码时(例如 ASP 或 CFML 文档),还会显示其他类别。如图 2-8 所示。

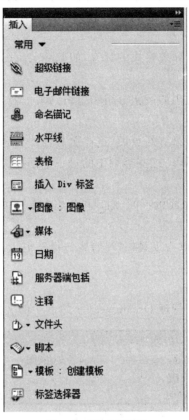

图 2-8 "插入"面板

某些类别具有带弹出菜单的按钮。从弹出菜单中选择一个选项时,该选项将成为按钮的默认操作。例如,如果从"图像"按钮的弹出菜单中选择"图像占位符",下次单击"图像"按钮时,Dreamweaver 会插入一个图像占位符。每当从弹出菜单中选择一个新选项时,该按钮的默认操作都会改变。

"插入"面板按以下的类别进行组织:

1.常用类别

用于创建和插入最常用的对象,例如图像和表格。

2.布局类别

用于插入表格、表格元素、DIV 标签、框架和 Spry Widget。用户还可以选择表格的两种视图:标准(默认)表格和扩展表格。

3.表单类别

包含一些按钮,用于创建表单和插入表单元素(包括 Spry 验证 Widget)。

4.数据类别

使用户可以插入 Spry 数据对象和其他动态元素,例如记录集、重复区域以及插入记录表单和更新记录表单。

5. Spry 类别

包含一些用于构建 Spry 页面的按钮，包括 Spry 数据对象和 Widget。

6. InContext Editing 类别

包含供生成 InContext 编辑页面的按钮，包括用于可编辑区域、重复区域和管理 CSS 类的按钮。

7. 文本类别

用于插入各种文本格式和列表格式的标签，如 b、em、p、h1 和 ul。

8. 收藏夹类别

用于将"插入"面板中最常用的按钮分组和组织到某一公共位置。

9. 服务器代码类别

仅适用于使用特定服务器语言的页面，这些服务器语言包括 ASP、CFML Basic、CFML Flow、CFML Advanced 和 PHP。这些类别中的每一个都提供了服务器代码对象，用户可以将这些对象插入"代码"视图中。

与 Dreamweaver 中的其他面板不同，用户可以将"插入"面板从其默认停靠位置拖出并放置在"文档"窗口顶部的水平位置。

这样做后，它会从面板更改为工具栏（尽管无法像其他工具栏一样隐藏和显示）。

2.2.11 文件面板概述

使用"文件"面板可查看和管理 Dreamweaver 站点中的文件。如图 2-9 所示。

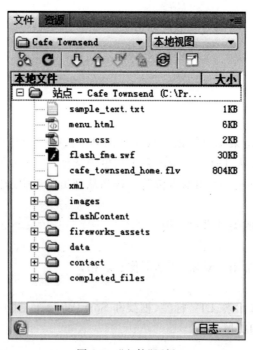

图 2-9 "文件"面板

在"文件"面板中查看站点、文件或文件夹时，用户可以更改查看区域的大小，还可以展开或折叠"文件"面板。当折叠"文件"面板时，它以文件列表的形式显示本地站点、远程站点、测试服务器或 SVN 库的内容。在展开时，它会显示本地站点和远程站点、测试服务器或 SVN 库中的其中一个。

对于 Dreamweaver 站点，用户还可以通过更改折叠面板中默认显示的视图（本地站点视图或远程站点）来对"文件"面板进行自定义。

2.2.12　CSS 样式面板概述

使用"CSS 样式"面板可以跟踪影响当前所选页面元素的 CSS 规则和属性（"正在"模式），或影响整个文档的规则和属性（"全部"）。使用"CSS 样式"面板顶部的切换按钮可以在两种模式之间切换。使用"CSS 样式"面板还可以在"全部"和"正在"模式下修改 CSS 属性。可以通过拖放窗格之间的边框来调整任一窗格的大小。如图 2-10 所示。

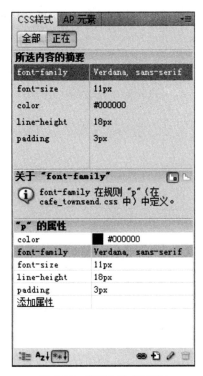

图 2-10　"CSS 样式"面板

在"正在"模式下，"CSS 样式"面板将显示三个面板："所选内容的摘要"窗格，其中显示文档中当前所选内容的 CSS 属性；"规则"窗格，其中显示所选属性的位置（或所选标签的一组层叠的规则，具体取决于用户的选择）；以及"属性"窗格，它允许用户编辑定义所选内容的规则的 CSS 属性。

在"全部"模式下，"CSS 样式"面板显示两个窗格："所有规则"窗格（顶部）和"属性"窗格（底部）。"所有规则"窗格显示当前文档中定义的规则以及附加到当前文档的样式表中定义的所有规则的列表。使用"属性"窗格可以编辑"所有规则"窗格中任何所选规则的 CSS 属性。

对"属性"窗格所做的任何更改都将立即应用，这使用户可以在操作的同时预览效果。

2.2.13 可视化辅助线概述

Dreamweaver 提供了几种可视化助理，帮助用户设计文档和大概估计文档在浏览器中的外观。用户可以执行以下任一操作：

- 立即将"文档"窗口与所需的窗口大小对齐，查看元素如何适应页面。
- 用跟踪图像作为页面背景，可帮助用户复制在插图或图像编辑应用程序（如 Adobe Photoshop 或 Adobe Fireworks）中创建的设计。
- 用标尺和辅助线为精确定位和调整页面元素提供可视的提示。
- 使用网格可以精确定位绝对定位元素（AP 元素）以及调整其大小。

页面上的网格标记有助于对齐 AP 元素，启用对齐后，当移动 AP 元素或调整其大小时，AP 元素会自动与最近的网格点对齐。（其他对象，如图像和段落，不与网格对齐。）不论网格是否可见，对齐都有效。

第3章 站点管理

Adobe Dreamweaver CS 5 站点是用户的 Web 站点中所有文件和资源的集合。用户可以在计算机上创建 Web 页,可将 Web 页上传到 Web 服务器,并可随时在保存文件后传输更新的文件来对站点进行维护。用户还可以编辑和维护未使用 Dreamweaver 创建的 Web 站点。

3.1 Dreamweaver 站点

3.1.1 关于 Dreamweaver 站点

在 Dreamweaver 中,术语"站点"指属于某个 Web 站点的文档的本地或远程存储位置。Dreamweaver 站点提供了一种方法,使用户可以组织和管理用户所有的 Web 文档,将用户的站点上传到 Web 服务器,跟踪和维护用户的链接以及管理和共享文件。

注:若要定义 Dreamweaver 站点,只需设置一个本地文件夹。若要向 Web 服务器传输文件或开发 Web 应用程序,还必须添加远程站点和测试服务器信息。

Dreamweaver 站点由三个部分(或文件夹)组成,具体取决于开发环境和所开发的 Web 站点类型:

本地根文件夹,存储用户正在处理的文件。Dreamweaver 将此文件夹称为"本地站点"。此文件夹通常位于本地计算机上,但也可能位于网络服务器上。

远程文件夹,存储用于测试、生产和协作等用途的文件。Dreamweaver 在"文件"面板中将此文件夹称为"远程站点"。远程文件夹通常位于运行 Web 服务器的计算机上。远程文件夹包含用户从 Internet 访问的文件。

通过本地文件夹和远程文件夹的结合使用,用户可以在本地硬盘和 Web 服务器之间传输文件,这将帮助用户轻松地管理 Dreamweaver 站点中的文件。用户可以在本地文件夹中处理文件,希望其他人查看时,再将它们发布到远程文件夹。

测试服务器文件夹,Dreamweaver 处理动态页的文件夹。

3.1.2 了解本地和远程文件夹的结构

如果希望使用 Dreamweaver 连接到某个远程文件夹,可在"站点定义"对话框的"远程信息"类别中指定该远程文件夹。指定的远程文件夹(也称为"主机目录")应该对应于用户的 Dreamweaver 站点的本地根文件夹。(本地根文件夹是用户的 Dreamweaver 站点的顶级文件夹。)与本地文件夹一样,远程文件夹可以具有任何名称,但 Internet 服务提供商通常会将各个用户账户的顶级远程文件夹命名为"public_html"、"pub_html"或者与此类似的其他名称。如果用户亲自管理自己的远程服务器,并且可以将远程文件夹命名为所需的任意名称,则最好使本地根文件夹与远程文件夹同名。

如图 3-1 所示,左侧为一个本地根文件夹示例,右侧为一个远程文件夹示例。本地计算机上的本地根文件夹直接映射到 Web 服务器上的远程文件夹,而不是映射到远程文件夹的任何子文件夹或目录结构中位于远程文件夹之上的文件夹。

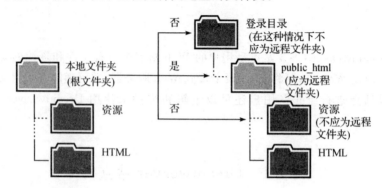

图 3-1　本地和远程文件夹的结构

注:上例显示的是本地计算机上的一个本地根文件夹和远程 Web 服务器上的一个顶级远程文件夹。但是,如果要在本地计算机上维护多个 Dreamweaver 站点,则在远程服务器上需要等量个数的远程文件夹。这时上例便不再适用,而应在 public_html 文件夹中创建不同的远程文件夹,然后将它们映射到本地计算机上各自对应的本地根文件夹。

当首次建立远程连接时,Web 服务器上的远程文件夹通常是空的。之后,当用户使用 Dreamweaver 上传本地根文件夹中的所有文件时,便会用用户所有的 Web 文件来填充远程文件夹。远程文件夹应始终与本地根文件夹具有相同的目录结构。也就是说,本地根文件夹中的文件和文件夹应始终与远程文件夹中的文件和文件夹一一对应。如果远程文件夹的结构与本地根文件夹的结构不匹配,Dreamweaver 会将文件上传到错误的位置,站点访问者可能无法看到这些文件。此外,如果文件夹和文件结构不同步,图像和链接路径会很容易断开。

Dreamweaver 要连接到的远程文件夹必须存在。如果未在 Web 服务器上指定一个文件夹作为远程文件夹,则应创建一个远程文件夹或要求服务器管理员为用户创建一个远程文件夹。

3.1.3　设置新站点

设置 Dreamweaver 站点是一种组织所有与 Web 站点关联的文档的方法。用户可在"站点设置"对话框中为 Dreamweaver 站点指定设置。

若要打开"站点设置"对话框,请选择"站点">"新建站点"。

1. 站点类别

仅需填写"站点设置"对话框的"站点"类别,即可开始处理 Dreamweaver 站点。此类别允许用户指定将在其中存储所有站点文件的本地文件夹。此本地文件夹可以位于本地计算机上,也可以位于网络服务器上。

准备好后,可以在"站点设置"对话框中填写其他类别,包括"服务器"类别,用户可以在其中指定远程服务器上的远程文件夹。

注:如果本地根文件夹位于运行 Web 服务器的系统中,则无需指定远程文件夹。这意

味着该 Web 服务器正在用户的本地计算机上运行。

站点名称显示在"文件"面板和"管理站点"对话框中的名称;该名称不会在浏览器中显示。

本地站点文件夹本地磁盘上存储站点文件、模板和库项目的文件夹的名称。在硬盘上创建一个文件夹,或者单击文件夹图标浏览到该文件夹。当 Dreamweaver 解析站点根目录相对链接时,它是相对于该文件夹来解析的。

2.服务器类别

"服务器"类别允许用户指定远程服务器和测试服务器。

远程服务器用于指定远程文件夹的位置,该文件夹将存储生产、协作、部署或许多其他方案的文件。远程文件夹通常位于运行 Web 服务器的计算机上。

在 Dreamweaver"文件"面板中,该远程文件夹被称为远程站点。在设置远程文件夹时,必须为 Dreamweaver 选择连接方法,以将文件上传和下载到 Web 服务器。

注:Dreamweaver 可连接到支持 IPv6 的服务器。所支持的连接类型包括 FTP、SFTP、WebDav 和 RDS。

3.设置 FTP 连接的选项

如果使用 FTP 连接到 Web 服务器,请使用此设置。

(1)选择"站点">"管理站点"。

(2)单击"新建"以设置新站点,或选择现有的 Dreamweaver 站点并单击"编辑"。

(3)在"站点设置"对话框中,选择"服务器"类别并执行下列操作之一:

• 单击"添加新服务器"按钮,添加一个新服务器;

• 选择一个现有的服务器,然后单击"编辑现有服务器"按钮。

图 3-2 显示了已填充文本字段的"服务器"类别的"基本"屏幕。

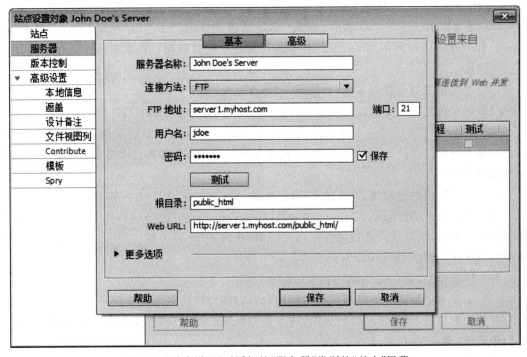

图 3-2 "站点设置"对话框的"服务器"类别的"基本"屏幕

"站点设置"对话框的"服务器"类别的"基本"屏幕。

(4)在"服务器名称"文本框中,指定新服务器的名称。该名称可以是所选择的任何名称。

(5)从"连接方法"弹出菜单中,选择"FTP"。

(6)在"FTP地址"文本框中,输入要将网站文件上传到其中的FTP服务器的地址。

FTP地址是计算机系统的完整 Internet 名称,如 ftp. mindspring. com。请输入完整的地址,并且不要附带其他任何文本。特别是不要在地址前面加上协议名。

如果不知道 FTP 地址,请与 Web 托管服务商联系。

注:端口21是接收FTP连接的默认端口。可以通过编辑右侧的文本框来更改默认端口号。保存设置后,FTP 地址的结尾将附加上一个冒号和新的端口号(例如,ftp. mindspring. com:29)。

(7)在"用户名"和"密码"文本框中,输入用于连接到FTP服务器的用户名和密码。

(8)单击"测试",测试 FTP 地址、用户名和密码。

注:对于托管站点,必须从托管服务商的系统管理员处获取 FTP 地址、用户名和密码信息。其他人无权访问这些信息。确切按照系统管理员提供的形式输入相关信息。

(9)默认情况下,Dreamweaver 会保存密码。如果用户希望每次连接到远程服务器时 Dreamweaver 都提示输入密码,请取消选择"保存"选项。

(10)在"根目录"文本框中,输入远程服务器上用于存储公开显示的文档的目录(文件夹)。

如果不能确定应输入哪些内容作为根目录,请与服务器管理员联系或将文本框保留为空白。在有些服务器上,根目录就是用户首次使用 FTP 连接到的目录。若要确定这一点,请连接到服务器。如果出现在"文件"面板"远程文件"视图中的文件夹具有像 public_html、www 或用户的用户名这样的名称,它可能就是用户应该在"根目录"文本框中输入的目录。

(11)在"WebURL"文本框中,输入 Web 站点的 URL(例如,http://www. mysite. com)。Dreamweaver 使用 WebURL 创建站点根目录相对链接,并在使用链接检查器时验证这些链接。

(12)如果仍需要设置更多选项,请展开"更多选项"部分。

(13)如果代理配置要求使用被动式 FTP,请选择"使用被动式 FTP"。

"被动式 FTP"使用户的本地软件能够建立 FTP 连接,而不是请求远程服务器来建立它。如果不确定是否使用被动式 FTP,请向系统管理员确认,或者尝试选中和取消选中"使用被动式 FTP"选项。

(14)如果使用的是启用 IPv6 的 FTP 服务器,请选择"使用 IPv6 传输模式"。

随着 Internet 协议第 6 版(IPv6)的发展,EPRT 和 EPSV 已分别替代 FTP 命令 PORT 和 PASV。因此,如果用户正试图连接到支持 IPv6 的 FTP 服务器,必须为数据连接使用被动扩展(EPSV)和主动扩展(EPRT)命令。

有关详细信息,请参阅 www.ipv6.org/。

(15)如果希望指定一个代理主机或代理端口,请选择"使用代理"。

有关详细信息,请单击链接转到"首选参数"对话框,然后从"首选参数"对话框的"站点"类别中单击"帮助"按钮。

(16)单击"保存"关闭"基本"屏幕。然后在"服务器"类别中,指定刚添加或编辑的服务器为远程服务器、测试服务器,还是同时为这两种服务器。

4.设置 SFTP 连接的选项

如果代理配置要求使用安全 FTP,请选中"使用安全 FTP(SFTP)"。SFTP 使用加密密钥和共用密钥来保证指向测试服务器的连接的安全。

注:若要选择此选项,服务器必须运行 SFTP 服务。如果不知道服务器是否运行 SFTP,请向服务器管理员确认。

(1)选择"站点">"管理站点"。

(2)单击"新建"以设置新站点,或选择现有的 Dreamweaver 站点并单击"编辑"。

(3)在"站点设置"对话框中,选择"服务器"类别并执行下列操作之一:

• 单击"添加新服务器"按钮,添加一个新服务器;

• 选择一个现有的服务器,然后单击"编辑现有服务器"按钮。

(4)在"服务器名称"文本框中,指定新服务器的名称。该名称可以是所选择的任何名称。

(5)从"连接方法"弹出菜单中,选择"SFTP"。

其余选项与 FTP 连接的选项相同。有关详细信息,请参阅上述部分。

注:端口 22 是接收 SFTP 连接的默认端口。

5.设置本地或网络连接的选项

在连接到网络文件夹或在本地计算机上存储文件或运行测试服务器时使用此设置。

(1)选择"站点">"管理站点"。

(2)单击"新建"以设置新站点,或选择现有的 Dreamweaver 站点并单击"编辑"。

(3)在"站点设置"对话框中,选择"服务器"类别并执行下列操作之一:

• 单击"添加新服务器"按钮,添加一个新服务器;

• 选择一个现有的服务器,然后单击"编辑现有服务器"按钮。

(4)在"服务器名称"文本框中,指定新服务器的名称。该名称可以是所选择的任何名称。

(5)从"连接方法"弹出菜单中,选择"本地/网络"。

(6)单击"服务器文件夹"文本框旁边的文件夹图标,浏览并选择存储站点文件的文件夹。

(7)在"Web URL"文本框中,输入 Web 站点的 URL(例如,http://www.mysite.com)。Dreamweaver 使用 Web URL 创建站点根目录相对链接,并在使用链接检查器时验证这些链接。

(8)单击"保存"关闭"基本"屏幕。然后在"服务器"类别中,指定刚添加或编辑的服务器为远程服务器、测试服务器,还是同时为这两种服务器。

6.设置 WebDAV 连接的选项

如果使用基于 Web 的分布式创作和版本控制(WebDAV)协议连接到 Web 服务器,请使用此设置。

对于这种连接方法,必须有支持此协议的服务器,如 Microsoft Internet Information Server(IIS) 5.0,或安装正确配置的 Apache Web 服务器。

注:如果选择 WebDAV 作为连接方法,并且是在多用户环境中使用 Dreamweaver,则还应确保用户的所有用户都选择 WebDAV 作为连接方法。如果一些用户选择 WebDAV,而

另一些用户选择其他连接方法（例如 FTP），那么，由于 WebDAV 使用自己的锁定系统，因此 Dreamweaver 的存回/取出功能将不会按期望的方式工作。

(1)选择"站点">"管理站点"。

(2)单击"新建"以设置新站点，或选择现有的 Dreamweaver 站点并单击"编辑"。

(3)在"站点设置"对话框中，选择"服务器"类别并执行下列操作之一：

- 单击"添加新服务器"按钮，添加一个新服务器；
- 选择一个现有的服务器，然后单击"编辑现有服务器"按钮。

(4)在"服务器名称"文本框中，指定新服务器的名称。该名称可以是所选择的任何名称。

(5)从"连接方法"弹出菜单中，选择"WebDAV"。

(6)对于"URL"，请输入 WebDAV 服务器上用户要连接到的目录的完整 URL。

此 URL 包括协议、端口和目录（如果不是根目录）。例如，http://webdav.mydomain.net/mysite。

(7)输入用户的用户名和密码。

这些信息用于服务器身份验证，与 Dreamweaver 无关。如果不能确定用户名和密码，请询问系统管理员或 Web 管理员。

(8)单击"测试"测试连接设置。

(9)如果希望在每次开始新会话时 Dreamweaver 都记住密码，请选择"保存"选项。

(10)在"WebURL"文本框中，输入 Web 站点的 URL（例如，http://www.mysite.com）。Dreamweaver 使用 Web URL 创建站点根目录相对链接，并在使用链接检查器时验证这些链接。

(11)单击"保存"关闭"基本"屏幕。然后在"服务器"类别中，指定刚添加或编辑的服务器为远程服务器、测试服务器，还是同时为这两种服务器。

7."高级设置"类别

(1)本地信息

默认图像文件夹希望在其中存储站点的图像的文件夹。输入文件夹的路径或单击文件夹图标浏览到该文件夹。将图像添加到文档时，Dreamweaver 将使用该文件夹路径。

链接相对于在站点中创建指向其他资源或页面的链接时，请指定 Dreamweaver 创建的链接类型。Dreamweaver 可以创建两种类型的链接：文档相对链接和站点根目录相对链接。

默认情况下，Dreamweaver 创建文档相对链接。如果更改默认设置并选择"站点根目录"选项，请确保"Web URL"文本框中输入了站点的正确 Web URL（请参阅下述内容）。更改此设置将不会转换现有链接的路径；此设置仅应用于使用 Dreamweaver 以可视方式创建的新链接。

注：使用本地浏览器预览文档时，除非指定了测试服务器，或在"编辑">"首选参数">"在浏览器中预览"中选择"使用临时文件预览"选项，否则文档中通过站点根目录相对链接进行链接的内容将不会显示。这是因为浏览器不能识别站点根目录，而服务器能够识别。

Web URL Web 站点的 URL。Dreamweaver 使用 Web URL 创建站点根目录相对链接，并在使用链接检查器时验证这些链接。

如果不能确定用户正在处理的页面在目录结构中的最终位置，或者如果认为用户可能会在以后重新定位或重新组织包含该链接的文件，则站点根目录相对链接很有用。站点根目录相对链接指的是指向其他站点资源的路径为相对于站点根目录(而非文档)的链接。因此,如果将文档移动到某个位置,资源的路径仍是正确的。

　　例如,假设指定了 http://www.mysite.com/mycoolsite(远程服务器的站点根目录)作为 Web URL,而且远程服务器上的 mycoolsite 目录中包含一个图像文件夹(http://www.mysite.com/mycoolsite/images)。另外假设 index.html 文件位于 mycoolsite 目录中。

　　当在 index.html 文件中创建指向 images 目录中某幅图像的站点根目录相对链接时,该链接如下所示:

　　<imgsrc="/mycoolsite/images/image1.jpg"/>

　　该链接不同于文档相对链接,后者会为如下简单形式:

　　<imgsrc="images/image1.jpg"/>

　　/mycoolsite/附加到图像源将链接相对于站点根目录的图像,而不是相对于文档的图像。假定图像位于图像目录中,图像的文件路径(/mycoolsite/images/image1.jpg)将始终是正确的,即使将 index.html 文件移到其他目录也是如此。

　　关于链接验证,要确定链接是站点内部链接还是站点外部链接,必须使用 Web URL。例如,如果 Web URL 为 http://www.mysite.com/mycoolsite,且链接检查器在页面上发现一个链接的 URL 为 http://www.yoursite.com,则检查器确定后一个链接为外部链接,并如此进行报告。同样,链接检查器使用 Web URL 来确定链接是否为站点内部链接,然后检查以确定这些内部链接是否已断开。

　　区分大小写的链接检查在 Dreamweaver 检查链接时,将检查链接的大小写与文件名的大小写是否相匹配。此选项用于文件名区分大小写的 UNIX 系统。

　　启用缓存指定是否创建本地缓存以提高链接和站点管理任务的速度。如果不选择此选项,Dreamweaver 在创建站点前将再次询问用户是否希望创建缓存。最好选择此选项,因为只有在创建缓存后"资源"面板(在"文件"面板组中)才有效。

　　(2)遮盖和其他类别

　　有关"遮盖"、"设计备注"、"文件视图列"、"Contribute"、"模板"或者"Spry"类别的详细信息,请单击对话框中的"帮助"按钮。

　　(3)使用 FTP 访问连接到或断开远程文件夹

　　在"文件"面板中:

　　• 要进行连接,请单击工具栏中的"连接到远端主机"。

　　• 要断开连接,请单击工具栏中的"从远端主机断开"。

　　(4)使用网络访问连接到或断开远程文件夹

　　用户无需连接到远程文件夹,因为用户一直处在连接状态。单击"刷新"按钮查看远程文件。

3.1.4　设置测试服务器

　　如果计划开发动态页,Dreamweaver 需要测试服务器的服务以便在用户进行操作时生成和显示动态内容。测试服务器可以是本地计算机、开发服务器、中间服务器或生产服务器。

　　(1)选择"站点">"管理站点"。

　　(2)单击"新建"以设置新站点,或选择现有的 Dreamweaver 站点并单击"编辑"。

（3）在"站点设置"对话框中，选择"服务器"类别并执行下列操作之一：

- 单击"添加新服务器"按钮，添加一个新服务器；
- 选择一个现有的服务器，然后单击"编辑现有服务器"按钮。

（4）根据需要指定"基本"选项，然后单击"高级"按钮。

注：指定测试服务器时，必须在"基本"屏幕中指定 Web URL。有关详细信息，请参阅下一节。

（5）在测试服务器中，选择要用于 Web 应用程序的服务器模型。

注：从 Dreamweaver CS5 开始，Dreamweaver 将不再安装 ASP. NET、ASP JavaScript 或 JSP 服务器行为。然而，如果用户正在处理 ASP. NET、ASP JavaScript 或 JSP 页，Dreamweaver 对这些页面仍将支持实时视图、代码颜色和代码提示。用户无需在"站点定义"对话框中选择 ASP. NET、ASP JavaScript 或 JSP 即可使用这些功能。

（6）单击"保存"关闭"高级"屏幕。然后在"服务器"类别中，指定刚才作为测试服务器添加或编辑的服务器。

3.1.5　关于测试服务器的 Web URL

用户必须指定 Web URL，Dreamweaver 才能在用户进行操作时使用测试服务器的服务来显示数据以及连接到数据库。Dreamweaver 使用设计时连接向用户提供与数据库有关的有用信息，例如用户的数据库中各表的名称以及表中各列的名称。测试服务器的 Web URL 由域名和 Web 站点主目录的任意子目录或虚拟目录组成。

注：服务器不同，Microsoft IIS 中使用的术语也可能不同，但相同的概念适用于大多数 Web 服务器。

主目录　服务器上映射到用户的站点域名的文件夹。假设用户要用来处理动态页的文件夹是 c:\sites\company\，并且该文件夹是用户的主目录（即该文件夹被映射到用户站点的域名，例如 www. mystartup. com）。在此情况下，URL 前缀是 http://www. mystartup. com/。

如果用户要用来处理动态页的文件夹是用户的主目录的子文件夹，则只需将该子文件夹添加到 URL。

如果用户的主目录是 c:\sites\company\，用户的站点的域名是 www. mystartup. com，而用户要用来处理动态页的文件夹是 c:\sites\company\inventory。输入以下 Web URL：

http://www. mystartup. com/inventory/

如果用户要用来处理动态页的文件夹不是用户的主目录或其任何子目录，则用户必须创建虚拟目录。

虚拟目录　实际上并不包含在服务器主目录中的文件夹，尽管它看起来像是在 URL 中。若要创建虚拟目录，请为 URL 中的文件夹路径指定一个别名。假设用户的主目录是 c:\sites\company，用户正处理的文件夹是 d:\apps\inventory，并且用户为名为 warehouse 的文件夹定义别名。输入以下 Web URL：

http://www. mystartup. com/warehouse/

Localhost　指的是客户端（通常是浏览器，但在此情况下为 Dreamweaver）与 Web 服务器运行在同一系统上时用户的 URL 中的主目录。假设 Dreamweaver 与 Web 服务器在相同的 Windows 系统上运行，用户的主目录是 c:\sites\company，并且用户定义了名为 warehouse 的虚拟目录以表示用户要用来处理动态页的文件夹。表 3-1 为所选 Web 服务器输入的 Web URL。

表 3-1 为所选 Web 服务器输入的 WebURL

Web 服务器	Web URL
ColdFusion MX7	http://localhost:8500/warehouse/
IIS	http://localhost/warehouse/
Apache(Windows)	http:localhost:80/warehouse/
Jakarta Tomcat(Windows)	http://localhost:8080/warehouse/

注:默认情况下,ColdFusion MX 7 Web 服务器运行在端口 8500 上,Apache Web 服务器运行在端口 80 上,而 JakartaTomcat Web 服务器运行在端口 8080 上。

3.1.6 管理和编辑站点

使用"管理站点"对话框创建新站点、编辑站点、重制站点、删除站点或者导入或导出站点设置。

(1)选择"站点">"管理站点",从左侧的列表中选择一个站点。

(2)单击一个按钮选择以下选项之一,并单击"完成"。

新建 使用户可以创建新站点。

编辑 使用户可以编辑现有站点。

复制 创建所选站点的副本。副本将出现在站点列表窗口中。

删除 删除所选站点;此操作无法撤销。

导出 使用户可以将站点设置导出为 XML 文件(*.ste)。

导入 使用户可以选择要导入的站点设置文件(*.ste)。

3.1.7 在 Dreamweaver 中编辑现有远程 Web 站点

即使用户不是使用 Dreamweaver 创建的原始站点,也可使用 Dreamweaver 将现有远程站点(或远程站点的任何分支)复制到本地磁盘并在本地磁盘进行编辑。

(1)创建一个本地文件夹以包含现有站点,并将该文件夹设置为站点的本地文件夹。

注:必须在本地重制现有远程站点相关分支的整个结构。

(2)使用现有站点的远程访问信息来设置远程文件夹。必须连接到远程站点将文件下载到计算机,然后才能编辑文件。

确保为远程站点选择正确的根文件夹。

(3)在"文件"面板("窗口">"文件")中,单击工具栏上的"连接到远端主机"按钮(FTP 访问)或"刷新"按钮(网络访问)来查看远程站点。

(4)编辑站点:

• 如果要对整个站点进行处理,请在"文件"面板中选择远程站点的根文件夹,然后单击工具栏上的"获取文件"将整个站点下载到本地磁盘。

• 如果要仅处理站点中的一个文件或文件夹,请在"文件"面板的"远程"视图中找到该文件或文件夹,然后单击工具栏上的"获取文件"将其下载到本地磁盘。

Dreamweaver 会自动重制必要的远程站点结构,以将下载的文件放在站点层次结构的正确部分。当仅编辑站点的一部分时,通常应包括相关文件,例如图像文件。

3.1.8 从站点列表中删除 Dreamweaver 站点

从站点列表中删除 Dreamweaver 站点及其所有设置信息并不会将站点文件从用户的计算机中删除。

(1)选择"站点">"管理站点"。

(2)选择一个站点名称。

(3)单击"删除",再单击"是"从列表中删除站点,或单击"否"保留站点名称,然后单击"完成"。

3.1.9 导入和导出站点设置

用户可以将站点设置导出为 XML 文件,并在以后将该文件导入 Dreamweaver。这样,用户就可以在各计算机和产品版本之间移动站点,或者与其他用户共享设置。

请定期导出站点设置,这样如果该站点出现意外,用户还有它的备份副本。

1.导出站点

(1)选择"站点">"管理站点"。

(2)选择要导出设置的一个或多个站点,然后单击"导出":

• 若要选择多个站点,请按住 Ctrl 单击每个站点。

• 若要选择某一范围的站点,请按住 Shift 单击该范围中的第一个和最后一个站点。

(3)如果要备份站点设置,请在"导出站点"对话框中选择第一个选项,然后单击"确定"。Dreamweaver 会保存远程服务器登录信息(如用户名和密码)以及本地路径信息。

(4)如果要与其他用户共享设置,请在"导出站点"对话框中选择第二个选项,然后单击"确定"。(Dreamweaver 不会保存不适用于其他用户的信息,例如,用户的远程服务器登录信息和本地路径。)

(5)对于要导出设置的每个站点,请浏览至要保存站点的位置,然后单击"保存"。(Dreamweaver 会将每个站点的设置保存为带有 .ste 扩展名的 XML 文件。)

(6)单击"完成"。

注:将 *.ste 文件保存到站点根文件夹或桌面以便于查找。如果忘记了保存位置,请在计算机中搜索带有 *.ste 扩展名的文件以定位该文件。

2.导入站点

(1)选择"站点">"管理站点"。

(2)单击"导入"。

(3)浏览并选择 .ste 文件中定义的且要导入其设置的一个或多个站点。

若要选择多个站点,请按住 Ctrl 单击每个 .ste 文件。若要选择某一范围的站点,请按住 Shift 单击该范围中的第一个和最后一个文件。

(4)单击"打开",然后单击"完成"。

Dreamweaver 导入该站点设置之后,站点名称会出现在"管理站点"对话框中。

3.1.10 设置站点文件传输首选参数

用户可以选择首选参数来控制在"文件"面板中显示的文件传输功能。

(1)选择"编辑">"首选参数"。

(2)在"首选参数"对话框中,从左侧的"分类"列表中选择"站点"。

(3)设置选项,然后单击"确定"。

总是显示　指定始终显示哪个站点(远程或本地),以及本地和远程文件显示在哪个"文件"面板窗格(左窗格还是右窗格)中。

默认情况下,本地站点始终显示在右侧。未被选择的窗格(默认情况下是左侧窗格)是可更改窗格:此窗格可以显示其他站点(默认情况下是远程站点)中的文件。

相关文件　为浏览器加载 HTML 文件时加载的相关文件(例如图像、外部样式表和在 HTML 文件中引用的其他文件)显示传输提示。默认情况下选择"下载/取出时要提示"和"上载/存回时要提示"。

在取出新文件时下载相关文件通常是一种不错的做法,但是如果本地磁盘上已经有最新版本的相关文件,则无需再次下载它们。此方法也适用于上传和存回文件:如果目标位置上已有最新的副本,则不需要这样做。

如果取消选择这些选项,则不会传输相关文件。因此,若要强制显示"相关文件"对话框(即使已取消对这些选项的选择),请在选择"获取"、"上传"、"存回"或"取出"命令的同时按住 Alt。

FTP 连接　确定在闲置时间超出指定分钟数后,是否终止与远程站点的连接。

FTP 作业超时　指定 Dreamweaver 尝试与远程服务器进行连接所用的秒数。

如果在指定时间长度之后没有响应,则 Dreamweaver 显示一个警告对话框,提示用户注意这一情况。

FTP 传输选项　确定在文件传输过程中显示对话框时,如果经过指定的秒数用户没有响应,Dreamweaver 是否选择默认选项。

代理主机　指定用户通过代理与外部服务器连接时所使用的代理服务器的地址。

如果用户不使用代理,则此项留空不填。如果用户位于防火墙后,则在"站点定义"对话框中选择"使用代理"选项("服务器">"编辑现有服务器"(铅笔图标)>"更多选项")。

代理端口　指定通过代理服务器或防火墙的哪个端口与远程服务器相连。如果用户使用端口 21(FTP 的默认端口)以外的端口进行连接,则需要在此处输入端口号。

上载选项:上载前先保存文件指示　在将文件上传到远程站点前自动保存未保存的文件。

移动选项:移动服务器上的文件前提示　在尝试移动远程站点上的文件前将提示用户。

管理站点　打开"管理站点"对话框,用户可以在此对话框中编辑现有的站点或创建新站点。

用户可以通过自定义 Dreamweaver/Configuration 文件夹中的 FTPExtensionMap. txt 文件,以便定义所传输文件的类型是 ASCII(文本)文件还是二进制文件。

3.2　创建和管理站点文件

3.2.1　创建和打开文档

1.关于创建 Dreamweaver 文档

Dreamweaver 为处理各种 Web 文档提供了灵活的环境。除了 HTML 文档以外,用户还可以创建和打开各种基于文本的文档,如 ColdFusion 标记语言(CFML)、ASP、JavaScript 和层叠样式表(CSS)。还支持源代码文件,如 VisualBasic、.NET、C♯和 Java。

Dreamweaver 为创建新文档提供了若干选项。用户可以创建以下任意文档:

- 新的空白文档或模板;
- 基于 Dreamweaver 附带的其中一个预设计页面布局(包括 30 多个基于 CSS 的页面布局)的文档;
- 基于某现有模板的文档。

还可以设置文档首选参数。例如,如果经常使用某种文档类型,可以将其设置为创建的新页面的默认文档类型。

可以在“设计”视图或“代码”视图中轻松定义文档属性,如 meta 标签、文档标题、背景颜色和其他几种页面属性。

2.Dreamweaver 文件类型

在 Dreamweaver 中可以使用多种文件类型。使用的主要文件类型是 HTML 文件。HTML 文件(或超文本标记语言文件)包含基于标签的语言,负责在浏览器中显示 Web 页面。可以使用.html 或.htm 扩展名保存 HTML 文件。Dreamweaver 默认情况下使用.html 扩展名保存文件。

以是下用户使用 Dreamweaver 时可能会用到的其他一些常见文件类型:

CSS 　层叠样式表文件的扩展名为.css。它们用于设置 HTML 内容的格式并控制各个页面元素的位置。

GIF 　图形交换格式文件的扩展名为.gif。GIF 格式是用于卡通、徽标、具有透明区域的图形、动画的常用 Web 图形格式。

GIF 　最多包含 256 种颜色。

JPEG 　联合图像专家组文件(根据创建该格式的组织命名)的扩展名为.jpg,通常是照片或色彩较鲜明的图像。JPEG 格式最适合用于数码照片或扫描的照片、使用纹理的图像、具有渐变色过渡的图像以及需要 256 种以上颜色的任何图像。

XML 　可扩展标记语言文件的扩展名为.xml。它们包含原始形式的数据,可使用 XSL (Extensible Stylesheet Language:可扩展样式表语言)设置这些数据的格式。

XSL 　可扩展样式表语言文件的扩展名为.xsl 或.xslt。它们用于设置要在 Web 页中显示的 XML 数据的样式。

CFML 　ColdFusion 标记语言文件的扩展名为.cfm。它们用于处理动态页面。

PHP 　超文本预处理器文件的扩展名为.php,可用于处理动态页。

3.创建空白页

可以创建包含预设计 CSS 布局的页面,或者先创建一个完全空白的页,然后创建自己的布局。

(1)选择“文件”>“新建”。

(2)在“新建文档”对话框的“空白页”类别中,从“页面类型”列选择要创建的页面类型。例如,选择 HTML 来创建一个纯 HTML 页,选择 ColdFusion 来创建一个 ColdFusion 页,等等。

(3)如果希望新页面包含 CSS 布局,请从“布局”列中选择一个预设计的 CSS 布局;否则,选择“无”。基于用户的选择,在对话框的右侧将显示选定布局的预览和说明。

预设计的 CSS 布局提供了下列类型的列：

固定　列宽是以像素指定的。列的大小不会根据浏览器的大小或站点访问者的文本设置来调整。

液态　列宽是以站点访问者的浏览器宽度的百分比形式指定的。如果站点访问者将浏览器变宽或变窄，该设计将会进行调整，但不会基于站点访问者的文本设置来更改列宽度。

（4）从"文档类型"弹出菜单中选择文档类型。大多数情况下，用户可以使用默认选择，即 XHTML 1.0 Transitional。

从"文档类型"菜单中选择一种 XHTML 文档类型定义使页面符合 XHTML。例如，可从菜单中选择"XHTML 1.0Transitional"或"XHTML 1.0 Strict"，使 HTML 文档符合 XHTML 规范。XHTML（可扩展超文本标记语言）是以 XML 应用的形式重新组织的 HTML。通常，利用 XHTML，可以获得 XML 的优点，同时还能确保 Web 文档的向后和向前兼容性。

注：有关 XHTML 的详细信息，请访问 WWW 联合会（W3C）Web 站点，它包含有关 XHTML1.1-基于模块的 XHTML（www.w3.org/TR/xhtml11/）和 XHTML 1.0（www.w3c.org/TR/xhtml1/）的规范以及针对基于 Web 的文件（http://validator.w3.org/）和本地文件（http://validator.w3.org/file-upload.html）的 XHTML 验证程序站点。

（5）如果用户在"布局"列中选择了 CSS 布局，则从"布局 CSS 位置"弹出菜单中为布局的 CSS 选择一个位置。

添加到文档头　将布局的 CSS 添加到要创建的页面头中。

新建文件　将布局的 CSS 添加到新的外部 CSS 文件并将新的样式表附加到要创建的页面中。

链接到现有文件　可以通过此选项指定已包含布局所需的 CSS 规则的现有 CSS 文件。为此，请单击"附加 CSS 文件"窗格上方的"附加样式表"图标并选择一个现有 CSS 样式表。当用户希望在多个文档上使用相同的 CSS 布局（CSS 布局的 CSS 规则包含在一个文件中）时，此选项特别有用。

（6）（可选）创建页面时，还可以将 CSS 样式表附加到新页面（与 CSS 布局无关）。为此，请单击"附加 CSS 文件"窗格上方的"附加样式表"图标并选择一个 CSS 样式表。

有关这个过程的详细说明，请参阅 David Powers 的文章 Automatically attaching a style sheet to new documents（自动将样式表附加到新文档）。

（7）如果要创建一个页面，只要保存它，就会对该页面启用 InContext Editing，则选择"启用 InContext Editing"。

启用了 InContext Editing 的页面至少必须有一个可指定为可编辑区域的 DIV 标签。例如，如果选择了 HTML 页面类型，则必须为新页面选择某个 CSS 布局，因为这些布局已包含预定义的 DIV 标签。自动将 InContext Editing 可编辑区域放置在含有 content ID 的 DIV 标签上。以后在需要的时候可以向页面添加更多可编辑区域。

（8）如果要设置文档的默认首选参数（如文档类型、编码和文件扩展名），请单击"首选参数"。

（9）如果要打开可在其中下载更多页面设计内容的 Dreamweaver Exchange，请单击"获取更多内容"。

（10）单击"创建"按钮。

（11）保存新文档（"文件"＞"保存"）。

（12）在出现的对话框中，浏览到要用来保存文件的文件夹。最好将文件保存在 Dreamweaver 站点中。

（13）在"文件名"框中，键入文件名。请不要在文件名和文件夹名中使用空格和特殊字符，文件名也不要以数字开头。具体说来就是不要在打算放到远程服务器上的文件名中使用特殊字符（如 é、ç 或 ¥）或标点符号（如冒号、斜杠或句号）；很多服务器在上传时会更改这些字符，这会导致与这些文件的链接中断。

4. 创建空模板

用户可以使用"新建文档"对话框来创建 Dreamweaver 模板。默认情况下，模板将保存在站点的 Templates 文件夹中。

（1）选择"文件"＞"新建"。

（2）在"新建文档"对话框中，选择"空模板"类别。

（3）从"模板类型"列中选择要创建的页面类型。例如，选择 HTML 模板来创建一个纯 HTML 模板，选择 ColdFusion 来创建一个 ColdFusion 模板，等等。

（4）如果希望新页面包含 CSS 布局，请从"布局"列中选择一个预设计的 CSS 布局；否则，选择"无"。基于用户的选择，在对话框的右侧将显示选定布局的预览和说明。

预设计的 CSS 布局提供了下列类型的列：

固定　列宽是以像素指定的。列的大小不会根据浏览器的大小或站点访问者的文本设置来调整。

液态　列宽是以站点访问者的浏览器宽度的百分比形式指定的。如果站点访问者将浏览器变宽或变窄，该设计将会进行调整，但不会基于站点访问者的文本设置来更改列宽度。

（5）从"文档类型"弹出菜单中选择文档类型。大多数情况下，用户希望所选的文档类型保留为默认选择，即 XHTML 1.0Transitional。

从"文档类型"菜单中选择一种 XHTML 文档类型定义使页面符合 XHTML。例如，可从菜单中选择"XHTML 1.0Transitional"或"XHTML 1.0 Strict"，使 HTML 文档符合 XHTML 规范。XHTML（可扩展超文本标记语言）是以 XML 应用的形式重新组织的 HTML。通常，利用 XHTML，可以获得 XML 的优点，同时还能确保 Web 文档的向后和向前兼容性。

注：有关 XHTML 的详细信息，请访问 WWW 联合会（W3C）Web 站点，它包含有关 XHTML1.1-基于模块的 XHTML（www.w3.org/TR/xhtml11/）和 XHTML1.0（www.w3c.org/TR/xhtml1/）的规范以及针对基于 Web 的文件（http://validator.w3.org/）和本地文件（http://validator.w3.org/file-upload.html）的 XHTML 验证程序站点。

（6）如果用户在"布局"列中选择了 CSS 布局，则从"布局 CSS 位置"弹出菜单中为布局的 CSS 选择一个位置。

添加到文档头　将布局的 CSS 添加到要创建的页面头中。

新建文件　将布局的 CSS 添加到新的外部 CSS 样式表并将新的样式表附加到要创建的页面中。

链接到现有文件　可以通过此选项指定已包含布局所需的 CSS 规则的现有 CSS 文件。为此，请单击"附加 CSS 文件"窗格上方的"附加样式表"图标⬛并选择一个现有 CSS 样式表。当用户希望在多个文档上使用相同的 CSS 布局（CSS 布局的 CSS 规则包含在一个文件中)时,此选项特别有用。

(7)(可选)创建页面时,还可以将 CSS 样式表附加到新页面(与 CSS 布局无关)。为此,请单击"附加 CSS 文件"窗格上方的"附加样式表" ⬛ 图标并选择一个 CSS 样式表。

(8)如果要创建一个页面,只要保存它,就会对该页面启用 InContext Editing,则选择"启用 InContext Editing"。

启用了 InContext Editing 的页面至少必须有一个可指定为可编辑区域的 DIV 标签。例如,如果选择了 HTML 页面类型,则必须为新页面选择某个 CSS 布局,因为这些布局已包含预定义的 DIV 标签。自动将 InContext Editing 可编辑区域放置在含有 content ID 的 DIV 标签上。以后在需要的时候可以向页面添加更多可编辑区域。

(9)如果要设置文档的默认首选参数(如文档类型、编码和文件扩展名),请单击"首选参数"。

(10)如果要打开可在其中下载更多页面设计内容的 Dreamweaver Exchange,请单击"获取更多内容"。

(11)单击"创建"按钮。

(12)保存新文档("文件">"保存")。如果还没有向模板添加可编辑区域,则会出现一个对话框,告诉用户文档中没有可编辑的区域。单击"确定"关闭该对话框。

(13)在"另存为"对话框中,选择一个保存模板的站点。

(14)在"文件名"框中,键入新模板的名称。不需要在模板名称后附加文件扩展名。单击"保存"时,.dwt 扩展名将附加到新的模板,该模板保存在站点的 Templates 文件夹中。

请不要在文件名和文件夹名中使用空格和特殊字符,文件名也不要以数字开头。具体说来就是不要在打算放到远程服务器上的文件名中使用特殊字符(如 é、ç 或 ¥)或标点符号(如冒号、正斜杠或句点);很多服务器在上传时会更改这些字符,这会导致与这些文件的链接断开。

5.创建基于现有模板的页面

用户可以选择、预览文档并通过现有模板创建新的文档。用户可以使用"新建文档"对话框从 Dreamweaver 定义的任何站点中选择模板,也可以使用"资源"面板从现有模板创建新的文档。

(1)创建基于模板的文档

①选择"文件">"新建"。

②在"新建文档"对话框中,选择"模板中的页"类别。

③在"站点"列中,选择包含要使用的模板的 Dreamweaver 站点,然后从右侧的列表中选择一个模板。

④如果用户不希望在每次更改该页面所基于的模板后都更新此页面,请取消选择"当模板改变时更新页面"。

⑤如果要设置文档的默认首选参数(如文档类型、编码和文件扩展名),请单击"首选参数"。

⑥如果要打开可在其中下载更多页面设计内容的 Dreamweaver Exchange,请单击"获取更多内容"。

⑦单击"创建"并保存文档("文件">"保存")。

(2)在资源面板中从模板创建文档

①如果"资源"面板尚未打开,请将其打开("窗口">"资源")。

②在"资源"面板中,单击左侧的"模板"图标以查看当前站点中的模板列表。如果用户刚刚创建了想要应用的模板,可能需要单击"刷新"按钮才能看到。

③右键单击要应用的模板,然后选择"从模板新建"。将在"文档"窗口中打开文档。

④保存文档。

6. 创建基于 Dreamweaver 示例文件的页面

Dreamweaver 附带了几种以专业水准开发的框架页面布局和 CSS 设计文件。可以基于这些示例文件开始设计站点页面。当用户创建基于示例文件的文档时,Dreamweaver 会创建文件的副本。

用户可以在"新建文档"对话框中预览示例文件并阅读文档的设计元素的简要说明。如果选择了"CSS 样式表"类别,用户可以复制预先设计的样式表,然后将其应用于用户的文档。

注:如果创建基于预定义框架集的文档,则仅复制框架集结构,而不复制框架内容。另外,必须分别保存每个框架文件。

(1)选择"文件">"新建"。

(2)在"新建文档"对话框中,选择"示例中的页"类别。

(3)在"示例文件夹"列中,选择"CSS 样式表"或"框架集";然后从右边的列表中选择示例文件。

(4)单击"创建"按钮。

将在"文档"窗口("代码"和"设计"视图)中打开新文档。如果选择了"CSS 样式表",则 CSS 样式表将在"代码"视图中打开。

(5)保存该文档("文件">"保存")。

(6)如果出现"复制相关文件"对话框,请设置该选项,然后单击"复制",将资源复制到所选的文件夹中。可以为相关文件选择用户自己的位置或使用 Dreamweaver 生成的默认文件夹位置(基于示例文件的源名称)。

7. 创建其他类型的页面

使用"新建文档"对话框中的"其他"类别,可以创建可能需要在 Dreamweaver 中使用的各种类型的页面,例如 C♯、VBScript 和纯文本页面。

(1)选择"文件">"新建"。

(2)在"新建文档"对话框中,选择"其他"类别。

(3)从"页面类型"列选择要创建的文档类型,然后单击"创建"按钮。

(4)保存该文档("文件">"保存")。

8. 保存和回复文档

可以使用当前的文档名和位置来保存文档,或者使用一个不同的名称和位置来保存文档的副本。

给文件命名时,应避免在文件名和文件夹名中使用空格和特殊字符。具体说来就是不要在打算放到远程服务器上的文件名中使用特殊字符(如 é、ç 或 ¥)或标点符号(如冒号、正斜杠或句点);很多服务器在上传时会更改这些字符,这会导致与这些文件的链接断开。此外,文件名不要以数字开头。

(1)保存文档

①请执行下列操作之一:

• 若要在磁盘上覆盖当前版本,并保存所做的任何更改,请选择"文件">"保存"。

• 若要在其他文件夹中保存文件或使用不同的名称保存文件,请选择"文件">"另存为"。

②在出现的"另存为"对话框中,浏览到要用来保存文件的文件夹。

③在"文件名"文本框中,键入文件名。

④单击"保存"保存文件。

(2)保存所有打开的文档

①选择"文件">"保存全部"。

②如果有已打开但未保存的文档,将会为每个未保存的文档显示"另存为"对话框。在出现的对话框中,浏览到要用来保存文件的文件夹。

③在"文件名"框中,键入文件名,然后单击"保存"。

(3)回复到文档上次保存的版本

①选择"文件">"回复至上次的保存"。

将出现一个对话框询问用户,是否要放弃所做的更改并回复到上一次保存的版本。

②若要回复到上次的版本,请单击"是";若要保留所做的更改,请单击"否"。

注:如果用户保存了一个文档,然后退出 Dreamweaver,当用户重新启动 Dreamweaver 时,不能回复到该文档的以前版本。

9.设置默认文档类型和编码

用户可以定义用作站点默认文档的文档类型。

例如,如果站点的大多数页面都是特定的文件类型(如 Cold Fusion、HTML 或 ASP 文档),则可以设置自动创建指定文件类型的新文档的文档首选参数。

(1)选择"编辑">"首选参数"。

也可以在创建新文档时,单击"新建文档"对话框中的"首选参数"按钮来设置新文档的首选参数。

(2)从左侧的"分类"列表中单击"新建文档"。

(3)必要时可设置或更改首选参数,然后单击"确定"保存设置。

默认文档　选择将要用于所创建页面的文档类型。

默认扩展名　为新建的 HTML 页面指定用户希望使用的文件扩展名(.htm 或.html)。

注:此选项对其他文件类型禁用。

默认文档类型(DDT)　选择一种 XHTML 文档类型定义(DTD),使新页面遵从 XHTML 规范。例如,可从菜单中选择"XHTML 1.0 Transitional"或"XHTML 1.0 Strict",使 HTML 文档符合 XHTML 规范。

默认编码　指定在创建新页面时要使用的编码,以及指定在未指定任何编码的情况下打开一个文档时要使用的编码。

如果选择 Unicode(UTF-8)作为文档编码,则不需要实体编码,因为 UTF-8 可以安全地表示所有字符。如果选择其他文档编码,则可能需要用实体编码才能表示某些字符。有关字符实体的详细信息,请访问 www.w3.org/TR/REChtml40/sgml/entities.html。

如果选择 Unicode(UTF-8)作为默认编码,则可以选择"包括 Unicode 签名(BOM)"选项,以便在文档中包括字节顺序标记(BOM)。

BOM 是位于文本文件开头的 2 到 4 个字节,它不仅可将文件标识为 Unicode 编码,还可标识后面字节的字节顺序。由于 UTF-8 没有字节顺序,添加 UTF-8 BOM 是可选的,而对于 UTF-16 和 UTF-32,则必须添加 BOM。

Unicode 范式　如果选择 Unicode(UTF-8)作为默认编码,则请选择其中一个选项。

有四种 Unicode 范式。最重要的是范式 C,因为它是用于万维网字符模型中最常用的表单。Adobe 提供其他三种 Unicode 范式作为补充。

按 Ctrl+N 组合键时显示新建文档对话框　如果取消选中此选项(如果使用 Macintosh,则为"按下 Command+N"),在使用此按键命令时将自动创建默认文档类型的文档。

在 Unicode 中,有些字符看上去很相似,但却可用不同的方法存储在文档中。例如,"?"(e 变音符)可表示为单个字符"e 变音符",或表示为两个字符"正常拉丁字符 e"+"组合变音符"。Unicode 组合字符是与前一个字符结合使用的字符,因此变音符会显示在"拉丁字符 e"的上方。这两种形式都显示为相同的印刷样式,但保存在文件中的形式却不相同。

范式是指确保可用不同形式保存的所有字符都使用相同的形式进行保存的过程。即文档中的所有"?"字符都保存为单个"e 变音符"或"e"+"组合变音符",而不是在一个文档中采用这两种保存形式。

有关 Unicode 范式和可以使用的特定形式的详细信息,请参阅 Unicode Web 站点,网址是 www.unicode.org/reports/tr15。

10.设置新 HTML 文档的默认文件扩展名

用户可以定义在 Dreamweaver 中创建的 HTML 文档的默认文件扩展名。例如,可以将.htm 或.html 扩展名用于所有新建的 HTML 文档。

(1)选择"编辑">"首选参数"。

也可以在创建新文档时,单击"新建文档"对话框中的"首选参数"按钮来设置新文档的首选参数。

(2)从左侧的"分类"列表中单击"新建文档"。

(3)确保在"默认文档"弹出菜单中选择了"HTML"。

(4)在"默认扩展名"框中,为在 Dreamweaver 中新建的 HTML 文档指定所需文件扩展名。对于 Windows,可以指定下列扩展名:.html,.htm,.shtml,.shtm,.stm,.tpl,.lasso 和.xhtml。

11.打开并编辑现有文档

用户可以打开现有网页或基于文本的文档(不论是否是用 Dreamweaver 创建的),然后在"设计"视图或"代码"视图中对其进行编辑。

如果打开的文档是一个另存为 HTML 文档的 Microsoft Word 文件,则可以使用"清理 Word 生成的 HTML"命令来清除 Word 插入到 HTML 文件中的无关标记标签。

若要清理不是由 Microsoft Word 生成的 HTML 或 XHTML,请使用"清理 HTML"命令。

也可以打开非 HTML 文本文件,如 JavaScript 文件、XML 文件、CSS 样式表或用字处理程序或文本编辑器保存的文本文件。

(1)选择"文件">"打开"。

也可以使用"文件"面板来打开文件。

(2)定位到要打开的文件并选中文件。

注:如果尚未这样做,则最好在 Dreamweaver 站点中组织要打开和编辑的文件,而不是从其他位置打开这些文件。

（3）单击"打开"。

将在"文档"窗口中打开文档。默认情况下，在"代码"视图中打开 JavaScript、文本和 CSS 样式表。可以在 Dreamweaver 中工作时更新文档，然后保存文件中的更改。

12. 打开相关文件

Dreamweaver 使用户可以查看与主文档相关的文件而不会失去主文档的焦点。例如，如果已向主文档附加了 CSS 和 JavaScript 文件，则使用 Dreamweaver 可以在保持主文档可见的同时在"文档"窗口中查看和编辑这些相关文件。

注：下一个帮助章节中将介绍动态相关文件（例如内容管理系统中的 PHP 文件）。

默认情况下，Dreamweaver 在主文档标题下的"相关文件"工具栏中显示与主文档相关的所有文件的名称。工具栏中按钮的顺序遵循主文档内存在的相关文件链接的顺序。

注：如果缺少某个相关文件，Dreamweaver 仍会在"相关文件"工具栏中显示对应的按钮。但是，如果单击该按钮，Dreamweaver 将不显示任何内容。

（1）Dreamweaver 支持以下类型的相关文件：

• 客户端脚本文件；

• Server Side Includes；

• Spry 数据集源（XML 和 HTML）；

• 外部 CSS 样式表（包括嵌套样式表）。

Dreamweaver 工程团队提供了有关使用相关文件的视频概览，如欲获得该视频资料，请访问 www. adobe. com/go/dw10relatedfiles_cn。

有关使用实时视图、相关文件和代码导航器的视频教程，请参阅 www. adobe. com/go/lrvid4044_dw_cn。

（1）从相关文件工具栏中打开相关文件

请执行下列操作之一：

• 在文档顶部的"相关文件"工具栏中，单击要打开的相关文件的文件名。

• 在"相关文件"工具栏中，右键单击要打开的相关文件的文件名，然后从上下文菜单中选择"作为单独文件打开"。使用此方法打开相关文件时，主文档不会同时保持可见。

（2）从代码导航器中打开相关文件

①将插入点放置在已知受相关文件影响的行或区域中。

②等待代码导航器指示器出现后，单击它以打开代码导航器。

③将鼠标指针悬停在代码导航器中的项目上可以查看有关这些项目的更多信息。例如，如果想更改特定的 CSS 颜色属性，但不知道它位于哪个规则中，用户可以通过将鼠标指针悬停在代码导航器中可用的规则上来查找该属性。

④单击用户感兴趣的项目以打开对应的相关文件。

（3）返回到主文档的源代码

单击"相关文件"工具栏中的"源代码"按钮。

（4）更改相关文件的显示

用户可以使用多种方式查看相关文件：

• 从"设计"视图或"代码"和"设计"视图（"拆分"视图）中打开相关文件时，将在主文档的"设计"视图上方的拆分视图中显示相关文件。

如果想让相关文件改为显示在"文档"窗口的底部，可以选择"视图"＞"顶部的设计视图"。

• 从纵向拆分的"代码"和"设计"视图("视图">"垂直拆分")中打开相关文件时,将在与主文档的"设计"视图并排的拆分视图中显示相关文件。

根据用户希望"设计"视图所处的位置,可以选择或取消选择"左侧的设计视图"("视图">"左侧的设计视图")。

• 根据已选择的选项,在从"拆分代码"视图或"垂直拆分代码"视图("视图">"拆分代码视图"和"视图">"垂直拆分")中打开相关文件时,将在主文档源代码下方、上方或并排的拆分视图中显示相关文件。

显示选项中的"代码视图"是指主文档的源代码。例如,如果选择"视图">"顶部的代码视图",Dreamweaver 将在"文档"窗口的上半部分中显示主文档的源代码。如果选择"视图">"左侧的代码视图",Dreamweaver 将在"文档"窗口的左侧显示主文档的源代码。

• 标准"代码"视图不允许在显示主文档源代码的同时显示相关文档。

(5)禁用相关文件

①选择"编辑">"首选参数"。

②在"常规"类别中,取消选择"启用相关文件"。

13.打开动态相关文件

"动态相关文件"功能扩展了"相关文件"功能,允许用户在"相关文件"工具栏中查看动态页面的相关文件。具体而言,"动态相关文件"功能允许用户查看为常用的开源 PHP 内容管理系统(CMS)框架(如 WordPress、Drupal 和 Joomla!)生成运行时代码所必需的大量动态包含文件。

若要使用"动态相关文件"功能,用户必须能够访问运行 WordPress、Drupal 或 Joomla!的本地或远程 PHP 应用程序服务器。测试页面的一种常用方法是设置本地主机 PHP 应用程序服务器,并在本地测试页面。

测试页面之前,需要执行以下步骤:

• 设置 Dreamweaver 站点,并确保已填写"站点设置"对话框中的"Web URL"文本框。

• 设置 PHP 应用程序服务器。

有关如何在本地执行此操作的说明,请参阅以下内容:www.adobe.com/go/learn_dw_phpsetup_cn。

重要说明:尝试在 Dreamweaver 中使用动态相关文件之前,该服务器必须正在运行。

• 在应用程序服务器上安装 WordPress、Drupal 或 Joomla!。

有关详细信息,请参阅下面的链接:

• WordPress 安装

• Drupal 安装

• Joomla! 安装

• 在 Dreamweaver 中,定义将在其中下载和编辑 CMS 文件的本地文件夹。

• 将所安装的 WordPress、Drupal 或 Joomla! 文件的位置定义为远程和测试文件夹。

• 从远程文件夹中下载(获取)CMS 文件。

Dreamweaver 工程团队以视频方式概述了动态相关文件的用法,请访问 www.adobe.com/go/dwcs5drf_cn。

(1)设置"动态相关文件"首选项

打开与动态相关文件关联的页面时,Dreamweaver 会自动搜索文件,也允许用户手动搜索文件(方法是单击页面上方的信息栏中的链接)。默认设置为手动搜索。

①选择"编辑">"首选项"。

②在"常规"类别中,确保选中"启用相关文件"选项。

③从"动态相关文件"弹出菜单中选择"手动"或"自动"。用户还可以通过选择"禁用"来完全禁用搜索。

(2)搜索动态相关文件

①打开与动态相关文件关联的一个页面,例如 WordPress、Drupal 或 Joomla! 站点的站点根目录 index.php 页面。

②如果动态相关文件的搜索设置为手动(默认设置),请单击"文档"窗口中页面上方显示的信息栏中的"搜索"链接。

如果已自动启用搜索动态相关文件,则"相关文件"工具栏中会显示动态相关文件的列表。

"相关文件"工具栏中的相关文件和动态相关文件的顺序如下:

• 静态相关文件(即不需要任何种类的动态处理的相关文件)

• 附加到动态路径服务器包含文件的外部相关文件(即.css 和.js 文件)

• 动态路径服务器包含文件(即.php、.inc 和.module 文件)

(3)筛选相关文件

由于相关文件和动态相关文件的数量通常会很庞大,因此 Dreamweaver 允许用户筛选相关文件,以便用户可以精确定位要使用的文件。

①打开与相关文件关联的一个页面。

②如有必要,搜索动态相关文件。

③单击"相关文件"工具栏右侧的"筛选相关文件"图标。

④在"相关文件"工具栏中,选择要查看的文件的类型。默认情况下,Dreamweaver 选择所有相关文件。

⑤若要创建自定义筛选器,请单击"筛选相关文件"图标并选择"自定义筛选器"。

"自定义筛选器"对话框仅允许筛选确切的文件名(style.css)、文件扩展名(.php)和使用星号的通配符表达式(*menu*)。

用户可以通过使用分号分隔每个表达式,来基于多个通配符表达式进行筛选(例如:style.css;*.js;*tpl.php)。

注:关闭文件后,不会保留筛选器设置。

14.清理 Microsoft Word 的 HTML 文件

用户可以打开在 Microsoft Word 中保存为 HTML 文件的文档,然后使用"清理 Word 生成的 HTML"命令删除 Word 生成的无关 HTML 代码。"清理 Word 生成的 HTML"命令适用于由 Word 97 或更高版本另存为 HTML 文件的文档。

Dreamweaver 删除的代码主要 Word 用于设置 Word 文档并对其进行显示,在显示 HTML 文件时并不需要。保留原始 Word(.doc)文件的一份副本作为备份,因为一旦应用了"清理 Word 生成的 HTML"功能,可能就无法在 Word 中再次打开该 HTML 文档。

若要清理不是由 Microsoft Word 生成的 HTML 或 XHTML,请使用"清理 HTML"命令。

(1)将 Microsoft Word 文档另存为 HTML 文件。

注:在 Windows 中,关闭 Word 中的文件以避免共享冲突。

（2）在 Dreamweaver 中打开 HTML 文件。

要查看 Word 生成的 HTML 代码，请切换到"代码"视图（"查看"＞"代码"）。

（3）选择"命令"＞"清理 Word 生成的 HTML"。

注：如果 Dreamweaver 不能确定文件是使用哪个版本的 Word 保存的，请从弹出菜单中选择正确的版本。

（4）选择（或取消选择）清理选项。用户输入的首选参数将保存为默认的清理设置。

Dreamweaver 将清理设置应用于 HTML 文档，而且出现一个更改记录（除非在对话框中取消了对该选项的选择）。

删除所有 Word 特定的标记 删除所有 Microsoft Word 特定的 HTML，包括 HTML 标签中的 XML、文档头中的 Word 自定义元数据和链接标签、Word XML 标记、条件标签及其内容以及样式中的空段落和边距。可以使用"详细"选项卡分别选择各个选项。

清理 CSS 删除所有 Word 特定的 CSS，包括尽可能地删除内联 CSS 样式（当父样式有相同的样式属性时）、以"mso"开头的样式属性、非 CSS 样式声明、表格中的 CSS 样式属性以及文档头中所有未使用的样式定义。使用"详细"选项卡可以进一步自定义此选项。

清理＜font＞标签删除 HTML 标签，将默认的正文文本转换成 2 号字的 HTML 文本。

修复无效的嵌套标签 删除由 Word 在段落和标题（块级）标签外部插入的字体标记标签。

应用源格式将用户在"HTML 格式"首选参数和 SourceFormat. txt 中指定的源格式选项应用于文档。

完成后显示记录用于在完成清理时显示一个警告框，其中包含有关文档改动的详细信息。

（5）如果需要进一步自定义"删除所有 Word 特定的标记"和"清理 CSS"选项，请单击"确定"或"详细"选项卡，然后单击"确定"。

3.2.2 管理文件和文件夹

1. 关于管理文件和文件夹

Dreamweaver 包含"文件"面板，它可帮助用户管理文件并在本地和远程服务器之间传输文件。当用户在本地和远程站点之间传输文件时，会在这两种站点之间维持平行的文件和文件夹结构。在两个站点之间传输文件时，如果站点中不存在相应的文件夹，则 Dreamweaver 将创建这些文件夹。用户也可以在本地和远程站点之间同步文件；Dreamweaver 会根据需要在两个方向上复制文件，并且在适当的情况下删除不需要的文件。

2. 使用文件面板

用户可以使用"文件"面板查看文件和文件夹（无论这些文件和文件夹是否与 Dreamweaver 站点相关联），以及执行标准文件维护操作（如打开和移动文件）。

注：在以前的 Dreamweaver 版本中，"文件"面板称为"站点"面板。

用户可以根据需要移动"文件"面板并为该面板设置首选参数。

使用此面板可以执行以下任务：

• 访问站点、服务器和本地驱动器

• 查看文件和文件夹

• 在"文件"面板中管理文件和文件夹

对于 Dreamweaver 站点，可以使用如图 3-3 所示的选项显示或传输文件。

图 3-3 展开的"文件"面板选项

A.站点弹出菜单；B.连接/断开；C.刷新；D.查看站点 FTP 日志；E.站点文件视图；F.测试服务器；G.存储库视
图；H.获取文件；I.上传文件；J.取出文件；K.存回文件；L.同步；M.展开/折叠

注："站点文件"视图、"测试服务器"视图和"同步"按钮仅出现在展开的"文件"面板中。

站点弹出菜单 使用户可以选择 Dreamweaver 站点并显示该站点的文件，还可以使用
"站点"菜单访问本地磁盘上的全部文件，非常类似于 Windows 资源管理器。

连接/断开 （FTP、RDS 和 WebDAV 协议）用于连接到远程站点或断开与远程站点的
连接。默认情况下，如果 Dreamweaver 已空闲 30 分钟以上，则将断开与远程站点的连接（仅
限 FTP）。若要更改时间限制，请选择"编辑">"首选参数"，然后从左侧的"分类"列表中选
择"站点"。

刷新 用于刷新本地和远程目录列表。如果用户已取消选择"站点定义"对话框中的
"自动刷新本地文件列表"或"自动刷新远程文件列表"，则可以使用此按钮手动刷新目录
列表。

站点文件视图 在"文件"面板的窗格中显示远程和本地站点的文件结构。（有一个首
选参数设置确定哪个站点出现在左窗格，哪个站点出现在右窗格。）"站点文件"视图是"文
件"面板的默认视图。

测试服务器视图 显示测试服务器和本地站点的目录结构。

存储库视图 显示 Subversion(SVN)存储库。

获取文件 用于将选定文件从远程站点复制到本地站点（如果该文件有本地副本，则将
其覆盖）。如果已启用了"启用存回和取出"，则本地副本为只读，文件仍将留在远程站点上，
可供其他小组成员取出。如果已禁用"启用存回和取出"，则文件副本将具有读写权限。

注：Dreamweaver 所复制的文件是用户在"文件"面板的活动窗格中选择的文件。如果
"远程"窗格处于活动状态，则选定的远程或测试服务器文件将复制到本地站点；如果"本地"
窗格处于活动状态，则 Dreamweaver 会将选定的本地文件的远程或测试服务器版本复制到
本地站点。

上传文件 将选定的文件从本地站点复制到远程站点。

注：Dreamweaver 所复制的文件是用户在"文件"面板的活动窗格中选择的文件。如果
"本地"窗格处于活动状态，则选定的本地文件将复制到远程站点或测试服务器；如果"远程"
窗格处于活动状态，则 Dreamweaver 会将选定的远程服务器文件的本地版本复制到远程
站点。

如果所上传的文件在远程站点上尚不存在，并且"启用存回和取出"已打开，则会以"取
出"状态将该文件添加到远程站点。

如果要不以取出状态添加文件，则单击"存回文件"按钮。

取出文件 用于将文件的副本从远程服务器传输到本地站点（如果该文件有本地副本，
则将其覆盖），并且在服务器上将该文件标记为取出。如果对当前站点禁用了"站点定义"对
话框中的"启用存回和取出"，则此选项不可用。

存回文件　用于将本地文件的副本传输到远程服务器,并且使该文件可供他人编辑。本地文件变为只读。如果对当前站点禁用了"站点定义"对话框中的"启用存回和取出",则此选项不可用。

同步　可以同步本地和远程文件夹之间的文件。

扩展/折叠按钮　展开或折叠"文件"面板以显示一个和两个窗格。

3.查看文件和文件夹

用户可以在"文件"面板中查看文件和文件夹,而无论它们是否与 Dreamweaver 站点相关联。在"文件"面板中查看站点、文件或文件夹时,用户可以更改查看区域的大小。对于 Dreamweaver 站点,用户还可以展开或折叠"文件"面板。

对于 Dreamweaver 站点,用户还可以通过更改默认显示在折叠面板中的视图(本地站点或远程站点)来对"文件"面板进行自定义。或者,用户可以使用"总是显示"选项在展开的"文件"面板中切换内容视图。

(1)打开或关闭文件面板

选择"窗口">"文件"。

(2)展开或折叠文件面板(仅限 Dreamweaver 站点)

在"文件"面板("窗口">"文件")中,单击工具栏上的"扩展/折叠"按钮。

注:如果单击"扩展/折叠"按钮展开停靠的面板,面板就会最大化,使用户无法在"文档"窗口中工作。若要返回到"文档"窗口,请再次单击"扩展/折叠"按钮折叠面板。如果单击"扩展/折叠"按钮展开没有停靠的面板,用户仍可在"文档"窗口中工作。再次停靠面板之前,用户必须先折叠该面板。

当"文件"面板折叠时,它以文件列表的形式显示本地站点、远程站点或测试服务器的内容。在展开时,它显示本地站点和远程站点或者显示本地站点和测试服务器。

(3)更改展开文件面板中的视图区域的大小

在"文件"面板("窗口">"文件")中(面板处于展开状态),执行下列操作之一:

• 拖动两个视图之间的分隔条以增加或减少右窗格或左窗格的视图区域。

• 使用"文件"面板底部的滚动条滚动查看视图的内容。

(4)更改文件面板中的站点视图(仅限 Dreamweaver 站点)

请执行下列操作之一:

• 在折叠的"文件"面板("窗口">"文件")中,从"站点视图"弹出菜单中选择"本地视图"、"远程视图"、"测试服务器"或"存储库视图"。

注:默认情况下,"本地视图"出现在"站点视图"菜单中。如图 3-4 所示。

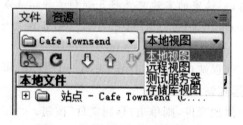

图 3-4　文件面板中的"本地视图"

• 在展开的"文件"面板("窗口">"文件")中,单击"站点文件"按钮(对于远程站点)、

"测试服务器"按钮或"存储库文件"按钮。如图 3-5 所示。

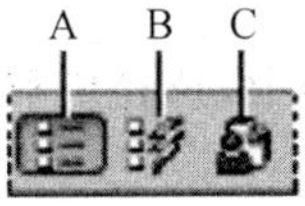

图 3-5　更改文件面板中的站点视图

A.站点文件 B.测试服务器;C.存储库文件

注:必须先设置一个远程站点、测试服务器或 SVN 存储库,然后才能查看远程站点、测试服务器或存储库。

（5）查看 Dreamweaver 站点之外的文件

与使用 Windows 资源管理器一样,用户可以使用"站点"弹出菜单在计算机中进行浏览。

4.在文件面板中处理文件

用户可以打开文件、更改文件名;添加、移动或删除文件;或者在进行更改后刷新"文件"面板。

对于 Dreamweaver 站点,用户还可以确定哪些文件(本地站点或远程站点上)在上次传输后进行了更新。

（1）打开文件

①在"文件"面板("窗口">"文件")中,从弹出菜单(其中显示当前站点、服务器或驱动器)中选择站点、服务器或驱动器。

②定位到要打开的文件。

③请执行下列操作之一:

· 双击该文件的图标。

· 右键单击该文件的图标,然后选择"打开"。Dreamweaver 会在"文档"窗口中打开该文件。

（2）创建文件或文件夹

①在"文件"面板("窗口">"文件")中,选择一个文件或文件夹。

Dreamweaver 将在当前选定的文件夹中(或者在与当前选定文件所在的同一个文件夹中)新建文件或文件夹。

②右键单击,然后选择"新建文件"或"新建文件夹"。

③输入新文件或新文件夹的名称。

④按 Enter。

（3）删除文件或文件夹

①在"文件"面板("窗口">"文件")中,选择要删除的文件或文件夹。

②右键单击,然后选择"编辑">"删除"。

（4）重命名文件或文件夹

①在"文件"面板("窗口">"文件")中,选择要重命名的文件或文件夹。

②执行下列操作之一,激活文件或文件夹的名称:

· 单击文件名,稍停片刻,然后再次单击。

· 右键单击该文件的图标,然后选择"编辑">"重命名"。

③键入新名称,覆盖现有名称。

④按 Enter。

（5）移动文件或文件夹

①在"文件"面板（"窗口"＞"文件"）中，选择要移动的文件或文件夹。

②请执行下列操作之一：

· 复制该文件或文件夹，然后粘贴在新位置。

· 将该文件或文件夹拖到新位置。

③刷新"文件"面板可以看到该文件或文件夹在新位置上。

（6）刷新文件面板

请执行下列操作之一：

· 右键单击该文件和文件夹，然后选择"刷新"。

· （仅对 Dreamweaver 站点）单击"文件"面板工具栏上的"刷新"按钮（此选项刷新两个窗格）。

注：当用户在另一个应用程序中进行了更改并返回到 Dreamweaver 时，Dreamweaver 会刷新"文件"面板。

5. 在 Dreamweaver 站点中查找文件

Dreamweaver 使得在站点中查找选定、打开、取出或最近修改过的文件非常容易。用户也可以在本地站点或远程站点中查找较新的文件。

（1）在站点中查找打开的文件

①在"文档"窗口中打开文件。

②选择"站点"＞"在站点定位"。

Dreamweaver 在"文件"面板中选择文件。

注：如果"文档"窗口中打开的文件不属于"文件"面板中的当前站点，Dreamweaver 将尝试确定该文件属于用户的哪个 Dreamweaver 站点；如果当前文件仅属于一个本地站点，则 Dreamweaver 将在"文件"面板中打开该站点，然后高亮显示该文件。

（2）定位并选择 Dreamweaver 站点中已取出的文件

在折叠的"文件"面板（"窗口"＞"文件"）中，单击"文件"面板右上角的"选项"菜单，然后选择"编辑"＞"选择取出的文件"。如图 3-6 所示。

图 3-6　Dreamweaver 在"文件"面板中选择文件

（3）在本地或远程站点中查找选定的文件

①在"文件"面板（"窗口"＞"文件"）的"本地"或"远程"视图中选中文件。

②右键单击鼠标，然后选择"本地站点中定位"或"远端站点中定位"（取决于用户选择文件的位置）。

Dreamweaver 在"文件"面板中选择文件。

（4）定位并选择在本地站点比在远程站点新的文件

在折叠的"文件"面板（"窗口"＞"文件"）中，单击"文件"面板右上角的"选项"菜单，然后依次选择"编辑"＞"选择较新的本地文件"。

Dreamweaver 在"文件"面板中选择文件。

（5）定位并选择在远程站点比在本地站点新的文件

在折叠的"文件"面板（"窗口"＞"文件"）中，单击"文件"面板右上角的"选项"菜单，然后依次选择"编辑"＞"选择较新的远端文件"。

Dreamweaver 在"文件"面板中选择文件。

（6）在站点中查找最近修改的文件

①在折叠的"文件"面板（"窗口"＞"文件"）中，单击"文件"面板右上角的"选项"菜单，然后依次选择"编辑"＞"选择最近修改日期"。

②执行下列操作之一指定要报告的搜索日期：

• 要报告最近几天修改的所有文件，请选择"创建或修改文件于最近"，然后在框中输入一个数字。

• 要报告特定时间段内修改的所有文件，请单击"在此期间创建或修改的文件"单选按钮，然后指定一个日期范围。

③（可选）在"修改者"框中输入用户名，将搜索限制到指定日期范围内由特定用户修改的文件。

注：此选项仅适用于对 Contribute 站点的报告。

④如果需要，可以选择一个单选按钮，指明用户要在何处查看报告中列出的文件：

本地计算机　如果站点包含静态页面。

测试服务器　如果站点包含动态页面。

注：此选项假定用户已在"站点定义"（XREF）对话框中定义了测试服务器。如果用户没有定义测试服务器并输入该服务器的 URL 前缀，或者如果用户将要为多个站点运行报告，则此选项将不可用。

其他位置　如果用户要在文本框中输入一个路径。

⑤单击"确定"保存设置。

Dreamweaver 将在"文件"面板中高亮显示在指定时间段内修改的文件。

6. 标识和删除未使用的文件

可以标识和删除站点中其他文件不再使用的文件。

（1）选择"站点"＞"检查站点范围的链接"。

Dreamweaver 检查站点中的所有链接，并在"结果"面板中显示断开的链接。

（2）在"链接检查器"面板上的菜单中选择"孤立的文件"。

Dreamweaver 将显示没有入站链接的所有文件。这意味着站点中没有链接到这些文件的文件。

（3）选择要删除的文件，然后按 Delete。

重要说明：尽管站点中没有其他文件引用列出的文件，但列出的某些文件可能链接到了其他文件。因此删除这些文件时要谨慎。

7. 访问站点、服务器和本地驱动器

用户可以访问、修改和保存 Dreamweaver 站点中的文件和文件夹，以及不属于 Dreamweaver 站点的文件和文件夹。除了 Dreamweaver 站点外，用户还可以访问服务器、本地驱动器或者用户的桌面。

在访问远程服务器之前，必须对 Dreamweaver 进行设置，使之能够使用该服务器。

注：管理文件的最佳方式是创建 Dreamweaver 站点。

(1)打开现有的 Dreamweaver 站点

在"文件"面板("窗口">"文件")中,从菜单(其中显示当前站点、服务器或驱动器)中选择一个站点。如图 3-7 所示。

图 3-7 打开现有的 Dreamweaver 站点

(2)打开远程 FTP 或 RDS 服务器上的文件夹

①在"文件"面板("窗口">"文件")中,从菜单(其中显示当前站点、服务器或驱动器)中选择一个服务器。如图 3-8 所示。

图 3-8 打开远程 FTP 或 RDS 服务器上的文件夹

注:用户配置让 Dreamweaver 使用的服务器名称会显示出来。

②按照通常的做法定位到文件并编辑这些文件。

(3)访问本地驱动器或用户的桌面

①在"文件"面板("窗口">"文件")中,从菜单(其中显示当前站点、服务器或驱动器)中选择"桌面"、"本地磁盘"或"CD 驱动器"。

②浏览到一个文件,然后执行以下任意操作:

• 在 Dreamweaver 或其他应用程序中打开文件;

• 重命名文件;

• 复制文件;

• 删除文件;

• 拖动文件。

将文件从一个 Dreamweaver 站点拖至另一个站点或一个不属于 Dreamweaver 站点的文件夹时,Dreamweaver 会将该文件复制到目标位置。如果在同一 Dreamweaver 站点中拖放文件,Dreamweaver 会将该文件移动到目标位置。如果将不属于 Dreamweaver 站点的文件拖放到不属于 Dreamweaver 站点的文件夹,Dreamweaver 会将该文件移动到用户拖放到的目标位置。

注:若要移动 Dreamweaver 在默认情况下复制的文件,请在拖动时按住 Shift。若要复制 Dreamweaver 在默认情况下移动的文件,请在拖动时按住 Ctrl。

8.自定义在展开的文件面板中显示的文件和文件夹详细信息

在展开的"文件"面板中查看 Dreamweaver 站点时,有关文件和文件夹的信息将在列中显示。例如,用户可以看到文件类型或文件的修改日期。

用户可以通过以下任何操作对列进行自定义(某些操作仅适用于添加的列,不适用于默认列):

• 更改列的顺序,或将列重新排列;
• 添加新列(最多 10 列);
• 隐藏列(文件名列除外);
• 指定将与连接到站点的所有用户共享的列;
• 删除列(仅限自定义的列);
• 重命名列(仅限自定义的列);
• 建立列与设计备注的关联(仅限自定义的列)。

(1)更改列的顺序

选择列名称,然后单击向上或向下箭头按钮来更改选定列的位置。

注:用户可以更改除"名称"列之外任何列的顺序。"名称"列始终是第一列。

(2)添加、删除或更改详细列

①选择"站点">"管理站点"。

②选择一个站点,然后单击"编辑"。

③展开"高级设置"并选择"文件视图列"类别。

④选择一个列,然后单击加号(+)按钮添加一个列,或减号(−)按钮来删除一个列。

注:将立即删除该列,且不经确认,因此在单击减号(−)按钮前,请务必弄清是否确实要删除该列。

⑤在"列名称"框中,输入列的名称。

⑥从"与设计备注关联"菜单中选择一个值,或者键入用户自己的值。

注:必须将一个新列与设计备注关联,"文件"面板中才会有数据显示。

⑦选择一种对齐方式,以确定该列中的文本对齐方式。

⑧选择或取消选择"显示"以显示或隐藏列。

⑨选择"与该站点所有用户共享"来与连接到该远程站点的所有用户共享该列。

(3)在文件面板中按任何详细列排序

单击要排序的列的标题。

再次单击标题将反转之前 Dreamweaver 排序列的方式(升序或降序)。

3.2.3　从服务器获取文件和将文件上传到服务器

1. 文件传输和相关文件

如果用户在协作环境中工作,则可以使用存回/取出系统在本地和远程站点之间传输文件。但是,如果只有用户一个人在远程站点上工作,则可以使用"获取"和"上传"命令传输文件,而不用存回或取出文件。

当使用"文件"面板在本地和远程文件夹之间传输文档时,用户可以选择传输文档的相关文件。相关文件是文档中引用的图像、外部样式表和其他文件,浏览器在加载该文档时会加载这些相关文件。

注:在取出新文件时下载相关文件通常是一种不错的做法,但是如果本地磁盘上已经有最新版本的相关文件,则无需再次下载它们。此方法也适用于上传和存回文件:如果远程站点上已有最新的副本,则不需要这样做。

库项目被视为相关文件。

某些服务器会在上传库项目时报告错误。但是,可以遮盖这些文件以阻止其传输。

2. 关于后台文件传输

用户可以在获取或上传文件期间执行其他与服务器无关的活动。后台文件传输适用于Dreamweaver 支持的所有传输协议:FTP、SFTP、LAN、WebDAV、Subversion 和 RDS。

与服务器无关的活动包括诸如键入、编辑外部样式表、生成站点范围的报告以及创建新站点之类的常用操作。

Dreamweaver 在文件传输期间无法执行的与服务器相关的活动包括:

- 上传/获取/存回/取出文件;
- 撤销取出;
- 创建数据库连接;
- 绑定动态数据;
- 在"实时"视图中预览数据;
- 插入 Web 服务;
- 删除远程文件或文件夹;
- 在测试服务器上的浏览器中预览;
- 将文件保存到远程服务器;
- 插入远程服务器中的图像;
- 打开远程服务器中的文件;
- 在保存时自动上传文件;
- 将文件拖动到远程站点;
- 剪切、复制或粘贴远程站点上的文件;
- 刷新"远程"视图。

默认情况下,"后台文件活动"对话框在文件传输过程中处于打开状态。可以通过单击右上角的"最小化"按钮来最小化该对话框。在文件传输过程中关闭该对话框将取消该操作。

3. 从远程服务器获取文件

使用"获取"命令可以将文件从远程站点复制到本地站点。用户可以使用"文件"面板或

"文档"窗口来获取文件。

Dreamweaver 在传输期间创建可以查看和保存的文件活动日志。

注：不能关闭后台文件传输。如果已在"后台文件活动"对话框中打开详细日志，则可以关闭它以提高性能。

Dreamweaver 还会记录所有 FTP 文件传输活动。如果用户使用 FTP 传输文件时出错，则可以借助于站点 FTP 日志来确定问题所在。

（1）使用文件面板从远程服务器获取文件

①在"文件"面板（"窗口">"文件"）中，选择要下载的文件。

通常在"远程"视图中选择这些文件，但如果愿意，也可以在"本地"视图中选择相应的文件。如果"远程"视图处于活动状态，则 Dreamweaver 会将选定的文件复制到本地站点；如果"本地"视图处于活动状态，则 Dreamweaver 会将选定的本地文件的远程版本复制到本地站点。

注：若要仅获取那些远程版本比本地版本新的文件，请使用"同步"命令。

②执行下列操作之一来获取文件：

· 单击"文件"面板工具栏上的"获取"按钮。

· 在"文件"面板中右键单击该文件，然后从上下文菜单中选择"获取"。

③在"相关文件"对话框中单击"是"下载相关文件；如果已经有相关文件的本地副本，则单击"否"。默认情况下，不会下载相关文件。可以在"编辑">"首选参数">"站点"上设置此选项。

Dreamweaver 将下载选定的文件，如下所示：

· 如果用户使用存回/取出系统，则获取文件操作将生成该文件的只读本地副本；该文件仍保留在远程站点或测试服务器上，可供其他小组成员取出。

· 如果用户没有使用存回/取出系统，则获取文件操作将生成具有读写权限的副本。

注：如果用户在协作环境中工作（也就是说，如果其他人正在处理同一文件），则不可禁用"启用存回和取出"功能。如果其他人在该站点上使用了存回/取出系统，则用户也应该使用该系统。

若要随时停止文件传输，请单击"后台文件活动"对话框中的"取消"按钮。

（2）使用文档窗口从远程服务器获取文件

①确保文档在"文档"窗口中处于活动状态。

②执行下列操作之一来获取文件：

· 选择"站点">"获取"。

· 单击"文档"窗口工具栏中的"文件管理"图标，然后从菜单中选择"获取"。

注：如果当前文件不属于"文件"面板中的当前站点，则 Dreamweaver 将尝试确定当前文件属于哪一个本地定义的站点。如果当前文件仅属于一个本地站点，则 Dreamweaver 将打开该站点，然后执行"获取"操作。

（3）显示 FTP 记录

①单击"文件"面板右上角的"选项"菜单。

②选择"查看">"站点 FTP 日志"。

注：在"展开的文件"面板中，可以单击"FTP 日志"按钮以显示该日志。

4. 将文件上传到远程服务器

用户可以将文件从本地站点上传到远程站点，这通常不会改变文件的取出状态。

在两种常见的情况下,用户可能会使用"上传"命令来代替"存回":

- 用户不在协作环境中并且没有使用存回/取出系统。
- 用户要将文件的当前版本上传到服务器但还要继续编辑它。

注:如果用户上传的文件之前在远程站点上不存在,并且用户正在使用存回/取出系统,则该文件将被复制到远程站点,然后再取出,这样用户就可以继续编辑。

用户可以使用"文件"面板或"文档"窗口来上传文件。Dreamweaver 在传输期间创建可以查看和保存的文件活动日志。

注:不能关闭后台文件传输。如果已在"后台文件活动"对话框中打开详细日志,则可以关闭它以提高性能。

Dreamweaver 还会记录所有 FTP 文件传输活动。如果用户使用 FTP 传输文件时出错,则可以借助于站点 FTP 日志来确定问题所在。

有关将文件上传到远程服务器的教程,请访问 www.adobe.com/go/vid0163_cn。

有关发布问题答疑的教程,请访问 www.adobe.com/go/vid0164_cn。

(1)使用文件面板将文件上传到远程或测试服务器

①在"文件"面板("窗口">"文件")中,选择要上传的文件。

通常在"本地"视图中选择这些文件,但如果愿意,也可以在"远程"视图中选择相应的文件。

注:仅能上传那些本地版本比远程版本新的文件。

②执行下列操作之一将文件上传到远程服务器:

- 单击"文件"面板工具栏上的"上传文件"按钮。
- 在"文件"面板中右键单击该文件,然后从上下文菜单中选择"上传"。

③如果该文件尚未保存,则会出现一个对话框(如果用户在"首选参数"对话框的"站点"类别中设置了此首选参数),让用户在将文件上传到远程服务器之前保存文件。请单击"是"保存该文件,或者单击"否"将以前保存的版本上传到远程服务器。

注:如果不保存文件,则自上次保存之后所做的任何更改都不会上传到远程服务器。但是,该文件会继续保持打开状态。因此如果需要,在将文件上传到服务器上之后,用户仍可以保存更改。

④单击"是"将相关文件随选定文件一起上传,或者单击"否"不上传相关文件。默认情况下,不会上传相关文件。可在"编辑">"首选参数">"站点"上设置此选项。

注:在存回新文件时上传相关文件通常是一种不错的做法,但是如果远程服务器上已经有最新版本的相关文件,则无需再次上传它们。

若要随时停止文件传输,请单击"后台文件活动"对话框中的"取消"按钮。

(2)使用文档窗口将文件上传到远程服务器

①确保文档在"文档"窗口中处于活动状态。

②执行下列操作之一来上传文件:

- 选择"站点">"上传"。
- 单击"文档"窗口工具栏中的"文件管理"图标,然后从菜单中选择"上传"。

注:如果当前文件不属于"文件"面板中的当前站点,则 Dreamweaver 将尝试确定当前文件属于哪一个本地定义的站点。如果当前文件仅属于一个本地站点,则 Dreamweaver 将打开该站点,然后执行"上传"操作。

（3）显示 FTP 记录

①单击"文件"面板右上角的"选项"菜单。

②选择"查看">"站点 FTP 日志"。

注：在"展开的文件"面板中，可以单击"FTP 日志"按钮以显示该日志。

5. 管理文件传输

可以查看文件传输操作的状态，以及传输的文件和传输结果（传输成功、跳过或传输失败）的列表。还可以保存文件活动日志。

注：使用 Dreamweaver 可在将文件传输到服务器或从服务器传输文件时执行其他与服务器无关的活动。

（1）取消文件传输

单击"后台文件活动"对话框中的"取消"按钮。如果未显示该对话框，请单击"文件"面板底部的"文件活动"按钮。

（2）在传输期间显示后台文件活动对话框

单击"文件"面板底部的"文件活动"或"日志"按钮。

注：不能隐藏或删除此"日志"按钮。它是此面板的永久部分。

（3）查看最近文件传输活动的详细信息

①单击"文件"面板底部的"日志"按钮，打开"后台文件活动"对话框。

②单击"详细信息"展开箭头。

（4）保存最近文件传输活动的日志

①单击"文件"面板底部的"日志"按钮，打开"后台文件活动"对话框。

②单击"保存记录"按钮，将信息保存为文本文件。

可以在 Dreamweaver 或任何文本编辑器中打开日志文件来查看文件活动。

3.2.4　存回和取出文件

1. 关于存回/取出系统

如果用户在协作环境中工作，则可以在本地和远程服务器中存回和取出文件。如果只有用户一个人在远程服务器上工作，则可以使用"上传"和"获取"命令，而不用存回或取出文件。

注：用户可以将"获取"和"上传"功能用于测试服务器，但不能将存回/取出系统用于测试服务器。

取出文件等同于声明"我正在处理这个文件，请不要动它！"文件被取出后，"文件"面板中将显示取出这个文件的人的姓名，并在文件图标的旁边显示一个红色选中标记（如果取出文件的是小组成员）或一个绿色选中标记（如果取出文件的是用户本人）。

存回文件使文件可供其他小组成员取出和编辑。当用户在编辑文件后将其存回时，本地版本将变为只读，并且在"文件"面板中（该文件的旁边将出现一个锁形符号，以防止用户更改该文件。）

Dreamweaver 不会使远程服务器上的取出文件成为只读。如果用户使用 Dreamweaver 之外的应用程序传输文件，则可能会覆盖取出的文件。但是，在 Dreamweaver 之外的应用程序中，文件目录结构中该取出文件的旁边将显示一个 LCK 文件，以防止出现这种意外。

有关 LCK 文件和存回/取出系统如何工作的详细信息，请参阅 Adobe 网站上的

TechNote15447,网址为 www.adobe.com/go/15447_cn。

2.设置存回/取出系统

必须先将本地站点与远程服务器相关联,然后才能使用存回/取出系统。

(1)选择"站点">"管理站点"。

(2)选择一个站点,然后单击"编辑"。

(3)在"站点设置"对话框中,选择"服务器"类别并执行下列操作之一:

• 单击"添加新服务器"按钮,添加一个新服务器

• 选择一个现有的服务器,然后单击"编辑现有服务器"按钮

(4)根据需要指定"基本"选项,然后单击"高级"按钮。

(5)如果用户在小组环境中工作(或独自工作但使用几台不同的计算机),则选择"启用文件取出"。如果希望对网站禁用文件存回和取出,请取消选择此选项。

该选项有助于让其他人知道用户已取出文件进行编辑,或者提醒用户自己可能将文件的最新版本留在了另一台计算机上。

如果没有看到"存回/取出"选项,则说明用户没有设置远程服务器。

(6)如果要在"文件"面板中双击打开文件时自动取出这些文件,请选择"打开文件之前取出"选项。

即使选择了该选项,使用"文件">"打开"这种方法打开文件也不会取出文件。

(7)设置其余选项:

取出名称 取出名称显示在"文件"面板中已取出文件的旁边;这使小组成员在其需要的文件已被取出时可以和相关的人员联系。

注:如果用户在几台不同的计算机上独自工作,请在每台计算机上使用不同的取出名称(如 AmyROfficePC)。这样,当用户忘记存回文件时,就可以知道文件最新版本的位置。

电子邮件地址 如果用户取出文件时输入电子邮件地址,用户的姓名会以链接(蓝色并且带下划线)形式出现在"文件"面板中的该文件旁边。如果某个小组成员单击该链接,则其默认电子邮件程序将打开一个新邮件,该邮件使用该用户的电子邮件地址以及与该文件和站点名称对应的主题。

3.将文件存回远程文件夹和从远程文件夹中取出文件

设置完存回/取出系统后,可以使用"文件"面板或从"文档"窗口存回和取出远程服务器中的文件。

(1)使用文件面板取出文件

①在"文件"面板("窗口">"文件")中,选择要从远程服务器取出的文件。

注:可以在"本地"或"远程"视图中选择文件,但不能在"测试服务器"视图中选择。

红色选中标记指示该文件已由其他小组成员取出,锁形符号指示该文件为只读状态。

②执行下列操作之一来取出文件:

• 单击"文件"面板工具栏中的"取出"按钮。

• 右键单击鼠标,然后从上下文菜单中选择"取出"。

③在"相关文件"对话框中,单击"是"将相关文件随选定文件一起下载,或者单击"否"不下载相关文件。默认情况下,不会下载相关文件。可以在"编辑">"首选参数">"站点"上设置此选项。

注:在取出新文件时下载相关文件通常是一种不错的做法,但是如果本地磁盘上已经有

最新版本的相关文件,则无需再次下载它们。

出现在本地文件图标旁边的一个绿色选中标记表示用户已将文件取出。

重要说明:如果用户取出当前处于活动状态的文件,则新的取出版本会覆盖该文件的当前打开的版本。

(2)使用文件面板存回文件

①在"文件"面板("窗口">"文件")中,选择取出文件或新文件。

注:可以在"本地"或"远程"视图中选择文件,但不能在"测试服务器"视图中选择。

②执行下列操作之一来存回文件:

• 单击"文件"面板工具栏中的"存回"按钮。

• 右键单击鼠标,然后从上下文菜单中选择"存回"。

③单击"是"将相关文件随选定文件一起上传,或者单击"否"不上传相关文件。默认情况下,不会上传相关文件。可在"编辑">"首选参数">"站点"上设置此选项。

注:在存回新文件时上传相关文件通常是一种不错的做法,但是如果远程服务器上已经有最新版本的相关文件,则无需再次上传它们。

一个锁形符号出现在本地文件图标的旁边,表示该文件现在为只读状态。

重要说明:如果用户存回当前处于活动状态的文件,则根据用户设置的首选参数选项,该文件可能会在存回前自动保存。

(3)从文档窗口存回打开的文件

①确保要存回的文件在"文档"窗口中处于打开状态。

注:用户每次只能存回一个打开的文件。

②请执行下列操作之一:

• 选择"站点">"存回"。

• 单击"文档"窗口工具栏中的"文件管理"图标,然后从菜单中选择"存回"。

如果当前文件不属于"文件"面板中的活动站点,则 Dreamweaver 将尝试确定当前文件属于哪一个本地定义的站点。如果当前文件属于"文件"面板中活动站点之外的站点,则 Dreamweaver 将打开该站点,然后执行存回操作。

重要说明:如果用户存回当前处于活动状态的文件,则根据用户设置的首选参数选项,该文件可能会在存回前自动保存。

(4)撤销文件取出

如果用户取出了一个文件,然后决定不对它进行编辑(或者决定放弃所做的更改),则可以撤销取出操作,文件会返回到原来的状态。

若要撤销文件取出,请执行下列操作之一:

• 在"文档"窗口中打开文件,然后选择"站点">"撤销取出"。

• 在"文件"面板("窗口">"文件")中,右键单击鼠标,然后再选择"撤销取出"。

该文件的本地副本成为只读文件,用户对它进行的任何更改都将丢失。

4.使用 WebDAV 存回和取出文件

Dreamweaver 可以连接到使用 WebDAV(基于 Web 的分布式创作和版本控制)的服务器,WebDAV 是对 HTTP 协议的一组扩展,允许用户以协作方式编辑和管理远程 Web 服务器上的文件。有关详细信息,请访问 www.webdav.org。

(1)如果尚未定义用于指定存储项目文件的本地文件夹的 Dreamweaver 站点,请定义一个。

　　(2)选择"站点"＞"管理站点",然后在列表中双击用户的站点。

　　(3)在"站点设置"对话框中,选择"服务器"类别并执行下列操作之一:

　　•单击"添加新服务器"按钮,添加一个新服务器

　　•选择一个现有的服务器,然后单击"编辑现有服务器"按钮

　　(4)在"基本"屏幕中,从"连接方法"弹出菜单中选择"WebDAV",然后根据需要完成其余"基本"屏幕选项。

　　(5)单击"高级"按钮。

　　(6)选择"启用文件取出"选项并输入以下信息:

　　•在"取出名称"框中,输入将用户与其他小组成员区分开的名称。

　　•在"电子邮件地址"框中,输入用户的电子邮件地址。

　　名称和电子邮件地址用于标识对 WebDAV 服务器的所有权,并出于联系目的出现在"文件"面板中。

　　(7)单击"保存"。

　　Dreamweaver 会配置站点以进行 WebDAV 访问。对任何站点文件使用存回或取出命令时,都将使用 WebDAV 传输文件。

　　注:WebDAV 可能无法正确取出带有动态内容(如 PHP 标签或 SSI)的任何文件,因为在取出这些文件时 HTTPGET 会呈现它们。

　　5.使用 Subversion(SVN)获取和存回文件

　　Dreamweaver 可以连接到使用 Subversion(SVN)的服务器,Subversion 是一种版本控制系统,它使用户能够协作编辑和管理远程 Web 服务器上的文件。Dreamweaver 不是一个完整的 SVN 客户端,但却可使用户获取文件的最新版本、更改和提交文件。

　　重要说明:Dreamweaver CS5 使用 Subversion 1.6.6 客户端库。更高版本的 Subversion 客户端库不向后兼容。请注意,如果用户更新第三方客户端应用程序(如 TortoiseSVN)以使用更高版本的 Subversion,则更新后的 Subversion 应用程序将更新本地 Subversion 元数据,Dreamweaver 将无法再与 Subversion 进行通信。Subversion 服务器的更新不会引起此问题,因为这类更新可向后兼容。如果升级到使用 Subversion1.7 或更高版本的第三方客户端应用程序,则在再次可以将 Subversion 用于 Dreamweaver 之前,需要检查 Adobe 更新。有关此问题的详细信息,请参阅(www.adobe.com/go/dw_svn_cn)。

　　Adobe 建议,使用 SVN 版本控制的文件时,最好同时使用第三方文件比较工具。比较文件差异时,用户可以确切了解其他用户对文件做了哪些更改。有关文件比较工具的详细信息,请使用 Web 搜索引擎(如 Google 搜索)搜索"文件比较"或"diff"工具。Dreamweaver 可与大多数第三方工具配合使用。

　　有关使用 SVN 和 Dreamweaver 的视频概览,请访问 www.adobe.com/go/lrvid4049_dw_cn。

　　(1)建立 SVN 连接

　　使用 Subversion(SVN)作为 Dreamweaver 的版本控制系统之前,必须建立与 SVN 服务器的连接。与 SVN 服务器的连接是在"站点定义"对话框的"版本控制"类别中建立的。

　　SVN 服务器是一个文件存储库,可供用户与其他用户获取和提交文件。它与 Dreamweaver 中通常使用的远程服务器不同。使用 SVN 时,远程服务器仍是网页的"实时"服务器,SVN

服务器用于承载存储库,存储希望进行版本控制的文件。典型的工作流程是:在 SVN 服务器之间来回获取和提交文件,然后通过 Dreamweaver 发布到远程服务器。远程服务器的设置完全独立于 SVN 的设置。

开始此设置之前,必须获得对 SVN 服务器和 SVN 存储库的访问权限。有关 SVN 的详细信息,请访问 Subversion 网站,网址:http://subversion.tigris.org/。

若要建立 SVN 连接,请执行以下步骤:

①选择“站点”>“管理站点”,选择要为其设置版本控制的站点,然后单击“编辑”按钮。

注:如果还没有为 Dreamweaver 站点设置本地文件夹和远程文件夹,则至少需要设置先本地站点,然后再继续。(此阶段不要求设置远程站点,但最终将文件发布到 Web 之前,还是需要进行设置。)

②在“站点设置”对话框中,选择“版本控制”类别。

③从“访问”弹出菜单中,选择“Subversion”。

④按以下步骤设置访问选项:

• 从“协议”弹出菜单中选择协议。可选协议包括 HTTP、HTTPS、SVN 和 SVN+SSH。

注:使用 SVN+SSH 协议要求具备特殊配置。有关详细信息,请访问 www.adobe.com/go/learn_dw_svn_ssh_cn。

• 在“服务器地址”文本框中,输入 SVN 服务器的地址。通常形式为:服务器名称.域.com。

• 在“存储库路径”文本框中,输入 SVN 服务器上存储库的路径。通常类似于:/svn/your_root_directory,SVN 存储库根文件夹的命名由服务器管理员确定。

• (可选)如果希望使用的服务器端口不同于默认服务器端口,请选择“非默认值”,并在文本框中输入端口号。

• 输入 SVN 服务器的用户名和密码。

⑤单击“测试”来测试连接,或单击“确定”关闭对话框。然后单击“完成”,关闭“管理站点”对话框🖳。

与服务器建立连接后,可在“文件”面板中查看 SVN 存储库。若要查看 SVN 存储库,可以从“视图”弹出菜单中选择“存储库视图”,或在展开的“文件”面板中,单击“存储库文件”按钮。

(2)安装 SVN 存储库中的文件夹

将 SVN 存储库中的文件夹安装到本地计算机期间,会创建 SVN 存储库中文件夹结构的精确映射。安装 SVN 存储库中的文件夹时,Dreamweaver 将获取此文件夹及其所有子文件夹中的所有文件。

注:首次从存储库中获取文件时,应使用本地空目录,或使用所含文件与存储库中文件不同名的本地目录。如果本地驱动器包含的文件与远程存储库中的文件同名,Dreamweaver 不会在第一次尝试时,便将存储库文件装入本地驱动器。

①确保已成功建立 SVN 连接。

②按此步骤显示 SVN 存储库文件:在“文件”面板的“视图”弹出菜单中,选择“存储库视图”;或在展开的“文件”面板中,单击“存储库文件”按钮。

③右键单击要安装的 SVN 存储库文件夹,然后选择“安装文件夹”。

（3）获取最新版本的文件

从 SVN 存储库中获取最新版本的文件时，Dreamweaver 会将该文件的内容和其相应本地副本的内容进行合并。（即，如果用户上次提交文件后，有其他用户更新了该文件，这些更新将合并到用户计算机上的本地版本文件中。）如果本地硬盘上不存在此文件，Dreamweaver 会径直获取该文件。

注：首次从存储库中获取文件时，应使用本地空目录，或使用所含文件与存储库中文件不同名的本地目录。如果本地驱动器包含的文件与远程存储库中的文件同名，Dreamweaver 不会在第一次尝试时，便将存储库文件装入本地驱动器。

①确保已成功建立 SVN 连接。

②执行以下操作之一：

• 按以下步骤在"文件"面板中显示 SVN 文件的本地版本：从"视图"弹出菜单中，选择"本地视图"。（如果正在使用展开的"文件"面板，将自动显示"本地视图"。）然后右键单击所需文件或文件夹，并选择"版本控制">"获取最新版本"。

• 按此步骤显示 SVN 存储库文件：在"文件"面板的"视图"弹出菜单中，选择"存储库视图"；或在展开的"文件"面板中，单击"存储库文件"按钮。然后右键单击所需文件或文件夹，并选择"获取最新版本"。

注：为获取最新版本，用户还可以右键单击文件，然后从上下文菜单中选择"取出"，或者选择文件并单击"取出"按钮。但因为 SVN 不支持取出工作流程，所以此动作并不是传统意义上的实际取出文件。

（4）提交文件

①确保已成功建立 SVN 连接。

②执行以下操作之一：

• 按以下步骤在"文件"面板中显示 SVN 文件的本地版本：从"视图"弹出菜单中，选择"本地视图"。（如果正在使用展开的"文件"面板，将自动显示"本地视图"。）然后选择要提交的文件，并单击"存回"按钮。

• 按此步骤显示 SVN 存储库文件：在"文件"面板的"视图"弹出菜单中，选择"存储库视图"；或在展开的"文件"面板中，单击"存储库文件"按钮。然后右键单击要提交的文件，并选择"存回"。

③在"提交"对话框中查看动作，根据需要修改，然后单击"确定"。

选择要更改其动作的文件，然后单击"提交"对话框底部的按钮，这样可以更改动作。提供的选择有两个：提交和忽略。

注：在"文件"面板中，文件上的绿色选中标记表示此文件有更改，但尚未提交到存储库。

（5）更新存储库中文件或文件夹的状态

用户可以更新单个文件或文件夹的 SVN 状态。此更新操作不会刷新整个显示。

①确保已成功建立 SVN 连接。

②按此步骤显示 SVN 存储库文件：在"文件"面板的"视图"弹出菜单中，选择"存储库视图"；或在展开的"文件"面板中，单击"存储库文件"按钮。

③右键单击存储库中的任一文件夹或文件，然后选择"更新状态"。

（6）更新本地文件或文件夹的状态

用户可以更新单个文件或文件夹的 SVN 状态。此更新操作不会刷新整个显示。

①确保已成功建立 SVN 连接。

②按以下步骤在"文件"面板中显示 SVN 文件的本地版本：从"视图"弹出菜单中，选择"本地视图"。（如果正在使用展开的"文件"面板，将自动显示"本地视图"。）

③右键单击"文件"面板中的任一文件夹或文件，然后选择"更新状态"。

（7）查看文件的修订版

①确保已成功建立 SVN 连接。

②执行以下操作之一：

• 按以下步骤在"文件"面板中显示 SVN 文件的本地版本：从"视图"弹出菜单中，选择"本地视图"。（如果正在使用展开的"文件"面板，将自动显示"本地视图"。）然后右键单击要查看其修订版的文件，并选择"版本控制">"显示修订版"。

• 按此步骤显示 SVN 存储库文件：在"文件"面板的"视图"弹出菜单中，选择"存储库视图"；或在展开的"文件"面板中，单击"存储库文件"按钮。然后右键单击要查看其修订版的文件，并选择"显示修订版"。

③在"修订历史记录"对话框中，选择所需一个或多个修订版，然后执行以下操作之一：

• 单击"与本地文件比较"，比较文件的所选修订版和本地版本。

注：对比文件前，必须安装第三方文件对比工具。有关文件比较工具的详细信息，请使用 Web 搜索引擎（如 Google 搜索）搜索"文件比较"或"diff"工具。Dreamweaver 可与大多数第三方工具配合使用。

• 单击"比较"，比较所选的两个修订版。按住 Control 键单击，同时选择两个修订版。

• 单击"查看"，查看所选修订版。此动作不会覆盖该文件的当前本地副本。用户可以像保存任何其他文件一样，将所选修订版保存到硬盘。

• 单击"提升"，使所选修订版成为存储库中的最新版本。

（8）锁定和解锁文件

通过锁定 SVN 存储库中的文件，可以让其他用户知道用户正在处理该文件。其他用户仍可在本地编辑文件，但必须等到用户解锁该文件后，才可提交该文件。在存储库中锁定文件时，该文件上将显示一个开锁图标。其他用户会看到完全锁定的图标。

①确保已成功建立 SVN 连接。

②执行以下操作之一：

• 按此步骤显示 SVN 存储库文件：在"文件"面板的"视图"弹出菜单中，选择"存储库视图"；或在展开的"文件"面板中，单击"存储库文件"按钮。然后右键单击所需文件，并选择"锁定"或"解锁"。

• 按以下步骤在"文件"面板中显示 SVN 文件的本地版本：从"视图"弹出菜单中，选择"本地视图"。（如果正在使用展开的"文件"面板，将自动显示"本地视图"。）然后右键单击所需文件，并选择"锁定"或"解锁"。

（9）向存储库添加新文件

在"文件"面板中，文件上的蓝色加号表示 SVN 存储库中尚没有此文件。

①确保已成功建立 SVN 连接。

②在"文件"面板中，选择要添加到存储库的文件，然后单击"存回"按钮。

③确保选择要提交的文件已位于"提交"对话框中，然后单击"确定"。

（10）移动、复制、删除或还原文件

• 要移动文件，请将文件拖到本地站点内的目标文件夹中。

移动文件后，Dreamweaver 对新位置处的文件标以"与历史记录一起添加"标志，并对旧位置处的文件标以"删除"标志。提交这些文件后，旧位置处的文件即消失。

• 要复制文件，请选择该文件，复制该文件（"编辑"＞"复制"），然后将该文件粘贴（"编辑"＞"粘贴"）到新位置。

复制并粘贴文件后，Dreamweaver 对新位置处的文件标以"与历史记录一起添加"标志。

• 要删除某个文件，请选择该文件，然后按"删除"。

Dreamweaver 可让用户选择要仅删除文件的本地版本，还是同时删除本地版本和 SVN 服务器上的版本。如果选择仅删除本地版本，则不影响 SVN 服务器上的文件。如果选择同时删除 SVN 服务器上的版本，则将本地版本标以"删除"标志，并且必须提交该文件才能进行删除。

• 要将复制或移动的文件还原到其原始位置，请右键单击该文件，并选择"版本控制"＞"还原"。

（11）解析冲突的文件

如果用户的文件与服务器上其他文件冲突，用户可以编辑用户的文件，然后将其标记为已解析。例如，如果用户尝试存回的文件与其他用户的更改有冲突，SVN 将不允许用户提交文件。此时，用户可以从存储库中获取该文件的最新版本，手动更改工作副本，然后将用户的文件标记为已解析，这样就可以提交了。

①确保已成功建立 SVN 连接。

②按以下步骤在"文件"面板中显示 SVN 文件的本地版本：从"视图"弹出菜单中，选择"本地视图"。（如果正在使用展开的"文件"面板，将自动显示"本地视图"。）

③右键单击要解析的文件，然后选择"版本控制"＞"标记为已解析"。

（12）脱机

用户可能已发现，在其他文件传输活动期间，利用脱机来避免访问存储库非常有用。用户一旦调用要求连接的活动（"获取最新版本"、"提交"等），Dreamweaver 就将重新连接到 SVN 存储库。

①确保已成功建立 SVN 连接。

②按以下步骤在"文件"面板中显示 SVN 文件的本地版本：从"视图"弹出菜单中，选择"本地视图"。（如果正在使用展开的"文件"面板，将自动显示"本地视图"。）

③右键单击"文件"面板中的任一文件或文件夹，然后选择"版本控制"＞"脱机"。

（13）清理本地 SVN 站点

此命令允许用户删除文件上的锁定，因而能够继续未完成的操作。在收到"工作副本已锁定"的错误信息时，应使用此命令来删除旧有锁定。

①确保已成功建立 SVN 连接。

②按以下步骤在"文件"面板中显示 SVN 文件的本地版本：从"视图"弹出菜单中，选择"本地视图"。（如果正在使用展开的"文件"面板，将自动显示"本地视图"。）

③右键单击要清理的文件，然后选择"版本控制"＞"清理"。

（14）关于移动 Subversion 控制站点中的文件和文件夹

对于 Subversion 控制站点中的文件或文件夹，当用户移动它们的本地版本时，可能会给正在向 SVN 存储库同步的其他用户带来问题。例如,如果用户在本地移动了某个文件,且有数小时未将其提交到存储库,则另一个用户可能尝试从该文件的旧位置获取其最新版本。因此,在本地移动文件后,始终应立即将其提交回 SVN 服务器。

文件和文件夹会保留在 SVN 服务器上,除非用户手动删除。所以,即使用户将文件移动到其他本地文件夹并提交该文件,其旧版本仍保留服务器上的原先位置。为避免冲突,在移动文件和文件夹后,请删除它们的旧副本。

在本地移动文件并将其提交回 SVN 服务器时,该文件的版本历史记录将丢失。

3.2.5　同步文件

1.同步本地和远程站点上的文件

当用户在本地和远程站点上创建文件后,可以在这两种站点之间进行文件同步。

注:如果远程站点为 FTP 服务器(而不是网络服务器),则 Dreamweaver 将通过 FTP 来同步文件。

在同步站点之前,用户可以确认需要上传、获取、删除或忽略哪些文件。Dreamweaver 还将确认在用户完成同步后哪些文件进行了更新。

(1)在不进行同步的情况下检查哪些文件在本地站点或远程站点上较新

在“文件”面板中,请执行下列操作之一:

• 单击右上角的“选项”菜单,然后选择“编辑”＞“选择较新的本地文件”,或者选择“编辑”＞“选择较新的远端文件”。如图 3-9 所示。

图 3-9　检查较新的本地文件

• 在“文件”面板中,右键单击鼠标,然后选择“选择较新的本地文件”,或者选择“选择较新的远端文件”。

(2)显示特定文件的详细同步信息

在“文件”面板中,右键单击要了解其信息的文件,然后选择“显示同步信息”。

注:若要使用此功能,用户必须选中“站点定义”对话框“远程”类别中的“维护同步信息”选项。

(3)同步文件

①在“文件”面板(“窗口”＞“文件”)中,从菜单(其中显示当前站点、服务器或驱动器)中选择一个站点。

②(可选)选择特定文件或文件夹或转到下一步同步整个站点。

③单击“文件”面板右上角的“选项”菜单,然后选择“站点”＞“同步”。

还可以单击“文件”面板顶部的“同步”按钮来同步文件。

④在“同步”菜单中,执行下列操作之一:

• 若要同步整个站点,请选择“整个站点名称站点”。

• 若要只同步选定的文件,请选择“仅选中的本地文件”(如果用户最近一次的选择是在“文件”面板的“远程”视图中进行的,请选择“仅选中的远端文件”)。

⑤选择复制文件的方向:

放置较新的文件到远程　上传在远程服务器上不存在或自从上次上传以来已更改的所

有本地文件。

从远程获得较新的文件　下载本地不存在或自从上次下载以来已更改的所有远程文件。

获得和放置较新的文件　将所有文件的最新版本放置在本地和远程站点上。

⑥选择是否在目的地站点上删除在原始站点上没有对应文件的文件。（在"方向"菜单中选择了"获取和上传"时该选项不可用。）

如果选择"放置较新的文件到远程"并选择"删除"选项,则将删除远程站点中没有相应本地文件的所有文件。如果选择"从远程获得较新的文件",则将删除本地站点中没有相应远程文件的所有文件。

⑦单击"预览"。

注:在可以同步文件之前,必须预览 Dreamweaver 完成此任务将执行的操作。

如果每个选定文件的最新版本都已位于本地和远程站点并且不需要删除任何文件,则将显示一个警告,通知用户无需进行任何同步。否则将显示"同步"对话框,让用户在执行同步前更改对这些文件进行的操作(上传、获取、删除和忽略)。

⑧检查对每个文件将要执行的操作。

⑨若要更改特定文件的操作,请选择该文件,然后单击"预览"窗口底部的动作图标之一。

比较　只有当用户在 Dreamweaver 中安装并指定了文件比较工具后,"比较"操作才可用。如果动作图标呈灰色,则无法执行该操作。

将所选文件标记为已同步　此选项可让用户指定已同步选定的文件。

⑩单击"确定"同步文件。可以查看同步的详细信息或将同步的详细信息保存到本地文件中。

3.2.6　比较文件的差别

1.比较本地和远程文件的差别

Dreamweaver 可以使用文件比较工具(也称为"diff 工具")比较同一文件的本地和远端版本的代码、两个不同的远程文件的代码或两个不同的本地文件的代码。在本地处理某个文件并怀疑该文件在服务器上的副本已由他人进行了修改时,比较本地和远端版本十分有用。可以在将文件上传到服务器之前查看远程更改并将这些更改合并到本地版本中,而无需离开(Dreamweaver)。

当保留有以前重命名的文件版本时,比较两个本地文件或两个远程文件也十分有用。如果忘记了对先前版本的文件所做的更改,则快速比较会指出这些更改。

在开始之前,必须在系统上安装一个第三方文件比较工具。有关文件比较工具的详细信息,请使用 Web 搜索引擎(如 Google 搜索)以搜索"文件比较"或"diff"工具。Dreamweaver 可以与大多数第三方工具正常配合使用。

(1)在 Dreamweaver 中指定比较工具

①在与 Dreamweaver 所在的同一系统上安装文件比较工具。

②在 Dreamweaver 中,选择"编辑">"首选参数"以打开"首选参数"对话框,然后选择"文件比较"类别。

③请执行下列操作之一:

- 在 Windows 中,请单击"浏览"按钮,然后选择用于比较文件的应用程序。

(2)比较两个本地文件

可以比较位于计算机上任意位置的两个文件。

①在"文件"面板中,按住 Ctrl 单击这两个文件,以选中它们。

若要选择用户定义的站点之外的文件,请从"文件"面板的左侧弹出菜单中选择本地磁盘,然后选择文件。

②右键单击其中一个选定文件,然后从上下文菜单中选择"比较本地文件"。

注:如果用户用的是单按钮鼠标,则请按住 Ctrl 单击其中一个选定文件。

文件比较工具会启动并比较这两个文件。

(3)比较两个远程文件

可以比较位于远程服务器上的两个文件。完成此任务前,必须定义一个具有远程设置的 Dreamweaver 站点。

①在文件面板中,从右侧弹出菜单中选择"远程视图"以显示远程服务器上的文件。

②按住 Ctrl 单击这两个文件,以选中它们

③右键单击其中一个选定文件,然后从上下文菜单中选择"比较远端文件"。

注:如果用户用的是单按钮鼠标,则请按住 Ctrl 单击其中一个选定文件。

文件比较工具会启动并比较这两个文件。

(4)将本地文件与远程文件进行比较

可以将本地文件与位于远程服务器上的文件进行比较。为此,必须先定义一个具有远程设置的 Dreamweaver 站点。

在"文件"面板中,右键单击一个本地文件并从上下文菜单中选择"与远端比较"。

注:如果用户用的是单按钮鼠标,则请按住 Ctrl 单击该本地文件。

文件比较工具会启动并比较这两个文件。

(5)将远程文件与本地文件进行比较

可以将远程文件与本地文件进行比较。完成此任务前,必须定义一个具有远程设置的 Dreamweaver 站点。

①在文件面板中,从右侧弹出菜单中选择"远程视图"以显示远程服务器上的文件。

②在该面板中右键单击一个文件,然后从上下文菜单中选择"与本地比较"。

注:如果用户用的是单按钮鼠标,则请按住 Ctrl 单击该文件。

(6)将打开的文件与远程文件进行比较

可以将在 Dreamweaver 中打开的文件与其在远程服务器上的对应文件进行比较。

在"文档"窗口中,选择"文件">"与远端比较"。

文件比较工具会启动并比较这两个文件。

也可以在"文档"窗口顶部右键单击"文档"选项卡,然后从上下文菜单中选择"与远端比较"。

2.在上传文件之前进行比较

如果用户在本地编辑某个文件,然后尝试将其上传到远程服务器,则该文件的远端版本发生更改时 Dreamweaver 会通知用户。用户(可以选择在用户上传文件并覆盖远端版本之前比较这两个文件)。

在用户开始之前,必须在系统上安装一个文件比较工具并在 Dreamweaver 中指定该

工具。

(1)在对 Dreamweaver 站点中的某个文件进行编辑之后,将该文件上传("站点">"上传")到远程站点。

如果该文件的远端版本发生修改,用户将接收到一个通知,为用户提供查看其中的差别的选项。

(2)若要查看差别,请单击"比较"按钮。

文件比较工具会启动并比较这两个文件。

如果尚未指定文件比较工具,将提示用户指定一个。

(3)使用该工具查看或合并更改之后,可以继续执行"上传"操作或取消该操作。

3. 在同步时比较文件

当用户对站点文件与 Dreamweaver 进行同步时,可以将文件的本地版本与远端版本进行比较。

在用户开始之前,必须在系统上安装一个文件比较工具并在 Dreamweaver 中指定该工具。

(1)在"文件"面板中的任意位置单击右键,然后从上下文菜单中选择"同步"。

(2)完成"同步文件"对话框,然后单击"预览"。

单击"预览"之后,将会列出选定的文件和在同步期间将要执行的动作。

(3)在该列表中,选择要比较的每个文件,然后单击"比较"按钮(具有两个小页面的图标)。

注:文件必须是基于文本的文件(如 HTML 或 ColdFusion 文件)。

Dreamweaver 会启动比较工具,对用户选择的每个文件的本地版本和远端版本进行比较。

3.2.7 回退文件

1. 回退文件(Contribute 用户)

在启用 Adobe Contribute 兼容性后,Dreamweaver 会自动保存文档的多个版本。

注:必须将 Contribute 与 Dreamweaver 安装在同一台计算机上。

还必须在 Contribute 管理设置中启用文件回退。有关详细信息,请参阅"管理 Contribute"。

(1)在文件面板中,右键单击文件。

(2)选择"回退页"。

如果要回退的页面具有任何以前的版本,将出现"回退"对话框。

(3)选择要回退到的页面版本,然后单击"回退"。

3.2.8 遮盖站点中的文件和文件夹

1. 关于站点遮盖

利用站点遮盖功能,用户可以从"获取"或"上传"等操作中排除某些文件和文件夹。用户还可以从站点操作中遮盖特定类型的所有文件(JPEG、FLV、XML 等)。Dreamweaver 会记住每个站点的设置,因此用户不必每次在该站点上工作时都进行选择。

例如,如果用户在一个大型站点上工作,并且用户不想每天都上载多媒体文件,则用户可以使用站点遮盖功能来遮盖用户的多媒体文件夹。然后，Dreamweaver 将从用户执行的站点操作中排除该文件夹中的文件。

用户可以遮盖远程或本地站点上的文件和文件夹。遮盖功能会从以下操作中排除遮盖的文件和文件夹：

- 执行上传、获取、存回和取出操作；
- 生成报告；
- 查找较新的本地文件和查找较新的远端文件；
- 执行站点范围的操作，如检查和更改链接；
- 同步；
- 使用"资源"面板内容；
- 更新模板和库。

注：(1)用户还可以对特定的遮盖文件夹或文件执行操作，方法是：在"文件"面板中选择该项，然后对它执行操作。直接对文件或文件夹执行的操作会取代遮盖设置。

(2)Dreamweaver 仅从"获取"和"上传"操作中排除遮盖的模板和库项目。Dreamweaver 并不从批处理操作中排除这些项目，因为这可能会使这些项目与其实例不同步。

2.启用和禁用站点遮盖

利用站点遮盖功能，用户可以从"获取"或"上传"等站点范围操作中排除站点中的某些文件夹、文件和文件类型，在默认情况下，该功能处于启用状态。用户可以永久禁用遮盖功能，也可以为了对所有文件(包括遮盖的文件)执行某一操作而临时禁用遮盖功能。当禁用站点遮盖功能之后，所有遮盖文件都会取消遮盖。当再次启用站点遮盖功能时，所有先前遮盖的文件将恢复遮盖。

注：用户也可以使用"取消所有遮盖"选项来取消所有文件的遮盖，但这不会禁用遮盖；而且除非对每个文件夹、文件和文件类型都重新设置遮盖，否则无法重新遮盖所有以前已遮盖的文件和文件夹。

(1)在"文件"面板("窗口">"文件")中选择一个文件或文件夹。

(2)右键单击鼠标，然后执行下列操作之一：

- 选择"遮盖">(取消选择即禁用)。
- 选择"遮盖">"设置"，打开"站点设置"对话框的"遮盖"类别。选择或取消选择"启用遮盖"，然后选择或取消选择"遮盖具有以下扩展名的文件"以启用或禁用对特定文件类型的遮盖。用户可以在文本框中输入或删除要遮盖或取消遮盖的文件的后缀。

3.遮盖和取消遮盖站点文件和文件夹

用户可以遮盖特定文件和文件夹，但无法遮盖所有文件和文件夹或遮盖整个站点。遮盖特定文件和文件夹时，可以同时遮盖多个文件和文件夹。

(1)在"文件"面板("窗口">"文件")中选择启用了站点遮盖功能的站点。

(2)选择要遮盖或取消遮盖的文件夹或文件。

(3)右键单击鼠标，然后从上下文菜单中选择"遮盖">"遮盖"，或者"遮盖">"取消遮盖"。

一条穿过文件或文件夹图标的红线将出现或消失，指示该文件夹已遮盖或取消遮盖。

注：用户仍然可以对特定的已遮盖文件或文件夹执行操作，方法是：在"文件"面板上选择该项，然后对它执行操作。直接对文件或文件夹执行的操作会取代遮盖设置。

4.遮盖和取消遮盖特定文件类型

用户可以指定要遮盖的特定文件类型,以便 Dreamweaver 遮盖以指定形式结尾的所有文件。例如,用户可以遮盖所有以.txt 扩展名结尾的文件。用户输入的文件类型不一定是文件扩展名;它们可以是任何形式的文件名结尾。

(1)遮盖站点中的特定文件类型

①在"文件"面板("窗口">"文件")中选择启用了站点遮盖功能的站点。

②右键单击鼠标,然后选择"遮盖">"设置"。

③选择"遮盖具有以下扩展名的文件"选项,在框中输入要遮盖的文件类型,然后单击"确定"。

例如,用户可以输入.jpg 以遮盖站点中名称以.jpg 结尾的所有文件。

用一个空格分隔多个文件类型;不要使用逗号或分号。

在"文件"面板中,显示一条红线穿过受影响的文件,指示它们已被遮盖。

某些软件会创建以特定后缀(如.bak)结尾的备份文件。用户可以遮盖这些文件。

注:用户仍然可以对特定的已遮盖文件或文件夹执行操作,方法是:在"文件"面板上选择该项,然后对它执行操作。直接对文件或文件夹执行的操作会取代遮盖设置。

(2)取消遮盖站点中的特定文件类型

①在"文件"面板("窗口">"文件")中选择启用了站点遮盖功能的站点。

②右键单击鼠标,然后选择"遮盖">"设置"。

③在"高级站点定义"对话框中,执行下列操作之一:

• 取消选择"遮盖具有以下扩展名的文件"选项,以取消对框中列出的所有文件类型的遮盖;

• 从框中删除特定文件类型,以取消这些文件类型的遮盖。

④单击"确定"。

红线从受影响的文件上消失,指示它们已取消遮盖。

5.取消遮盖所有文件和文件夹

用户可以同时取消遮盖站点中的所有文件和文件夹。此操作无法撤销,因此无法重新遮盖先前遮盖的所有项。用户必须逐一重新遮盖这些项。

如果要临时取消所有文件夹和文件的遮盖,然后重新遮盖这些项,则应禁用站点遮盖。

(1)在"文件"面板("窗口">"文件")中选择启用了站点遮盖功能的站点。

(2)选择该站点中的任意文件或文件夹。

(3)右键单击鼠标,然后选择"遮盖">"全部取消遮盖"。

注:此步骤还会取消选择"站点定义"对话框的"遮盖"类别中的"遮盖具有以下扩展名的文件"选项。

穿过文件夹和文件图标的红线消失,指示站点中的所有文件和文件夹都已取消遮盖。

第4章 简单网页制作

4.1 预 览 页 面

"设计"视图可让用户了解页面在 Web 上的显示效果,但是页面呈现的效果并不会与浏览器中的效果完全相同。"实时"视图显示更准确的表现形式,并使用户能够在"代码"视图中工作,以便查看设计效果或更改结果。"在浏览器中预览"功能使用户能够看到页面在特定浏览器中的外观。

4.1.1 在 Dreamweaver 中预览页面

1. 关于实时视图

"实时"视图与传统 Dreamweaver 设计视图的不同之处在于它提供页面在某一浏览器中的非可编辑的、更逼真的呈现外观。"实时"视图不替换"在浏览器中预览"命令,而是在不必离开 Dreamweaver 工作区的情况下提供另一种"实时"查看页面外观的方式。

在"设计"视图中随时可以切换到"实时"视图。但切换到"实时"视图与在 Dreamweaver 中的任何其他传统视图(代码/拆分/设计)之间进行切换无关。在从"设计"视图切换到"实时"视图时,只是在可编辑和"实时"之间切换"设计"视图。

进入"实时"视图后"设计"视图保持冻结的同时,"代码"视图保持可编辑状态,因此用户可以更改代码,然后刷新"实时"视图以查看所进行的更改是否生效。在处于"实时"视图时,可以使用其他用于查看实时代码的选项。"实时代码"视图类似于"实时"视图,前者显示浏览器为呈现页面而执行的代码版本。与"实时"视图类似,"实时代码"视图是非可编辑视图。

"实时"视图的另一优势是能够冻结 JavaScript。例如,用户可以切换到"实时"视图并悬停在由于用户交互而更改颜色的基于 Spry 的表格行上。冻结 JavaScript 时,"实时"视图会将页面冻结在其当前状态。然后,用户可以编辑 CSS 或 JavaScript 并刷新页面以查看更改是否生效。如果要查看并更改无法在传统"设计"视图中看到的弹出菜单或其他交互元素的不同状态,则在"实时"视图中冻结 JavaScript 很有用。

2. 在"实时"视图中预览页面

(1)确保用户位于"设计"视图("视图">"设计")或"代码和设计"视图("视图">"代码和设计")中。

(2)单击" 实时视图 "按钮。

(3)(可选)在"代码"视图、"CSS 样式"面板、外部 CSS 样式表或在其他相关文件中进行更改。

即使用户不能在"实时"视图中进行编辑,当用户在"实时"视图中单击时,用于在其他区域中(例如在"CSS 样式"面板或在"代码"视图中)进行编辑的选项也会发生变化。

在保持"实时"视图具有焦点的同时,通过从文档顶部的"相关文件"工具栏中打开相关文件(例如 CSS 样式表),用户可以使用这些相关文件。

(4)如果用户已在"代码"视图或在相关文件中进行了更改,请通过单击"文档"工具栏中的"刷新"按钮或通过按 F5 来刷新"实时"视图。

(5)若要返回到可编辑的"设计"视图,请再次单击"实时视图"按钮。

3.预览实时代码

"实时代码"视图中显示的代码类似于从浏览器中查看页面源时显示的内容。虽然这样的页面源是静态的,只提供浏览器中页面的源,但"实时代码"视图是动态的,并会随着用户在"实时"视图中与该页面交互而进行更新。

(1)确保用户位于"实时"视图中。

(2)单击" 实时代码 "按钮。

Dreamweaver 显示浏览器用于执行该页面的实时代码。此代码以黄色突出显示并且是不可编辑的。

当用户与页面上的交互元素进行交互时,实时代码高亮显示代码中的动态更改。

(3)要取消高亮显示实时代码视图中的更改,请选择"视图">"实时视图选项">"高亮显示实时代码中的更改"。

(4)若要返回到可编辑的代码视图,请再次单击"实时代码"按钮。

要更改实时代码首选参数,请选择"编辑">"首选参数",然后选择"代码颜色"类别。

4.冻结 JavaScript

请执行下列操作之一:

• 按 F6;

• 从"实时视图"按钮的弹出菜单中选择"冻结 JavaScript"。

文档顶部的信息栏会告诉用户 JavaScript 已冻结。若要关闭信息栏,请单击关闭链接。

5.实时视图选项

除了"冻结 JavaScript"选项外,"实时视图"按钮的弹出菜单或"视图">"实时视图选项"菜单项中还有其他一些可用选项。

冻结 JavaScript 将受 JavaScript 影响的元素冻结在其当前状态。

禁用 JavaScript 禁用 JavaScript 并重新呈现页面,就像浏览器未启用 JavaScript 一样。

禁用插件 禁用插件并重新呈现页面,就像浏览器未启用插件一样。

高亮显示实时代码中的更改 取消高亮显示或高亮显示实时代码中的更改。

在新选项卡中编辑实时视图页面 让用户可以使用"浏览器导航"工具栏或"跟踪链接"功能为用户浏览到的站点文档打开新选项卡。首先必须浏览到该文档,然后选择"在新选项卡中编辑实时视图页面"为其创建新的选项卡。

跟踪链接 使用户单击的下一个链接在实时视图中变为活动状态。或者,可以按住 Ctrl 单击实时视图中的链接以使其变为活动状态。

持续跟踪链接 使链接在实时视图中持续处于活动状态,直到再次将其禁用或关闭页面为止。

自动同步远程文件 单击"浏览器导航"工具栏中的"刷新"图标时自动同步本地和远程文件。Dreamweaver 将这些文件放置在服务器上,然后刷新,以使这两个文件保持同步。

将测试服务器用于文档源　主要由动态页面(例如 ColdFusion 页面)使用,并在默认情况下为动态页面进行选择。选择此选项后,Dreamweaver 将使用站点的测试服务器上的文件版本作为"实时"视图显示的源。

将本地文件用于文档链接　非动态站点的默认设置。为使用测试服务器的动态站点选择此选项后,Dreamweaver 将使用链接到文档的本地文件版本(例如 CSS 和 JavaScript 文件),而不使用测试服务器上的文件。然后,用户可以对相关文件进行本地更改,以便可以在将这些文件放到测试服务器之前查看它们的外观。如果取消选择此选项,Dreamweaver 将使用相关文件的测试服务器版本。

HTTP 请求设置　进入高级设置对话框,用户可以在此处输入用于显示动态数据的值。有关更多信息,请单击对话框中的"帮助"按钮。

4.1.2　在浏览器中预览页面

1. 在浏览器中预览

可以随时在浏览器中预览页面,而不必先将文档上传到 Web 服务器。当用户预览页面时,如果用户的浏览器已安装了必需的插件或 ActiveX 控件,则与浏览器相关的所有功能(包括 JavaScript 行为、文档的相对链接和绝对链接、ActiveX 控件以及 Netscape Navigator 插件)都应可以正常使用。

在预览文档之前,请保存该文档;否则,浏览器不会显示最新的更改。

(1)执行下列操作之一以预览页面:

• 选择"文件">"在浏览器中预览",然后选择一个列出的浏览器。

注:如果未列出任何浏览器,请选择"编辑">"首选参数",然后在左侧的"在浏览器中预览"类别中选择一个浏览器。

• 按 F12 在主浏览器中显示当前文档。

• 按 Ctrl+F12 可在候选浏览器中显示当前文档。

(2)单击链接然后测试页面内容。

注:使用本地浏览器预览文档时,除非指定了测试服务器,或在"编辑">"首选参数">"在浏览器中预览"中选择"使用临时文件预览"选项,否则文档中用站点根目录相对路径链接的内容将不会显示。这是因为浏览器不识别站点根目录,而服务器能够识别。

若要预览用根目录相对路径链接的内容,请将文件上传到远程服务器,然后选择"文件">"在浏览器中预览"进行查看。

(3)完成测试后请在浏览器中关闭该页面。

2. 设置浏览器预览首选参数

可以设置预览站点时使用的浏览器首选参数,并可以定义默认的主浏览器和次浏览器。

(1)选择"文件">"在浏览器中预览">"编辑浏览器列表"。

(2)若要向列表添加浏览器,请单击加号(+)按钮,完成"添加浏览器"对话框,然后单击"确定"。

(3)若要从列表中删除浏览器,请选择要删除的浏览器,然后单击减号(-)按钮。

(4)若要更改选定浏览器的设置,请单击"编辑"按钮,在"编辑浏览器"对话框中进行更改,然后单击"确定"。

(5)选择"主浏览器"或"次浏览器"选项,可指定所选浏览器是主浏览器还是次浏览器。按 F12 将打开主浏览器,按 Control＋F12 将打开次浏览器。

(6)选择"使用临时文件预览"选项,可创建供预览和服务器调试使用的临时副本。(如果要直接更新文档,可撤销对此选项的选择。)

3.在移动设备中预览页面

要预览使用 Dreamweaver 创建的页面在各种移动设备上的显示效果,请将 Device Central 与其内置 Opera 的小屏幕渲染功能配合使用。不同设备安装的浏览器也会不同,但可以通过预览清楚地了解内容在所选设备上的显示效果和运行情况。

(1)启动 Dreamweaver。

(2)打开文件。

(3)请执行下列操作之一:

• 选择"文件"＞"在浏览器中预览"＞"DeviceCentral"。

• 在文档窗口工具栏上,单击并按住"在浏览器中预览/调试"按钮,然后选择"在 Device Central 中预览"。

将在"Device Central 模拟器"选项卡中显示该文件。要继续进行测试,请在"设备组"或"可用的设备"列表中双击另一个设备的名称。

4.2 使用页代码

4.2.1 有关在 Dreamweaver 中编辑常规信息

1.支持的语言

除了提供文本编辑功能外,Adobe Dreamweaver CS 5 还提供了各种各样的功能(例如代码提示)帮助用户使用以下语言来编写代码:HTML,XHTML,CSS,JavaScript,ColdFusion 标记语言(CFML),VBScript(用于 ASP),C♯和 Visual Basic(用于 ASP. NET),JSP, PHP。

Dreamweaver 的语言特定编码功能并不支持其他语言(如 Perl);例如,用户可以创建和编辑 Perl 文件,但是代码提示不能应用于该语言。

2.无效标记

如果文档中包含无效代码,Dreamweaver 会在"设计"视图中显示这些代码,而且会根据需要在"代码"视图中高亮显示它们。在这两种视图的任一种视图中选择这些代码,属性检查器都会显示代码无效的原因,以及如何进行修正的信息。

注:默认情况下将禁用在"代码"视图中高亮显示无效代码的选项。要启用该选项,请切换到代码视图("视图"＞"代码"),然后选择"视图"＞"代码视图选项"＞"高亮显示无效代码"。

也可以指定首选参数,从而在打开文档时自动改写各种无效的代码。

3.自动代码修改

用户可以设置选项指示 Dreamweaver 根据用户指定的条件自动清理手工编写的代码。但是,不会改写用户的代码,除非启用了代码改写选项或者用户执行了更改代码的操作。例如,Dreamweaver 不会更改空白或更改属性的大小写,除非使用"应用源格式"命令。

有些代码改写选项在默认情况下处于启用状态。

通过 Dreamweaver 的 Roundtrip HTML 格式的功能,用户可以在基于文本的 HTML 编辑器和 Dreamweaver 之间来回移动文档,并且对文档的原始 HTML 源代码的内容和结构只有极小的影响或没有任何影响。这些功能包括:

- 使用第三方文本编辑器来编辑当前文档。
- 默认情况下,Dreamweaver 不更改在其他 HTML 编辑器中创建或编辑的代码(即使该代码无效),除非启用了代码改写选项。
- Dreamweaver 不更改它不识别的标签(包括 XML 标签),因为它不具有判断这些标签的条件。如果不可识别的标签重叠到另一个标签上(如＜MyNewTag＞＜em＞text ＜/MyNewTag＞＜/em＞),Dreamweaver 将其标记为错误但并不覆盖代码。
- 用户可以选择将 Dreamweaver 设置为在"代码"视图中高亮显示(用黄色)无效的代码。在用户选择高亮显示的部分后,属性检查器将显示有关如何纠正该错误的信息。

4. XHTML 代码

Dreamweaver 采用能够满足大多数 XHTML 要求的方式生成新的 XHTML 代码并清理现有的 XHTML 代码。还提供了满足其余很少 XHTML 要求所需的工具。

注:在 HTML 的各种版本中也要求满足其中一些要求。

表 4-1 说明了 Dreamweaver 能自动符合的 XHTML 要求。

5. 正则表达式

正则表达式是以文本描述字符组合的模式。在代码搜索中使用它们有助于描述一些概念,例如,以"var"开始的行以及包含数字的属性值。

表 4-2 列出了在正则表达式中使用的特殊字符、其含义和用法示例。若要搜索包含该表中某一特殊字符的文本,请在特殊字符前面附加一个反斜杠,令其转义。例如,若要在 some conditions apply ＊ 短语中搜索实际的星号,用户的搜索模式应类似于:apply\ ＊。如果用户没有令星号转义,用户将找到"apply"的所有匹配项(以及"appl"、"applyy"和"applyyy"的所有匹配项)。

表 4-1　Dreamweaver 能自动符合的 XHTML 要求

XHTML 要求	Dreamweaver 执行的操作
空元素必须有结束标签,或者开始标签必须结束于 />。例如,＜br＞无效,正确的形式是＜br＞＜br＞ 或＜br /＞。下面是空元素:area、base、basefont、br、col、frame、hr、img、input、isindex、link、meta 和 param。为了向后兼容不支持 XML 的浏览。/＞前必须有一个空格(例如,＜br /＞,而不是＜br/＞)。	在它所生成的代码中以及在清理 XHTML 时插入空元素,并且在空标签中的结束斜杠前添加一个空格。
属性不能最小化:例如＜td nowrap＞是无效的;正确的形式是＜td nowrap＝"nowrap"＞。它会影响以下属性:checked、compact、declare、defer、disabled、ismap、multiple、noresize、noshade、nowrap、readonly 和 selected。	在它所生成的代码中以及在清理 XHTML 时,插入完整的属性/值对。注意:如果 HTML 浏览器不支持 HTML4,则当这些布尔属性以完整形式出现时,该浏览可能无法解释这些属性。
所有的属性值必须用引号引起来。	在它所生成的代码中以及在清理 XHTML 时,只要属性检查器设置 name 属性,就会将 name 和 id 属性设置为相同的值。

续表

XHTML 要求	Dreamweaver 执行的操作
以下元素必须要有 id 属性以及 name 属性:a、applet、form、frame、iframe、img 和 map。例如,<a name="intro">Introduction</a>无效;正确的形式为<a id="intro">Introduction</a>或<a id=sectionl "name"="intro">Introduction</a>。	在 Dreamweaver 所生成的代码中以及在清理 XHTML 时,只要属性检查器设置 name 属性,就会将 name 和 id 属性设置为相同的值。
对于具有枚举类型的值的属性,值必须为小写。枚举型的值是来自于指定的允许值列表中的值;例如 align 属性有以下允许值:剧中、两端对齐、左对齐和右对齐。	在它所生成的代码中以及在清理 XHTML 时,强制枚举类型的值成为小写。
所有脚本和样式元素都必须有 type 属性。(自 HTML4 开始已经要求 script 元素具有 type 属性,而 language 属性在此期间则使用的越来越小。)	在它生成的代码中以及在清理 XHTML 时,设置 script 元素的 type 和 language 属性以及 style 元素的 type 属性。
所有 img 和 area 元素都必须有 alt 属性。	在它生成的代码中设置这些属性,并且在清理 XHTML 时报告缺少的 alt 属性。
文档中的根元素之前必须有 DOCTYPE 声明,而该声明必须引用 XHTML 的三个文档类型定义(DTD)文件(Strict、Transitional 或 Frameset)之一。	在 XHTML 文档中添加一个 XHTML DOCTYPE:<IDOCTYPE html PUBLIC>".//W3C//DTD XHTML 1.0 Transitional//EN "" http://www. w3. org/TR/ xhtmll/DTD/xhtmlltransitional. dtd"或者,如果 XHTML 文档包含框架集:<! DOCTYPE html PUBLIC"-//W3C//DTD XGTML 1.0 Frameset//EN""http://www. w3. org/TR/xhtmll/DTD/xhtmll-frameset. dtd">
文档的根元素必须为 html,而 html 元素必须指定 XHTML 命名空间。	将 namespace 属性添加到 html 元素,如下所示:<html xmlns="http://www. w3. org/1999/xhtml">
标准文档必须包含 head、title 和 body 结构元素。框架集文档必须包含 head、title 和 frameset 结构元素。	在标准文档中,包含有 head、title 和 body 元素。在框架集文档中,包含有 head、title 和 frameset 元素。
文档中的所有元素必须正确嵌套:<p>This is a <i> bad example.</p></i><p>This is a <i> good example.</i></p>	生成正确嵌套的代码,并且在清理 XHTML 时更正代码中不是由 Dreamweaver 生成的嵌套。
所有元素和属性名称必须为小写。	在它所生成的 XHTML 代码中以及在清理 XHTML 时,不论您设置的标签和属性大小写首选参数如何,都强制使 HTML 元素和属性名称成为小写。
每个元素都必须有结束标签,除非在 DTD 中将其声明为 EMPTY。	在它所生成的代码中以及在清理 XHTML 时插入结束标签。

表 4-2 正则表达式中使用的特殊字符、其含义和用法示例

字符	匹配	示例
^	输入或行的起始部分。	^T 与"This good earth"中的"T"匹配,但是与"Uncle Tom's Cabin"无匹配内容
$	输入或行的结尾部分。	h$ 与"teach"中的"h"匹配,但是与"teacher"无匹配内容
*	0 个或多个前置字符。	un * 或 "rum"中的 "um"、"yummy"中的 "umm"和"huge"中的"u"匹配

续表

字符	匹配	示　例
＋	1 个或多个前置字符。	um＋与"rum"中的"um"和"yummy"中的"umm"匹配,但是和"huge"无匹配内容
？	前置字符最多出现一次(即,指示前置字符是可选的)。	st？on 与"Johnson"中的"son"和"Johnston"中的"ston"匹配,但是与"Appleton"或"tension"无匹配内容
$x\|y$	x 或 y。	FF0000|0000FF 与 bgcolor＝"♯FF0000"中的"FF0000"和 font cllor＝"♯0000FF"中的"0000FF"匹配
$\{n\}$	恰好 n 个前置字符。	o{2}与"loom"中的"oo"和"mooooo"中的前两个字母 o 匹配,但是与"money"无匹配内容
$\{n,m\}$	至少 n 个、至多 m 个前置字符。	F{2,4}与"♯FF0000"中的"FF"和"♯FFFFFF"中的前四个字母 F 匹配
[abc]	用括号括起来的字符中的任何一个字符。用连字符指定某一范围的字符(例如,[a-f]等效于[abcdef])。	[e-g]与"bed"中的"e"、"folly"中的"f"和"guard"中的"g"匹配
[^abc]	未在括号中括起来的任何字符。用连字符指定某一范围的字符(例如,[^a-f]等效于[^abcdef])。	[^aciou]最初与"orange"中的"r"、"book"中的"b"和"eek!"中的"k"匹配
\b	词边界(例如空格或回车符)	\bb 与"book"中的"b"匹配,但是与"goober"或"snob"无匹配内容
\B	词边界之外的任何内容。	\Bb 与"goober"中的"b"匹配,但是与"book"无匹配内容
\d	任何数字字符。等效于[0−9]。	\d 与"C3PO"中的"3"和"apartment 2G"中的"2"匹配
\D	任何非数字字符。等效于[^0−9]。	\D 与"900S"中的"S"和"Q45"中的"Q"匹配
\f	换页符。	
\n	换行符。	
\r	回车符。	
\s	任何单个空白字符,包括空格、制表符、换页符或换行符。	\sbook 与"blue book"中的"book"匹配,但是与"notebook"无匹配内容
\S	任何单个非空白字符。	\Sbook 与"notebook"中的"book"匹配,但是与"blue book"无匹配内容
\t	制表符。	
\w	任何字母数字字符,包括下划线。等效于[A-Za-z0-9_]。	b\w 与"the barking dog"中的"barking"以及"the big black dog"中的"big"和"black"匹配
\W	任何字母数字字符。等效于[^A-Za-z0-9_]。	\W 与"Jake&Mattie"中的"&"和"100%"中的"%"匹配
Ctrl＋Enter,Shift＋Enter	回车符。确保如果没有使用正则表达式,则在搜索时取消对"忽略空白差别"的选择。请注意,该字符是特定字符,而不是一般意义上的换行符;例如,它并不是 标签或<p>标签。回车符在"设计"视图中显示为空格而不是换行符。	

使用括号在正则表达式内分隔出以后要引用的分组。然后在"替换"域中使用＄1、＄2、＄3等来引用第一个、第二个、第三个和更后面的括号分组。

注:在"查找内容"框中使用\1、\2、\3等(而不是＄1、＄2、＄3)来引用正则表达式中更早的括号分组。

例如,通过搜索(\d+)\/(\d+)\/(\d+)并用＄2/＄1/＄3替换它,可以在由斜杠分隔的日期中交换日和月(因此可以在美国样式日期和欧洲样式日期之间进行转换)。

6.服务器行为代码

在用户开发动态页并从"服务器行为"面板中选择一个服务器行为时,Dreamweaver将一个或多个代码块插入用户的页面,以使服务器行为可以行使其功能。

如果手动更改代码块中的代码,则无法再使用"绑定"和"服务器行为"等面板编辑服务器行为。Dreamweaver在页代码中查找特定的模式,以检测服务器行为并在"服务器行为"面板中显示它们。如果用户以任何方式更改了代码块中的代码,Dreamweaver将无法再检测服务器行为并在"服务器行为"面板中显示它。但是,服务器行为仍存在于该页面上,并且用户可以在Dreamweaver的编码环境中编辑它。

4.2.2　设置编码环境

1.使用面向编码器的工作区

用户可以调整Dreamweaver中的编码环境使之适合用户的工作方式。例如,用户可以更改查看代码的方式、设置不同的键盘快捷方式,或导入并使用用户喜欢的标签库。

Dreamweaver提供了多种旨在创造最佳编码体验的工作区布局。在"应用程序"栏上的工作区切换器中,用户可以从Application Developer、Application Developer Plus、Coder和Coder Plus工作区中进行选择。所有这些工作区都默认显示"代码"视图(在整个"文档"窗口或在"代码"和"设计"视图中),并将面板停靠在屏幕的左侧。除ApplicationDeveloper Plus外,所有工作区都从默认视图中取消了属性检查器。

如果任何预先设计的工作区都不能完全满足用户的需要,则可以自定义自己的工作区布局,方法是打开面板并将面板停靠在所需的位置,然后将工作区另存为自定义工作区。

2.查看代码

用户可以通过多种方式查看当前文档的源代码:用户可以通过启用"代码"视图在"文档"窗口中显示源代码,可以拆分"文档"窗口以同时显示页面及其关联的代码,或者可以在代码检查器(一个单独的编码窗口)中工作。代码检查器与"代码"视图的工作方式相同;用户可以把它当作当前文档的一个可分离的"代码"视图。

(1)在文档窗口中查看代码

选择"查看"＞"代码"。

(2)在文档窗口中对页面同时进行编码和编辑

①选择"查看"＞"代码和设计"。

代码显示在顶部窗格中,页面显示在底部窗格中。

②若要在顶部显示页面,请从"文档"工具栏上的"视图选项"菜单中选择"顶部的设计视图"。

③若要调整"文档"窗口中窗格的大小,请将拆分条拖到所需的位置。拆分条位于两个窗格之间。

当在"设计"视图中进行更改时,"代码"视图自动更新。但是,在"代码"视图中进行更改之后,用户必须通过在"设计"视图内单击或按 F5 键手动更新"设计"视图中的文档。

(3)用代码检查器在单独的窗口中查看代码

利用代码检查器,用户可以在单独的编码窗口中工作,就像在"代码"视图中工作一样。

选择"窗口">"代码检查器"。工具栏包含以下选项:

文件管理　上传或获取文件。

在浏览器中预览/调试　在浏览器中对文档进行预览或调试。

刷新设计视图　更新"设计"视图中的文档,使之反映在代码中所做的任何更改。在执行某些操作(如保存文件或单击该按钮)之前,用户在代码中所做的更改不会自动显示在"设计"视图中。

参考　打开"参考"面板。

代码导航　使用户可以在代码中快速移动。

视图选项　用于确定代码显示方式。

3.自定义快捷键

用户可以在 Dreamweaver 中使用自己喜欢的快捷键。如果用户习惯使用特定的键盘快捷键(例如使用 Shift+Enter 添加一个换行符,或使用 Ctrl+G 转到代码中的特定位置),则可以使用键盘快捷键编辑器将它们添加到 Dreamweaver 中。

4.默认情况下在代码视图中打开文件

当用户打开一个通常不包含任何 HTML 的文件类型(例如,JavaScript 文件)时,该文件将在"代码"视图(或代码检查器)而不是"设计"视图中打开。用户可以指定在"代码"视图中打开的文件类型。

(1)选择"编辑">"首选参数"。

(2)从左侧的"分类"列表中选择"文件类型/编辑器"。

(3)在"在代码视图中打开"框中,添加要在"代码"视图中自动打开的文件类型的文件扩展名。

在文件扩展名之间键入空格。用户可以添加任意多的文件扩展名。

4.2.3　设置编码首选参数

1.关于编码首选参数

可以设置编码首选参数(例如代码格式和颜色等)以满足用户的特定需求。

注:若要设置高级首选参数,请使用标签库编辑器。

2.设置代码外观

用户可以通过"查看">"代码视图选项"菜单来设置文本换行、显示代码行号、高亮显示无效代码、设置代码元素的语法颜色、设置缩进和显示隐藏字符。

(1)在"代码"视图或代码检查器中查看文档。

(2)请执行下列操作之一:

• 选择"查看">"代码视图选项"

• 单击位于"代码"视图或代码检查器顶部的工具栏上的"查看选项"按钮。

(3)选择或取消选择以下任一选项:

文本换行　对代码进行换行,以便查看代码时无需水平滚动。此选项不插入换行符;它只是使代码更易于查看。

行号　在代码的旁边显示行号。

隐藏字符　显示用来替代空白处的特殊字符。例如,用点取代空格,用双人字标记取代制表符,用段落标记取代换行符。

注:Dreamweaver 在文本换行时使用的软换行符不以段落标记的形式显示出来。

高亮显示无效代码　使 Dreamweaver 以黄色高亮显示所有无效的 HTML 代码。当选择一个无效的标签时,属性检查器将显示有关如何更正该错误的信息。

语法颜色　启用或禁用代码颜色。有关更改颜色方案的信息,请参阅第 249 页的"设置代码颜色"。

自动缩进　在编写代码过程中按 Enter 时使代码自动缩进。新一行代码的缩进级别与上一行的相同。

3.更改代码格式

用户可以通过指定格式设置首选参数(例如缩进、行长度以及标签和属性名称的大小写)更改代码的外观。

除了"覆盖大小写"选项之外,所有"代码格式"选项均只会自动应用到随后创建的新文档或新添加到文档中的部分。

若要重新设置现有 HTML 文档的格式,请打开文档,然后选择"命令">"应用源格式"。

(1)选择"编辑">"首选参数"。

(2)从左侧的"分类"列表中选择"代码格式"。

(3)设置以下任一选项:

缩进　指示由 Dreamweaver 生成的代码是否应该缩进(根据在这些首选参数中指定的缩进规则)。

注:此对话框中的大多数缩进选项仅应用于由 Dreamweaver 生成的代码,而不应用于用户键入的代码。若要使用户新键入的每一代码行的缩进级别都与上一行相同,请选择"查看">"代码视图"选项中的"自动缩进"选项。

大小(文本框和弹出菜单)指定 Dreamweaver 应使用多少个空格或制表符对它所生成的代码进行缩进。例如,如果在框中键入"3"并从弹出菜单中选择"制表符",则由 Dreamweaver 生成的代码对每个缩进级别使用 3 个制表符进行缩进。

制表符大小　确定每个制表符字符在"代码"视图中显示为多少个字符宽度。例如,如果"制表符大小"设置为 4,则每个制表符在"代码"视图中显示为四个字符宽度的空白空间。此外,如果"缩进大小"设置为 3 个制表符,则对 Dreamweaver 所生成的代码按照每个缩进级别使用三个制表符来进行缩进,在"代码"视图中显示的缩进就是十二个字符宽度的空白空间。

注:Dreamweaver 使用空格或制表符两者之一进行缩进;在插入代码时它并不会将一串空格转换成制表符。

自动换行　在一行到达指定的列宽度时插入一个换行符(也称作"硬"回车)。(Dreamweaver 只在添加换行符后不会更改文档在浏览器中外观的位置插入换行符,因此某些行的长度可能大于"自动换行"选项中指定的值。)相比之下,"代码"视图中的"换行"选项在显示较长的行(超过窗口宽度)时使它看起来似乎含有换行符,但事实上并没有插入换行符。

换行符类型　指定承载远程站点的远程服务器的类型（Windows、Macintosh 或 UNIX）。选择正确的换行符类型可以确保用户的 HTML 源代码在远程服务器上能够正确显示。当用户使用只识别某些换行符的外部文本编辑器时，此设置也有用。例如，如果将"记事本"作为用户的外部编辑器，则使用"CR LF"。

注：如果要连接的服务器使用 FTP，此选项只能应用于二进制传输模式；Dreamweaver 中的 ASCII 传输模式忽略此选项。

如果使用 ASCII 模式下载文件，则 Dreamweaver 根据计算机的操作系统设置换行符；如果使用 ASCII 模式上传文件，则换行符都设置为"CR LF"。

默认标签大小写和默认属性大小写　控制标签和属性名称的大小写。这些选项应用于用户在"设计"视图中插入或编辑的标签和属性，但是它们不能应用于用户在"代码"视图中直接输入的标签和属性，也不能应用于打开的文档中的标签和属性（除非用户还选择了一个或全部两个"覆盖大小写"选项）。

注：这些首选参数仅适用于 HTML 页。对于 XHTML 页，Dreamweaver 将忽略这些参数，因为大写标签和属性是无效的 XHTML。

覆盖大小写：标签和属性　指定是否在任何时候（包括当用户打开现有的 HTML 文档时）都强制使用用户指定的大小写选项。当用户选择其中的一个选项并且单击"确定"退出对话框时，当前文档中的所有标签或属性立即转换为指定的大小写，同样，从这时起打开的每个文档中的所有标签或属性也都转换为指定的大小写（直到用户再次取消对此选项的选择为止）。与使用"插入"面板插入的标签或属性一样，用户在"代码"视图和快速标签编辑器中键入的标签或属性也将转换为指定的大小写。例如，如果用户想让标签名称总是转换为小写，则在"默认标签大小写"选项中指定小写字母，然后选择"覆盖大小写：标签"选项。于是当用户打开包含大写标签名称的文档时，Dreamweaver 将它们全部转换为小写。

注：旧版本 HTML 允许标签和属性的名称使用大写或小写，但是 XHTML 要求标签和属性的名称为小写。Web 正在向 XHTML 方向发展，所以一般来讲，标签和属性名称最好使用小写。

TD 标签：不在 TD 标签内包括换行符　解决当<td>标签之后或</td>标签之前紧跟有空白或换行符时，某些较早浏览器中发生的呈现问题。选择此选项后，即使标签库中的格式设置指示应在<td>之后或</td>之前插入换行符，Dreamweaver 也不会在这些地方写入换行符。

高级格式设置　用来为层叠样式表（CSS）代码和标签库编辑器中的单个标签和属性设置格式设置选项。

空白字符　（仅适用于日语版本）用来为 HTML 代码选择 ；或 Zenkaku 空格。如果在日语编码页面上创建表格并启用了"允许多个连续的空格"选项，则将在空标签中使用用在此选项中选择的空白。

4. 设置代码改写首选参数

使用代码改写首选参数可以指定在打开文档、复制或粘贴表单元素或在使用诸如属性检查器之类的工具输入属性值和 URL 时，Dreamweaver 是否修改用户的代码，以及如何修改。在"代码"视图中编辑 HTML 或脚本时，这些首选参数不起作用。

如果用户禁用改写选项，则在文档窗口中对它本应改写的 HTML 显示无效标记项。

（1）选择"编辑">"首选参数"。

(2)从左侧的"分类"列表中选择"代码改写"。

(3)设置以下任一选项：

修正非法嵌套标签或未结束标签　改写重叠标签。例如，<b><i>text</b></i>改写为<b><i>text</i></b>。如果缺少右引号或右括号，则此选项还将插入右引号或右括号。

粘贴时重命名表单项目　确保表单对象不会具有重复的名称。默认情况下启用该选项。

注：与此首选参数对话框中的其他选项不同的是，此选项并不在打开文档时应用，只在复制和粘贴表单元素时应用。

删除多余的结束标签　删除不具有对应的开始标签的结束标签。

修正或删除标签时发出警告　显示 Dreamweaver 试图更正的、技术上无效的 HTML 的摘要。该摘要记录了问题的位置（使用行号和列号），以便用户可以找到更正内容并确保它按预期方式呈现。

从不改写代码：在带有扩展的文件中　允许用户防止 Dreamweaver 改写具有指定文件扩展名的文件中的代码。对于包含第三方标签的文件，此选项特别有用。

使用 & 将属性值中的<、>、& 和"编码　确保用户使用 Dreamweaver 工具（例如属性检查器）输入或编辑的属性值只包含合法的字符。默认情况下启用该选项。

注：此选项和下面的选项不会应用于用户在"代码"视图中键入的 URL。另外，它们不会使已经存在于文件中的代码发生更改。

不编码特殊字符　防止 Dreamweaver 将 URL 更改为仅使用合法字符。默认情况下启用该选项。

使用 &♯ 将 URL 中的特殊字符编码　确保用户使用 Dreamweaver 工具（例如属性检查器）输入或编辑的 URL 只包含合法的字符。

使用 % 将 URL 中的特殊字符编码　与前一选项的操作方式相同，但是使用另一方法对特殊字符进行编码。这种编码方法（使用百分号）可能对较早版本的浏览器更为兼容，但对于某些语言中的字符并不适用。

5. 设置代码颜色

使用代码颜色首选参数来指定常规类别的标签和代码元素（例如，与表单相关的标签或 JavaScript 标识符）的颜色。若要设置特定标签的颜色首选参数，请在标签库编辑器中编辑标签定义。

(1)选择"编辑"＞"首选参数"。

(2)从左侧的"分类"列表中选择"代码颜色"。

(3)从"文档类型"列表中选择文档类型。对代码颜色首选参数进行的任何编辑都将影响此类型的所有文档。

(4)单击"编辑颜色方案"按钮。

(5)在"编辑颜色方案"对话框中，从"样式"列表中选择某个代码元素，然后设置其文本颜色、背景颜色和（可选）样式（粗体、斜体或下划线）。"预览"窗格中的示例代码将发生变化，以匹配新的颜色和样式。

单击"确定"保存所做的更改，然后关闭"编辑颜色方案"对话框。

(6)在代码颜色首选参数中作出任何其他必要的选择，然后单击"确定"。

默认背景　设置代码视图和代码检查器的默认背景颜色。

隐藏字符　设置隐藏字符的颜色。

实时代码背景　设置实时代码视图的背景颜色。此默认颜色为黄色。

实时代码更改　设置实时代码视图中发生更改的代码的高亮颜色。此默认颜色为粉红色。

只读背景　设置只读文本的背景颜色。

6.使用外部编辑器

用户可以指定一个外部编辑器来编辑带有特定文件扩展名的文件。例如，用户可以从 Dreamweaver 启动文本编辑器（例如 BBEdit、记事本或 TextEdit）编辑 JavaScript(JS)文件。

可以为不同的文件扩展名分配不同的外部编辑器。

(1)为文件类型设置外部编辑器

1)选择"编辑">"首选参数"。

2)从左侧的"分类"列表中选择"文件类型/编辑器"，设置选项，然后单击"确定"。

在代码视图中打开　指定在 Dreamweaver"代码"视图中自动打开的文件扩展名。

外部代码编辑器　指定要使用的文本编辑器。

重新加载修改过的文件　指定当 Dreamweaver 检测到对在 Dreamweaver 中打开的文档从外部进行了更改时应采取的行为。

启动时先保存文件　指定 Dreamweaver 是否应该总是在启动编辑器之前保存当前的文档、从不保存文档、或是在每次启动外部编辑器时询问是否保存文档。

Fireworks　为各种不同的媒体文件类型指定编辑器。

4.2.4　编写和编辑代码

1.代码提示

代码提示功能有助于用户快速插入和编辑代码，并且不出差错。在"代码"视图中键入字符后，用户将看到可自动完成输入的候选项列表。例如，当键入标记、属性（attribute）或 CSS 属性（property）名的前几个字符时，用户将看到以这些字符开头的选项列表。此功能简化了代码的插入和编辑操作。用户也可以使用此功能查看标记的可用属性，功能的可用参数或对象的可用方法。

几种类型的代码提供了代码提示。键入特定代码类型的开头字符时，用户将看到相应的候选项的列表。例如，若要显示 HTML 标记名称的代码提示列表，请键入右尖括号（<）。同样，若要显示 JavaScript 代码提示，请在对象后面键入句点（点运算符）。

为了达到最好的效果，尤其是对函数和对象使用代码提示时，请在"代码提示"首选参数对话框中将"延迟"选项设置为 0 秒。

代码提示功能还可识别并非语言中内置的自定义 JavaScript 类。可以自己编写这些自定义类或通过第三方库（例如 Prototype）添加这些类。

当用户按 Backspace 时代码提示列表消失。

(1)受支持的语言和技术

Dreamweaver 支持下列语言和技术的代码提示：

• HTML；

• CSS；

- DOM（文档对象模型）；
- JavaScript（包括自定义类提示）；
- Ajax；
- Spry；
- Adobe ColdFusion；
- JSP；
- PHPMySQL；
- ASP JavaScript；
- ASP VBScript；
- ASP. NET C♯；
- ASP. NET VB。

（2）显示代码提示菜单

在"代码"视图中键入时会自动显示代码提示菜单。但用户也可以手动显示代码提示菜单，而无需键入。

①在"代码"视图（"窗口"＞"代码"）中，确定标记内插入点的位置。

②按 Ctrl＋空格键。

（3）使用代码提示在"代码"视图中插入代码

①键入一段代码的开始部分。例如，若要插入标记，请键入右尖括号（＜）。若要插入属性，请将插入点放在紧跟标记名称后面的位置并按空格键。

将会出现一个项目（例如标签名称或属性名称）列表。

若要随时关闭该列表，请按 Esc。

②使用滚动条或向上键和向下键来滚动浏览该列表。

③若要插入列表中的项，请双击该项，或者选中它并按 Enter。

如果最近创建的 CSS 样式没有出现在 CSS 样式的代码提示列表中，请选择代码提示列表中的"刷新样式列表"。如果"设计"视图可见，则在选择"刷新样式"列表后，有时会临时在"设计"视图中显示无效的代码。若要从"设计"视图中删除该无效代码，请在完成插入样式后按 F5 进行刷新。

④若要插入结束标签，请键入＜/（斜杠）。

注：默认情况下，Dreamweaver 确定何时需要关闭标记以及是否自动插入。用户可以更改此默认行为，以便 Dreamweaver 在键入开始标记的结束尖括号（＞）后插入结束标记。或者，默认行为可以是不插入任何结束标记。选择"编辑"＞"首选参数"＞"代码提示"，然后选择其中一个"结束标签"选项。

（4）使用代码提示编辑标签

- 若要将某属性替换为不同的属性，请删除该属性及其值。然后按照前面介绍的步骤添加一个属性及其值。

- 若要更改某个值，请删除该值，然后按照前面介绍的步骤添加一个值。

（5）刷新 JavaScript 代码提示

当处理 JavaScript 文件时，Dreamweaver 会自动刷新可用代码提示的列表。例如，假设用户正在处理主 HTML 文件，并切换到 JavaScript 文件以进行更改。当返回到主 HTML 文件时，该更改会反映在代码提示列表中。但是，仅当在 Dreamweaver 中编辑 JavaScript 文件时才执行自动更新。

如果不在 Dreamweaver 中编辑 JavaScript 文件,请按 Control+period 刷新 JavaScript 代码提示。

(6)代码提示和语法错误

当 Dreamweaver 检测到代码中的语法错误时,代码提示有时会无法正常运行。Dreamweaver 可通过在页面顶部的栏中显示有关语法错误的信息来提示用户出现语法错误。语法错误信息栏可显示 Dreamweaver 在其中遇到错误的代码的首行。修复错误时,Dreamweaver 可继续显示随后发生的所有错误。

Dreamweaver 通过突出显示(红色)发生语法错误的行号来提供其他帮助。包含错误的文件的"代码"视图中会出现高亮显示。

Dreamweaver 不但显示当前页面的语法错误,而且显示相关页面的语法错误。例如,假设用户正在处理使用所有 JavaScript 文件的 HTML 页面。如果所包含的文件包含错误,则 Dreamweaver 也会为 JavaScript 文件显示警报。可以通过单击文档顶部的相关文件的名称轻松打开包含错误的相关文件。

可以通过单击代码编写工具栏中的"语法错误警报"按钮来禁用"语法错误"信息栏。

(7)设置代码提示首选参数

可以更改代码提示的默认首选参数。例如,如果用户不想显示 CSS 属性名或 Spry 代码提示,则可以在代码提示首选参数中取消选择它们。还可以设置代码提示延迟时间和结束标记的首选参数。

即使禁用代码提示,仍可以通过按 Ctrl+空格键在"代码"视图中显示弹出式提示。

①选择"编辑">"首选参数"。

②从左侧的"分类"列表中选择"代码提示"。

③设置以下任一选项:

结束标签指定希望 Dreamweaver 插入结束标签的方式。默认情况下,Dreamweaver 会自动插入结束标签(在键入字符</之后)。可以更改此默认行为,以便在键入开始标签的最后尖括号(>)之后插入结束标签,或者根本就不插入结束标签。

启用代码提示在"代码"视图中输入代码时显示代码提示。拖动"延迟"滑块来设置在显示适当的提示之前经过的时间(以秒为单位)。

启用描述工具提示显示所选代码提示的扩展描述(如果有)。

菜单设置在键入代码时具体要显示哪种类型的代码提示。用户可以使用全部或部分菜单。

2.站点特定的代码提示

Dreamweaver CS5 允许开发人员在代码视图中编写代码时,使用 Joomla、Drupal、Wordpress 或其他框架来查看 PHP 代码提示。若要显示这些代码提示,首先需要使用"站点特定的代码提示"对话框创建一个配置文件。该配置通知 Dreamweaver 有关查找特定于站点的代码提示的位置。

(1)创建配置文件

使用"站点特定的代码提示"对话框可创建在 Dreamweaver 中显示代码提示所需的配置文件。

默认情况下,Dreamweaver 将该配置文件存储在 Adobe Dreamweaver CS5\configuration\

Shared\Dinamico\Presets 目录中。

注：所创建的代码提示专门用于在 Dreamweaver 的"文件"面板中选择的站点。若要显示代码提示，正在处理的页面必须位于当前选定的站点中。

①选择"站点"＞"站点特定的代码提示"。

默认情况下，"站点特定的代码提示"功能会扫描站点以确定正在使用的内容管理系统(CMS)框架。Dreamweaver 默认支持三种框架：Drupal、Joomla 和 Wordpress。

使用"结构"弹出菜单右侧的四个按钮可以导入、保存、重命名或删除框架结构。

注：不能删除或重命名现有的默认框架结构。

②在子根文本框中，指定用于存储框架文件的子根文件夹。可以单击文本框旁边的文件夹图标以浏览到框架文件的位置。

Dreamweaver 将以文件树结构显示包含框架文件的文件夹。如果显示了要扫描的所有文件夹和/或文件，请单击"确定"以运行扫描。如果要自定义扫描，请转到下一步。

③单击"文件"窗口上方的加号（＋）按钮以选择要添加进行扫描的文件或文件夹。在"添加文件/文件夹"对话框中，用户可以指定要包括的特定文件扩展名。

注：指定特定文件扩展名可加快扫描过程的速度。

④若要将文件从扫描中删除，请选择不希望进行扫描的文件，然后单击"文件"窗口上方的减号（－）按钮。

注：如果选定的框架为 Drupal 或 Joomla，"站点特定的代码提示"对话框将显示另一条指向 Dreamweaver 配置文件夹中的文件的路径。不要删除此路径，使用这些框架时需要该路径。

⑤若要自定义"站点特定的代码提示"功能处理特定文件或文件夹的方式，请从列表中选择该文件或文件夹，然后执行以下操作之一：

• 选择"扫描此文件夹"以将选定的文件夹包括在扫描中。

• 选择"递归"以包括选定目录中的所有文件和文件夹。

• 单击"扩展名"按钮以打开"查找扩展名"对话框，可以在其中指定要包含在特定文件或文件夹扫描中的文件扩展名。

（2）保存站点结构

可以在"站点特定的代码提示"对话框中保存所创建的自定站点结构。

①创建所需要的文件和文件夹的结构，并根据需要添加和删除文件及文件夹。

②单击对话框右上角的"保存结构"按钮。

③指定站点结构的名称，然后单击"保存"。

注：如果所指定的名称已被使用，Dreamweaver 会提示用户输入其他名称，或者确认是否要覆盖具有相同名称的结构。不能覆盖任何默认框架结构。

（3）重命名站点结构

重命名站点结构时，请记住，不能使用三种默认站点框架结构中任何一种的名称，也不能使用字词"custom"。

①显示要重命名的结构。

②单击对话框右上角的"重命名结构"图标按钮。

③为该结构指定新名称，然后单击"重命名"。

注：如果所指定的名称已被使用，Dreamweaver 会提示用户输入其他名称，或者确认是否要覆盖具有相同名称的结构。不能覆盖任何默认框架结构。

(4)向站点结构添加文件或文件夹

用户可以添加与框架关联的任何文件或文件夹。在此之后,用户可以指定要扫描文件的文件扩展名。(请参阅下一节。)

①单击"文件"窗口上方的加号(＋)按钮以打开"添加文件/文件夹"对话框。

②在"添加文件/文件夹"文本框中,输入要添加的文件或文件夹的路径。用户也可以单击文本框旁边的文件夹图标以浏览到文件或文件夹。

③单击"扩展名"窗口上方的加号(＋)按钮,指定要扫描文件的文件扩展名。

注:指定特定文件扩展名可加快扫描过程的速度。

④单击"添加"。

(5)扫描站点中的文件扩展名

使用"查找扩展名"对话框可查看和编辑站点结构中包含的文件扩展名。

①在"站点特定的代码提示"对话框中,单击"扩展名"按钮。

"查找扩展名"对话框列出了当前可扫描的扩展名。

②若要向列表中添加其他扩展名,请单击"扩展名"窗口上方的加号(＋)按钮。

③若要从列表中删除扩展名,请单击减号(－)按钮。

3.使用编码工具栏插入代码

(1)确保用户处于"代码"视图中(视图＞代码)。

(2)确定插入点在代码中的位置,或选择一个代码块。

(3)单击编码工具栏中的一个按钮,或从工具栏的弹出菜单中选择一个菜单项。

若要了解每个按钮的功能,请将鼠标指针定位于按钮上直至出现工具提示。默认情况下编码工具栏中将显示以下按钮:

打开的文档　列出打开的文档。选择了一个文档后,它将显示在"文档"窗口中。

显示代码导航器　显示代码导航器。

折叠整个标签　折叠一组开始和结束标签之间的内容(例如,位于＜table＞和＜/table＞之间的内容)。用户必须将插入点放置在开始或结束标签中,然后单击"折叠整个标签"按钮折叠该标签。

通过将插入点放在开始或结束标签中,然后在按住 Alt 的同时单击"折叠整个标签"按钮,用户还可以折叠整个标签外部的代码。此外,在按住 Ctrl 的同时单击此按钮可禁用"智能折叠",这样 Dreamweaver 就不会调整它在整个标签外部折叠的内容。有关详细信息,请参见第 265 页的"关于折叠代码"。

折叠所选　折叠所选代码。

通过在按住 Alt 的同时单击"折叠选定内容"按钮,用户也可以折叠所选部分外部的代码。此外,在按住 Ctrl 的同时单击此按钮可禁用"智能折叠",这样,用户就可以准确地折叠所选内容,而不会被 Dreamweaver 篡改。

扩展全部　还原所有折叠的代码。

选择父标签　选择用户放置了插入点的那一行的内容及其两侧的开始和结束标签。如果用户反复单击此按钮且用户的标签是对称的,则 Dreamweaver 最终将选择最外面的 html 和/html 标签。

平衡大括弧　选择用户放置了插入点的那一行的内容及其两侧的圆括号、大括号或方括号。如果用户反复单击此按钮且两侧的符号是对称的,则 Dreamweaver 最终将选择该文档最外面的大括号、圆括号或方括号。

行号　用户可以在每个代码行的行首隐藏或显示数字。

高亮显示无效代码　用黄色高亮显示无效的代码。

信息栏中的"语法错误警报"　启用或禁用页面顶部提示用户出现语法错误的信息栏。当 Dreamweaver 检测到语法错误时,语法错误信息栏会指定代码中发生错误的那一行。此外,Dreamweaver 会在"代码"视图中文档的左侧突出显示出现错误的行号。默认情况下,信息栏处于启用状态,但仅当 Dreamweaver 检测到页面中的语法错误时才显示。

应用注释　使用户可以在所选代码两侧添加注释标签或打开新的注释标签。

•"应用 HTML 注释"将在所选代码两侧添加<!－和－>,如果未选择代码,则打开一个新标签。

•"应用//注释"将在所选 CSS 或 JavaScript 代码每一行的行首插入//,如果未选择代码,则单独插入一个//标签。

•"应用/＊＊/"将在所选 CSS 或 JavaScript 代码两侧添加/＊和＊/。

•"应用注释"适用于 Visual Basic 代码。它将在每一行 Visual Basic 脚本的行首插入一个单引号,如果未选择代码,则在插入点插入一个单引号。

•如果在处理 ASP、ASP. NET、JSP、PHP 或 ColdFusion 文件时选择了此"应用服务器注释"选项,则 Dreamweaver 会自动检测正确的注释标签并将其应用到所选内容。

删除注释　删除所选代码的注释标签。如果所选内容包含嵌套注释,则只会删除外部注释标签。

环绕标签　在所选代码两侧添加选自"快速标签编辑器"的标签。

最近的代码片断　使用户可以从"代码片断"面板中插入最近使用过的代码片断。有关详细信息,

移动或转换 CSS　使用户可以将 CSS 移动到另一位置,或将内联 CSS 转换为 CSS规则。

缩进代码　将选定内容向右移动。

凸出代码　将选定内容向左移动。

格式化源代码　将先前指定的代码格式应用于所选代码,如果未选择代码,则应用于整个页面。也可以通过从"格式化源代码"按钮中选择"代码格式设置"来快速设置代码格式首选参数,或通过选择"编辑标签库"来编辑标签库。

编码工具栏上提供的按钮数量取决于"文档"窗口中"代码"视图的大小。若要查看所有可用按钮,请调整"代码"视图窗口的大小或单击编码工具栏底部的展开箭头。

用户还可以编辑编码工具栏以显示更多按钮(例如"自动换行"、"隐藏字符"和"自动缩进")或隐藏用户不想使用的按钮。但是,要使用该功能,用户必须对生成工具栏的 XML 文件进行编辑。有关更多信息,请参见"扩展 Dreamweaver"。

注:在"查看"菜单中可以使用用于查看隐藏字符的选项("查看">"代码视图选项">"隐藏字符"),但它不是编码工具栏中的默认按钮。

4.使用"插入"面板插入代码

(1)确定插入点在代码中的位置。

(2)在"插入"面板中选择适当的类别。

(3)单击"插入"面板中的一个按钮,或者从"插入"面板中的弹出菜单中选择一个项目。

在用户单击一个图标时，代码可以立即出现在用户的页面中，或者显示一个对话框，要求用户提供完成该代码所需的更多信息。

若要了解每个按钮的功能，请将鼠标指针定位于按钮上直至出现工具提示。"插入"面板提供的按钮的数目和类型取决于当前文档的类型。同时还取决于用户正使用"代码"视图还是"设计"视图。

尽管"插入"面板提供常用标签的集合，但这一集合并不是很全面。若要从更全面的标签集合中进行选择，请使用"标签选择器"。

5. 使用标签选择器插入标签

使用"标签选择器"可以将 Dreamweaver 标签库（包括 ColdFusion 标签库和 ASP. NET 标签库）中的任何标签插入用户的页面中。

(1)确定插入点在代码中的位置，右键单击，然后选择"插入标签"。

即会显示"标签选择器"。左窗格包含支持的标签库的列表，右窗格显示选定标签库文件夹中的各个标签。

(2)从标签库选择标签类别，或者展开该类别并选择一个子类别。

(3)从右窗格中选择一个标签。

(4)若要在"标签选择器"中查看该标签的语法和用法信息，则单击"标签信息"按钮。如果有可用信息，会显示关于该标签的信息。

(5)若要在"参考"面板中查看该标签的相同信息，请单击＜？＞图标。如果有可用信息，会显示关于该标签的信息。

(6)若要将选定标签插入代码中，请单击"插入"。

如果该标签出现在右窗格中并带有尖括号（例如，＜title＞＜/title＞），那么它不会要求其他信息就立即插入到文档的插入点。

如果该标签确实需要其他信息，则会出现标签编辑器。

(7)如果标签编辑器打开，则输入其他信息并单击"确定"。

(8)单击"关闭"按钮。

6. 插入 HTML 注释

注释是用户在 HTML 代码中插入的描述性文本，用来解释该代码或提供其他信息。注释文本只在"代码"视图中出现，不会显示在浏览器中。

(1)在插入点插入注释

选择"插入"＞"注释"。

在"代码"视图中插入一个注释标签并且将插入点放在标签的中间。请键入用户的注释。

在"设计"视图中，将显示"注释"对话框。输入注释并单击"确定"。

(2)在设计视图中显示注释标记

选择"查看"＞"可视化助理"＞"不可见元素"。

确保在"不可见元素"首选参数中选择了"注释"选项，否则将不显示注释标记。

(3)编辑现有注释

• 在"代码"视图中查找注释并且编辑它的文本。

• 在"设计"视图中选择"注释"标记，并在"属性"检查器中编辑注释文本，然后单击"文档"窗口。

7.复制和粘贴代码

(1)从"代码"视图或其他应用程序中复制代码。

(2)将插入点直接置于"代码"视图中,然后选择"编辑">"粘贴"。

8.使用标签编辑器编辑标签

使用标签编辑器可以查看、指定和编辑标签的属性。

(1)右键单击"代码"视图中的标签或"设计"视图中的对象,然后从弹出菜单中选择"编辑标签"。(此对话框的内容根据所选的标签有所变化。)

(2)指定或编辑该标签的属性,然后单击"确定"。

若要获得与标签编辑器内的标签有关的详细信息,请单击"标签信息"。

9.使用"编码"上下文菜单编辑代码

(1)在"代码"视图中,选择一些代码然后右键单击。

(2)选择"所选区域"子菜单,并选择以下选项之一:

折叠选定　折叠所选代码。

折叠外部所选　折叠所选代码外部的所有代码。

扩展所选　展开所选代码片断。

折叠整个标签　折叠一组开始和结束标签之间的内容(例如,位于<table>和</table>之间的内容)。

折叠外部完整标签　折叠一组开始和结束标签外部的内容(例如,位于<table>和</table>外部的内容)。

扩展全部　还原所有折叠的代码。

应用 HTML 注释　在所选代码两侧添加"<！－"和"－>",如果未选择代码,则打开一个新标签。

应用"/＊""＊/"注释　将在所选 CSS 或 JavaScript 代码两侧添加"/＊"和"＊/"。

应用"//"注释　在所选 CSS 或 JavaScript 代码每一行的行首插入"//",或如果未选择代码,则单独插入一个"//"标签。

应用注释　将在每一行 VisualBasic 脚本的行首插入一个单引号,或如果未选择代码,则在插入点插入一个单引号。

应用服务器注释　添加到所选代码的两侧。如果在处理 ASP、ASP. NET、JSP、PHP 或 ColdFusion 文件时选择了此"应用服务器注释"选项,则 Dreamweaver 会自动检测正确的注释标签并将其应用到所选内容。

应用反斜杠注释 Hack　在所选 CSS 代码两侧添加注释标签,这将使 Internet Explorer5 for Macintosh 忽略此代码。

应用 Caio Hack　在所选 CSS 代码两侧添加注释标签,这将使 Netscape Navigator 4 忽略此代码。

删除注释删除所选代码的注释标签。如果所选内容包含嵌套注释,则只会删除外部注释标签。

删除反斜杠注释 Hack　删除所选 CSS 代码的注释标签。如果所选内容包含嵌套注释,则只会删除外部注释标签。

删除 Caio Hack　删除所选 CSS 代码的注释标签。如果选定内容包含嵌套注释,则只会删除外部注释标签。

将制表符转换为空格　将选定内容中的每一制表符转换为与"代码格式"首选参数中设置的"制表符大小"值相等的空格数。

将空格转换为制表符　将选定内容中的空格串转换成制表符。具有与制表符大小相等的空格数的每一串空格被转换成一个制表符。

缩进　缩进选定内容,将其向右移动。

凸出　将选定内容向左移动。

删除所有标签　删除选定内容中的所有标签。

将行转换为表　用不带属性的 table 标签来括起选定内容。

添加换行符　在选定内容的每行末尾添加 br 标签。

转换成大写　将选定内容(包括标签和属性的名称和值)中的所有字母转换成大写。

转换成小写　将选定内容(包括标签和属性的名称和值)中的所有字母转换成小写。

将标签转换成大写　将选定内容中的所有标签和属性名称及属性值转换成大写。

将标签转换成小写　将选定内容中的所有标签和属性名称及属性值转换成小写。

10. *使用属性检查器编辑服务器语言标签*

使用代码的属性检查器无需进入"代码"视图即可编辑服务器语言标签(例如 ASP 标签)中的代码。

(1)在"设计"视图中,选择服务器语言标签可见图标。

(2)在属性检查器中,单击"编辑"按钮。

(3)对标签代码进行更改,然后单击"确定"。

11. *缩进代码块*

在"代码"视图中或代码检查器中编写和编辑代码时,用户可以更改所选的代码块或代码行的缩进级别,方法是以制表符为单位向右或向左移动它们。

(1)缩进所选的代码块

• 按 Tab。

• 选择"编辑">"缩进代码"。

(2)取消缩进所选的代码块

• 按 Shift+Tab。

• 选择"编辑">"凸出代码"。

12. *导航到相关代码*

代码导航器可显示与页面上特定选定内容相关的代码源列表。使用代码导航器导航到相关的代码源,例如内部和外部 CSS 规则、服务器端包含、外部 JavaScript 文件、父模板文件、库文件和 iframe 源文件。在代码导航器中单击某一链接时,Dreamweaver 将打开包含相关代码片断的文件。如果启用该文件,则该文件将显示在相关文件区域。如果未启用相关的文件,则 Dreamweaver 将在"文档"窗口中将所选文件作为单独的文档打开。

当单击代码导航器中的 CSS 规则时,Dreamweaver 直接将用户转到该规则。如果该规则在文件内部,则 Dreamweaver 会在"拆分"视图中显示该规则。如果该规则位于外部 CSS 文件中,则 Dreamweaver 会打开该文件并在主文档上方的相关文件区域中显示该文件。

可以从"设计"、"代码"和"拆分"视图以及代码检查器访问代码导航器。

(1)打开代码导航器

按住 Alt 并单击页面上的任何位置。代码导航器可显示指向影响所单击区域的代码的链接。

在代码导航器的外部单击以将其关闭。

注:还可以通过单击代码导航器指示器来打开代码导航器。当鼠标空闲2秒钟时,该指示器将显示在页面上插入点的旁边。

(2)使用代码导航器导航到代码

①从用户感兴趣的页面区域打开代码导航器。

②单击要转到的代码片断。

代码导航器根据文件对相关的代码源分组并按字母顺序列出文件。例如,假设三个外部文件中的CSS规则影响文档中的选定内容。在这种情况下,代码导航器会列出这三个文件以及与选定内容相关的CSS规则。对于与给定内容相关的CSS,代码导航器功能类似于当前模式中的"CSS样式"面板。

当鼠标悬停在指向CSS规则的链接上方时,代码导航器将显示该规则中属性的工具提示。当要区分共享同一名称的多个规则时,这些工具提示非常有用。

(3)禁用代码导航器指示器

①打开代码导航器。

②选择右下角的"禁用指示器"。

③在代码导航器的外部单击以将其关闭。

若要重新启用代码导航器指示器,请按住Alt并单击以打开代码导航器和取消选择"禁用指示器"选项。

13.转到JavaScript或VBScript函数

在"代码"视图和"代码"检查器中,用户都可以查看代码中所有JavaScript或VBScript函数的列表,并跳转到其中的任意函数。

(1)在"代码"视图("查看">"代码")或代码检查器("窗口">"代码检查器")中查看文档。

(2)请执行下列操作之一:

• 在"代码"视图中,右键单击"代码"视图中的任何位置,然后从上下文菜单中选择"函数"子菜单。

"设计"视图中不显示"函数"子菜单。

代码中的所有JavaScript或VBScript函数都会显示在子菜单中。

若要以字母顺序查看列出的函数,请在"代码"视图中按住Ctrl右键单击,然后选择"函数"子菜单。

• 在"代码"检查器中,请在工具栏上单击"代码导航"按钮(﹛﹜)。

(3)选择某个函数名称以跳转至代码中的该函数。

14.提取JavaScript

JavaScript Extractor(JSE)删除Dreamweaver文档中的所有或大多数JavaScript,将其导出到外部文件并将该外部文件链接到用户的文档。JSE也可以删除代码中的事件处理函数(如onclick和onmouseover),然后以非干扰方式将与这些处理函数关联的JavaScript附加到用户的文档。

使用JavaScript Extractor之前应了解它的以下限制:

• JSE不提取文档正文中的脚本标记(但Spry Widget除外)。将这些脚本外置可能导致异常结果。默认情况下,Dreamweaver 会在"将 JavaScript 外置"对话框中列出这些脚本,但不会选择这些脚本进行提取。(如果需要,可以手动选择这些脚本。)

• JSE 不从. dwt(Dreamweaver 模板)文件的可编辑区域、模板实例的非可编辑区域或 Dreamweaver 库项目中提取 JavaScript。

• 在使用"将 JavaScript 外置并以非干扰方式进行附加"选项提取 JavaScript 后,不能再在"行为"面板中编辑 Dreamweaver 行为。Dreamweaver 不能用以非干扰方式附加的行为检查和填充"行为"面板。

• 一旦关闭页面后,用户无法撤销更改。但只要用户保留在同一个编辑会话中,就可以撤销更改。选择"编辑">"撤销将 JavaScript 外置"可以撤销更改。

• 某些非常复杂的页面可能不能正常工作。从正文中具有 document. write()和使用全局变量的页面中提取 JavaScript 时应当小心。

使用 JavaScriptExtractor:

(1)打开包含 JavaScript 的页面(例如 Spry 页)。

(2)选择"命令">"将 JavaScript 外置"。

(3)在"将 JavaScript 外置"对话框中,根据需要编辑默认选定范围。

• 如果希望 Dreamweaver 将任何 JavaScript 移动到外部文件并在当前文档中引用该文件,请选择"仅将 JavaScript 外置"。此选项将事件处理函数(如 onclick 和 onload)保留在文档中,并使行为在"行为"面板中保持可见。

• 如果希望 Dreamweaver:将 JavaScript 移动到外部文件并在当前文档中引用该文件;从 HTML 中删除事件处理函数并在运行时使用 JavaScript 插入这些事件处理函数。请选择"将 JavaScript 外置并以非干扰方式进行附加"。选择此选项后,不能再在"行为"面板中编辑行为。

• 在"编辑"列中,取消选择任何不希望进行的编辑,或者选择默认情况下 Dreamweaver 未选择的编辑。

默认情况下,Dreamweaver 列出但不选择以下编辑:

• 文档头中包含 document. write()或 document. writeln()调用的脚本块。

• 文档头中包含与已知使用 document. write()的 EOLAS 处理编码相关的函数签名的脚本块。

• 文档正文中的脚本块,除非这些块仅包含 Spry Widget 或 Spry 数据集构造函数。

• Dreamweaver 会自动为没有 ID 的元素指定 ID。如果用户不喜欢这些 ID,可以通过编辑 ID 文本框进行更改。

(4)单击"确定"。

摘要对话框提供提取内容的摘要。查看提取内容并单击"确定"。

(5)保存该页面。

Dreamweaver 将创建一个 SpryDOMUtils. js 文件和另一个包含所提取的 JavaScript 的文件。Dreamweaver 会将 SpryDOMUtils. js 文件保存在站点之中的 SpryAssets 文件夹中,并将另一个文件保存在从中提取 JavaScript 的页面所在的同一级别。在上传原始页面时,不要忘记将这两个相关文件上传到 Web 服务器。

15.使用代码片断

使用代码片断,用户可以存储内容以便快速重复使用。用户可以创建、插入、编辑或删除 HTML、JavaScript、CFML、ASP、PHP 等的代码片断。用户还可以管理用户的代码片断并与小组成员共享。有一些可用作起始点的预定义代码片断。

包含＜font＞标签和其他越来越少使用的元素和属性的代码片断均位于"代码片断"面板的 Legacy 文件夹中。

（1）插入代码片断

①将插入点放在希望插入代码片断的位置，或选择要括起代码片断的代码。

②在"代码片断"面板（"窗口"＞"代码片断"）中，双击该代码片断。

用户还可以右键单击该代码片断，然后从弹出菜单中选择"插入"。

（2）创建代码片断

①在"代码片断"面板中，单击该面板底部的"新建代码片断"图标。

②输入代码片断的名称。

注：代码片断名称不能包含在文件名中无效的字符，如斜杠（/或\）、特殊字符或双引号（"）。

③（可选）输入代码片断的描述性文本。描述性文本可以使其他小组成员更易于使用代码片断。

④对于"代码片断类型"，选择"环绕选定内容"或"插入块"。

• 如果用户选择"环绕选定内容"，则按照以下选项添加代码：

前插入　键入或粘贴要在当前选定内容前插入的代码。

后插入　键入或粘贴要在当前选定内容后插入的代码。

若要设置块的默认间距，请使用换行符；在文本框内按 Enter。

注：由于代码片断只能作为开始块和结束块创建，因此可以使用它们括起其他标签和内容。这十分适用于插入特殊格式、链接、导航元素和脚本块。只需高亮显示用户要括起的内容，然后插入代码片断。

• 如果用户选择"插入块"，则通过键入或粘贴用户的代码来插入。

⑤（可选）选择一种"预览类型"："代码"或"设计"。

设计　呈现代码并在"代码片断"面板的"预览"窗格中显示。

代码　在"预览"窗格中显示代码。

⑥单击"确定"。

（3）编辑或删除代码片断

在"代码片断"面板中，选择一个代码片断并单击面板底部的"编辑代码片断"按钮或"删除"按钮。

（4）创建代码片断文件夹和管理代码片断

①在"代码片断"面板中，单击该面板底部的"新建代码片断文件夹"按钮。

②根据需要将代码片断拖入新文件夹或其他文件夹中。

（5）添加或编辑代码片断的键盘快捷键

①在"代码片断"面板中，右键单击，然后选择"编辑快捷键"。

将出现"键盘快捷键编辑器"。

②在"命令"弹出菜单中，选择"代码片断"。

将出现一个代码片断列表。

③选择一个代码片断并为其指定一个键盘快捷键。

（6）与小组其他成员共享代码片断

①查找与用户要在 Dreamweaver 应用程序文件夹的 Configuration/Snippets 文件夹中共享的代码片断相对应的文件。

②将该代码片断文件复制到用户的计算机或网络计算机上的共享文件夹中。

③让小组中的其他成员将该代码片断文件复制到他们自己的 Configuration/Snippets 文件夹中。

16.在代码中搜索标签、属性或文本

用户可以搜索特定的标签、属性和属性值。例如，用户可以搜索不带 alt 属性的所有 img 标签。

用户也可以搜索在一组容器标签内或不在一组容器标签内的特定文本字符串。例如，用户可以搜索包含在 title 标签内的单词 Untitled，以找到用户的站点上的所有无标题页。

（1）打开要在其中搜索内容的文档，或在"文件"面板中选择文档或文件夹。

（2）选择"编辑">"查找和替换"。

（3）指定要在其中搜索内容的文件，然后指定要执行的搜索类型以及要搜索的文本或标签。此外，还可以指定替换文本。然后单击某个"查找"按钮或"替换"按钮。

（4）单击"关闭"按钮。

（5）若要再次搜索而不显示"查找和替换"对话框，请按 F3。

17.保存和重新调用搜索模式

可以保存搜索模式并在以后重复使用。

（1）保存搜索模式

①在"查找和替换"对话框（"编辑">"查找和替换"）中，设置搜索参数。

②单击"保存查询"按钮（磁盘图标）。

③在出现的对话框中，定位到要用来保存查询的文件夹。然后键入一个用来标识该查询的文件名并单击"保存"。

例如，如果搜索模式涉及查找不带 alt 属性的 img 标签，则用户可以将该查询命名为 img_no_alt.dwr。

注：保存的查询具有.dwr 文件扩展名。一些用旧版本 Dreamweaver 保存的查询的扩展名可能是.dwq。

（2）重新调用搜索模式

①选择"编辑">"查找和替换"。

②单击"装载查询"按钮（文件夹图标）。

③定位到保存用户的查询的文件夹。然后选择一个查询文件，并单击"打开"。

④单击"查找下一个"、"查找全部"、"替换"或"替换全部"以启动搜索。

18.使用语言参考资料

"参考"面板为用户提供了标记语言、编程语言和 CSS 样式的快速参考工具。它提供了有关用户在"代码"视图（或代码检查器）中处理的特定标签、对象和样式的信息。"参考"面板还提供了可粘贴到文档中的示例代码。

（1）打开参考面板

①请在"代码"视图中执行以下操作之一：

• 右键单击某个标签、属性或关键字，然后从上下文菜单中选择"参考"。

• 将插入点放在标签、属性或关键字中,然后按 Shift+F1。

"参考"面板打开并显示与用户所单击的标签、属性或关键字有关的信息(见图 4-1)。

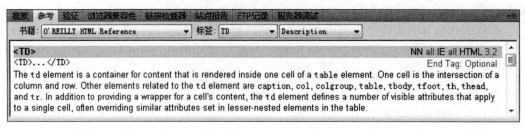

图 4-1　打开参考面板

②若要调整"参考"面板中文本的大小,请从选项菜单(面板右上角的小箭头)中选择"大字体"、"中等字体"或"小字体"。

(2)将示例代码粘贴到文档中

①单击参考内容的示例代码中的任意位置。

将会高亮显示整个代码示例。

②选择"编辑">"复制",然后将示例代码粘贴到"代码"视图内的文档中。

(3)在参考面板中浏览参考内容

①若要显示来自其他书籍的标签、对象或样式,请从"书籍"弹出菜单中选择不同的书籍。

②若要查看有关某个具体项目的信息,请从"标签"、"对象"、"样式"或"CFML"弹出菜单(具体取决于所选的书籍)中选择该项目。

③若要查看有关所选项目某个属性的信息,请从"标签"、"对象"、"样式"或"CFML"弹出菜单旁边的弹出菜单中选择该属性。

该菜单包含用户选择的项目的属性列表。默认选择是"Description",它显示所选项目的说明。

19.打印代码

可以打印代码以用于脱机编辑、存档或分发。

(1)在"代码"视图中打开一个页面。

(2)选择"文件">"打印代码"。

(3)指定打印选项,然后单击"确定"。

4.2.5　折叠代码

1.关于折叠代码

用户可以折叠和扩展代码片断,这样无须使用滚动条即可查看文档的不同部分。例如,若要查看应用于页面下方较远处的 DIV 标签的 head 标签中的所有 CSS 规则,用户可以折叠 head 标签和 DIV 标签之间的所有内容,这样就可以同时看到两部分代码。尽管可以通过在"设计"视图或"代码"视图中来选择代码片断,但只能在"代码"视图中折叠代码。

注:依据 Dreamweaver 模板创建的文件将以完全展开的形式显示所有代码,即使模板文件(.dwt)包含折叠的代码片断也是如此。

2.折叠和展开代码片断

当用户选择了代码后,将会在所选代码的旁边显示一组折叠按钮。单击这些按钮可折叠和展开所选代码。折叠了代码后,折叠按钮将变为展开按钮。

有时,不会准确折叠用户所选的代码片断。Dreamweaver 使用"智能折叠"来折叠最常用和视觉效果很好的选定内容。例如,如果用户选择了一个缩进标签并且选择了该标签之前的缩进空格,则 Dreamweaver 将不会折叠缩进的空格,因为大多数用户希望保留缩进。若要禁用智能折叠,并强制 Dreamweaver 准确折叠选定的内容,用户可在折叠代码之前按住 Ctrl。

此外,如果片断中包含错误或特定浏览器不支持的代码,则会在折叠的代码片断上放置一个警告图标。

用户也可以通过在按住 Alt 的同时单击其中一个折叠按钮或单击"编码"工具栏中的"折叠选定内容"按钮折叠该代码。

①选择一些代码。

②选择"编辑">"代码折叠"并选择任一选项。

(1)选择折叠的代码片断

在"代码"视图中单击折叠代码片断。

注:当用户在"设计"视图中选定的内容是折叠代码片断的一部分时,该片断将会在"代码"视图中自动展开。当用户在"设计"视图中选定的内容是一个完整的代码片断时,"代码"视图中的片断将保持折叠状态。

(2)查看折叠代码片断中的代码而不展开该代码片断

将鼠标指针悬停在折叠代码片断的上方。

(3)使用键盘快捷键折叠和展开代码

还可以使用表 4-3 所列的键盘快捷键。

表 4-3　键盘快捷键

命　令	Windows
折叠选定内容	Ctrl＋Shift＋C
折叠外部所选	Ctrl＋Alt＋C
扩展所选	Ctrl＋Shift＋E
折叠整个标签	Ctrl＋Shift＋J
折叠外部完整标签	Ctrl＋Alt＋J
扩展全部	Ctrl＋Alt＋E

3. 粘贴和移动折叠的代码片断

用户可以复制和粘贴折叠的代码片断,或通过拖动来移动折叠的代码片断。

(1)复制和粘贴折叠的代码片断

①选择折叠代码片断。

②选择"编辑">"复制"。

③将插入点放在要粘贴代码的地方。

④选择"编辑">"粘贴"。

注:可以粘贴到其他应用程序中,但将不会保留代码片断的折叠状态。

(2)拖放折叠代码片断

①选择折叠代码片断。

②将选定内容拖动到新位置。

若要拖动选定内容的副本,请按住 Ctrl 拖动。

注:不可拖动到其他文档。

4.2.6　优化和调试代码

1.清理代码

用户可以自动删除空标签，合并嵌套 font 标签，以及通过其他方法改善杂乱或难以辨识的 HTML 或 XHTML 代码。

(1)打开一个文档：

- 如果该文档为 HTML 格式，请选择"命令"＞"清理 HTML"。
- 如果该文档为 XHTML 格式，请选择"命令"＞"清理 XHTML"。

对于 XHTML 文档，"清理 XHTML"命令可以修正 XHTML 的语法错误、将标签属性的大小写特性设置为小写，并且，除了执行 HTML 清理操作外，还可以添加或报告标签所缺少的必需属性。

(2)在出现的对话框中，选择任一选项并单击"确定"。

注：根据文档大小和所选选项数目的不同，可能需要几秒钟完成清理。

删除空容器标签　用于删除标签对之间没有任何内容的标签。例如，＜b＞＜/b＞和＜fontcolor="＃FF0000"＞＜/font＞是空标签，但＜b＞某些文本＜/b＞中的＜b＞标签则不是空标签。

移除多余的嵌套　用于删除某个标签的所有多余实例。例如，在代码＜b＞This is what I＜b＞really＜/b＞wanted to say＜/b＞中，really 一词两侧的 b 标签为多余的标签，将被删除。

移除不属于 Dreamweaver HTML 注释　用于删除所有并非由 Dreamweaver 插入的注释。例如，＜!－begin body text－＞会被删除，但＜!－TemplateBeginEditablename="doctitle"－＞不会被删除，因为它是对模板中可编辑区域的开头进行标记的 Dreamweaver 注释。

移除 Dreamweaver 特殊标记　用于删除 Dreamweaver 添加到代码中的注释，这些注释允许在更新模板和库项目时自动更新文档。如果在基于模板的文档中清除代码时选择此选项，文档将与模板分离。

移除指定的标签用于删除相邻文本框中指定的标签。使用此选项可删除由其他可视化编辑器插入的自定义标签以及其他用户不希望在站点中出现的标签（例如，blink）。请用逗号分隔多个标签（例如，font，blink）。

尽可能合并嵌套＜font＞标签　用于合并两个或多个控制相同范围文本的 font 标签。例如，＜font size="7"＞＜font color="＃FF0000"＞big red＜/font＞＜/font＞将被更改为＜font size="7"color="＃FF0000"＞big red＜/font＞。

完成后显示记录用于在完成清理时显示一个警告框，其中包含有关文档改动的详细信息。

2.验证标签和大括号是否对称

用户可以检查以确保页面上的圆括号(())、大括号({})和方括号([])是对称的。对称的意思是每个开始的标签、圆括号、大括号和方括号有相应的结束部分，反之亦然。

(1)检查标签是否对称

①在"代码"视图中打开该文档。

②将插入点放在嵌套代码中要进行检查的地方。

③选择"编辑">"选择父标签"。

在代码中选中两侧的匹配标签(以及它们之间的内容)。如果用户继续选择"编辑">"选择父标签"且用户的标签已对称,则最终 Dreamweaver 将选择最外面的 html 和/html 标签。

(2)检查圆括号、大括号和方括号是否对称

①在"代码"视图中打开该文档。

②将插入点放在代码中要进行检查的地方。

③选择"编辑">"平衡大括弧"。

此时将选中包含在圆括号、大括号和方括号之间的所有代码。再次选择"编辑">"平衡大括弧",选中在新选定内容中包含在圆括号、大括号和方括号之间的所有代码。

3.检查浏览器的兼容性

浏览器兼容性检查(BCC)功能可以帮助用户定位能够触发浏览器呈现错误的 HTML 和 CSS 组合。此功能还可测试文档中的代码是否存在目标浏览器不支持的任何 CSS 属性或值。

注:此功能取代了以前的"目标浏览器检查"功能,但是保留该功能中的 CSS 功能部分。

4.验证标签

"验证标签"功能("文件">"验证")从 Dreamweaver CS5 开始已被弃用。但是,Dreamweaver 仍能验证 XML 和 ColdFusion 文档。

用户可以设置验证程序的首选参数、验证程序应该检查的特定问题、以及验证程序应该报告的错误类型。

(1)请执行下列操作之一:

• 对于 XML 或 XHTML 文件,选择"文件">"验证">"为 XML"。

• 对于 ColdFusion 文件,选择"文件">"验证">"ColdFusion"。

"结果"面板的"验证"选项卡将显示"没有错误或警告"消息,或者列出找到的语法错误。

(2)双击某一错误信息可将此错误在文档中高亮显示。

(3)若要将此报告保存为 XML 文件,请单击"保存报告"按钮。

(4)若要在主浏览器(该浏览器允许用户打印报告)中查看报告,请单击"浏览报告"按钮。

4.2.7　在设计视图中编辑代码

1.关于在设计视图中编辑代码

Dreamweaver 允许用户以可视方式创建和编辑 Web 页,而不用担心基础源代码,但有时用户可能需要编辑代码以便更好地控制 Web 页或解决 Web 页的问题。Dreamweaver 允许用户在使用"设计"视图时编辑部分代码。

2.在设计视图中选择子标签

如果用户在"设计"视图中选择了一个包含子标签的对象(例如 HTML 表格),用户可通过选择"编辑">"选择子标签"快速选择该对象的第一个子标签。

注:此命令仅在"设计"视图中启用。

例如,<table>标签通常有<tr>子标签。如果用户在标签选择器中选择<table>标签,用户可通过选择"编辑">"选择子标签"选择表格中的第一行。Dreamweaver 在标签选择器中选择第一个<tr>标签。由于<tr>标签自身有子标签,即<td>标签,选择"编辑"

＞"选择子标签"会再次选择表格中的第一个单元格。

3.使用属性检查器编辑代码

用户可以使用属性检查器检查并编辑页面上文本或对象的属性。属性检查器中显示的属性通常对应于标签的属性;在属性检查器中更改属性通常与在"代码"视图中更改相应的属性具有相同的效果。

注:使用"标签"检查器和"属性"检查器都可以查看和编辑标签的属性。使用"标签"检查器可以查看和编辑与给定标签相关的每个属性。属性检查器只显示最常用的属性,但提供了一组更丰富的用于更改这些属性的值的控件,并允许用户编辑不对应于特定标签的某些对象(如表格列)。

(1)在文本中单击或选择页面上的对象。

文本或对象的属性检查器显示在"文档"窗口的下方。如果看不到属性检查器,请选择"窗口"＞"属性"。

(2)在属性检查器中对属性进行更改。

4.使用属性检查器编辑 CFML

使用属性检查器可以在"设计"视图中检查和修改 ColdFusion 标记。

(1)在属性检查器中,单击"属性"按钮以编辑标签的属性或添加新属性。

(2)如果该标签在其开始标签和结束标签之间有内容,则单击"内容"按钮以编辑该内容。只有当选定标签不是空标签时(即它具有开始标签和结束标签),才显示"内容"按钮。

(3)如果该标签包含条件表达式,则在"表达式"框中对表达式进行更改。

5.使用标签检查器更改属性

使用"标签"检查器可以编辑或添加属性及属性值。用户可以使用"标签"检查器在属性表(与其他集成开发环境(IDE)中提供的属性表类似)中编辑标签和对象。

(1)在"文档"窗口中,请执行下列操作之一:

• 在"代码"视图(或"代码"检查器)中,单击标签名称或其内容中的任何位置。

• 在"设计"视图中,选择一个对象,或在"标签"选择器中选择一个标签。

(2)打开"标签"检查器("窗口"＞"标签检查器"),然后选择"属性"选项卡。

所选对象的属性及其当前值出现在"标签"检查器中。

(3)在"标签"检查器中执行以下任意操作:

• 若要查看按类别组织的属性,请单击"显示类别视图"按钮 。

• 若要在按字母排序的列表中查看属性,请单击"显示列表视图"按钮 。

• 若要更改属性的值,请选择该值然后进行编辑。

• 若要为没有值的属性添加一个属性值,请单击属性右侧的属性值列并添加一个值。

• 如果该属性采用预定义的值,请从属性值列右侧的弹出菜单(或颜色选择器)中选择一个值。

• 如果属性采用 URL 值,请单击"浏览"按钮或使用"指向文件"图标选择一个文件,或者在框中键入 URL。

• 如果该属性采用来自动态内容源(如数据库)的值,请单击属性值列右侧的"动态数据"按钮。然后选择一个源。

• 若要删除属性值,请选择该值然后按 Backspace。

• 若要更改属性的名称,请选择该属性名称然后进行编辑。

注：如果更改了一个标准属性的名称然后为该属性添加了一个值，则该属性及其新值将移到相应的类别中。

· 若要添加未列出的新属性，请单击列出的最后一个属性名称下方的空白位置，然后键入一个新的属性名称。

（4）按 Enter，或者单击"标签"检查器中的其他位置，以更新文档中的标签。

6.快速标签编辑器概述

用户可以使用快速标签编辑器在不退出"设计"视图的情况下快速检查、插入和编辑 HTML 标签。

如果用户在快速标签编辑器中键入了无效的 HTML，Dreamweaver 将根据需要尝试通过插入结束引号和结束尖括号帮助用户修改该 HTML。

若要设置快速标签编辑器选项，请按"Ctrl＋T"打开快速标签编辑器。

快速标签编辑器具有三种模式：

· 插入 HTML 模式用于插入新的 HTML 代码。

· "编辑标签"模式用于编辑现有标签。

· "环绕标签"模式用新标签括起当前选定内容。

注：快速标签编辑器打开时所采用的模式取决于"设计"视图中当前的选定内容。

在所有三种模式中，使用快速标签编辑器的基本过程是相同的：打开编辑器，输入或编辑标签和属性，然后关闭编辑器。

用户可以在快速标签编辑器处于活动状态的情况下，通过按"Ctrl＋T"在不同模式间切换。

7.使用快速标签编辑器编辑代码

使用快速标签编辑器可以在不退出"设计"视图的情况下快速插入和编辑 HTML 标签。

（1）插入 HTML 标签

①在"设计"视图中，在页面上单击以将插入点放置于用户要插入代码的位置。

②按"Ctrl＋T"。

快速标签编辑器以"插入 HTML"模式打开。如图 4-2 所示。

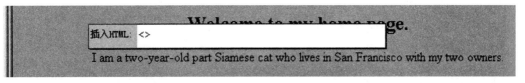

图 4-2　插入 HTML 标签

③输入 HTML 标签并按 Enter。

该标签被插入到代码中，同时还插入相匹配的结束标签（如果适用）。

④按 Esc 以在不进行任何更改的情况下退出。

（2）编辑 HTML 标签

①在"设计"视图中选择一个对象。

用户还可以从"文档"窗口底部的标签选择器中选择要编辑的标签。

②按"Ctrl＋T"。

快速标签编辑器以"编辑标签"模式打开。

③输入新属性，编辑现有属性，或者编辑标签的名称。

④按 Tab 可以从一个属性前移到下一个属性;按 Shift+Tab 可以返回到上一个属性。

注:默认情况下,按 Tab 或 Shift+Tab 后更改将应用于文档。

⑤若要关闭快速标签编辑器并应用所有更改,请按 Enter。

⑥若要退出且不再进行任何更改,请按 Esc。

(3)使用 HTML 标签括起当前选定内容

①在"设计"视图中选择不含格式的文本或对象。

注:如果用户选择包括开始或结束 HTML 标签的文本或对象,则快速标签编辑器将以"编辑标签"模式打开,而不以"环绕标签"模式打开。

②按"Ctrl+T",或者在属性检查器中单击"快速标签编辑器"按钮。

快速标签编辑器以"环绕标签"模式打开。

③输入一个开始标签,如 strong,然后按 Enter。

该标签将插入到当前选定内容的起始处,并在结尾处插入匹配的结束标签。

④若要退出并且不进行任何更改,请按 Esc。

8.在快速标签编辑器中使用提示菜单

快速标签编辑器包含属性提示菜单,该菜单列出了用户正编辑或插入的标签的所有有效属性。

用户还可以在快速标签编辑器中禁用提示菜单或调整菜单弹出前的延迟。

若要查看列出标签有效属性的提示菜单,请在快速标签编辑器中编辑属性名称时暂停片刻。将出现一个提示菜单,其中列出了用户正编辑的标签的所有有效属性。

同样,若要查看列出有效标签名称的提示菜单,请在快速标签编辑器中输入或编辑标签名称时暂停片刻。

注:快速标签编辑器代码提示首选参数由普通代码提示首选参数控制。

(1)使用提示菜单

①请执行下列操作之一:

· 首先键入一个标签或属性名称。"代码提示"菜单中的选定内容将跳转到以用户键入的字母开头的第一项。

· 使用向上键和向下键选择一项。

· 使用滚动条查找一项。

②按 Enter 插入选定项,或者双击一项将其插入。

③若要不插入项即关闭提示菜单,请按 Esc 或继续键入。

(2)禁用提示菜单或更改提示菜单出现前的延迟

①选择"编辑">"首选参数",然后选择"代码提示"。

出现"代码提示首选参数"对话框。

②若要禁用提示菜单,请取消选择"启用代码提示"选项。

③若要更改菜单出现前的延迟,请调整"延迟"滑块,然后单击"确定"。

9.使用标签选择器编辑代码

用户可以在不退出"设计"视图的情况下使用标签选择器选择、编辑或删除标签。标签选择器位于"文档"窗口底部的状态栏中并显示一系列标签,如下所示:

(1)编辑或删除标签

<body><form><table><tr>

①在文档中单击。

在插入点应用的标签显示在标签选择器中。

②在标签选择器中右键单击标签。

③若要编辑标签,请从菜单中选择"编辑标签"。在快速标签编辑器中进行更改。

④若要删除标签,请从菜单中选择"删除标签"。

(2)选择对应于标签的对象

①在文档中单击。

在插入点应用的标签显示在标签选择器中。

②在标签选择器中单击某标签。

由该标签表示的对象在页面上被选中。

使用此方法可以选择单独的表格行(tr标签)或单元格(td标签)。

10.在设计视图中编写和编辑脚本

用户可以通过下列方式在"代码"视图和"设计"视图中使用客户端JavaScript和VBScript:

- 在不退出"设计"视图的情况下,为页面写入JavaScript或VBScript脚本。
- 在不退出"设计"视图的情况下,在文档中创建指向外部脚本文件的链接。
- 在不退出"设计"视图的情况下编辑脚本。

在开始之前,请选择"查看">"可视化助理">"不可见元素",以确保页面上显示脚本标记。

(1)写入客户端脚本

①将插入点置于用户需要脚本的地方。

②选择"插入">HTML>"脚本对象">"脚本"。

③从"语言"弹出菜单中选择脚本语言。

如果用户使用的是JavaScript并且不能确定所使用的版本,请选择JavaScript而不是JavaScript1.1或JavaScript1.2。

④在"内容"框中键入或粘贴脚本代码。

用户不需要包括开始和结束script标签。

⑤在"无脚本"框中键入或粘贴HTML代码。不支持所选脚本语言的浏览器将显示此代码,而不是运行脚本。

⑥单击"确定"。

(2)链接到外部脚本文件

①将插入点置于用户需要脚本的地方。

②选择"插入">HTML>"脚本对象">"脚本"。

③单击"确定",不在"内容"框中键入任何内容。

④在"文档"窗口的"设计"视图中选择脚本标记。

⑤在属性检查器中,单击文件夹图标并浏览选择一个外部脚本文件,或在"源文件"框中键入文件名。

(3)编辑脚本

①选择脚本标记。

②在属性检查器中,单击"编辑"按钮。

该脚本将显示在"脚本属性"对话框中。

如果用户链接到外部脚本文件,则该文件在"代码"视图中打开,用户可以在其中进行编辑。

注:如果脚本标签间存在代码,则将打开"脚本属性"对话框,即使还有指向外部脚本文件的链接也是如此。

③在"语言"框中,指定 JavaScript 或 VBScript 作为脚本语言。

④在"类型"弹出菜单中,指定脚本的类型:客户端或服务器端。

⑤(可选)在"源文件"框中,指定外部链接的脚本文件。

单击文件夹图标 📁 或"浏览"按钮选择一个文件,或者键入路径。

⑥编辑脚本并单击"确定"。

(4)在设计视图中编辑 ASP 服务器端脚本

使用 ASP 脚本的属性检查器可以在"设计"视图中检查和修改 ASP 服务器端脚本。

①在"设计"视图中,选择服务器语言标签可见图标。

②在 ASP 脚本属性检查器中,单击"编辑"按钮。

③编辑 ASP 服务器端脚本并单击"确定"。

11.使用属性检查器编辑页面上的脚本

(1)在属性检查器中,从语言弹出菜单中选择脚本语言,或者在"语言"框中键入语言名称。

注:如果用户使用的是 JavaScript 并且不能确定所使用的版本,请选择 JavaScript 而不是 JavaScript1.1 或 JavaScript1.2。

(2)在"类型"弹出菜单中,指定脚本的类型:客户端或服务器端。

(3)(可选)在"源文件"框中,指定外部链接的脚本文件。单击文件夹图标 📁 以选择该文件,或者键入路径。

(4)单击"编辑"以修改脚本。

12.使用 JavaScript 行为

用户可以使用"标签"检查器的"行为"选项卡轻松地将 JavaScript(客户端)行为附加到页面元素。

4.2.8　使用页面的文件头内容

页面包含一些描述页面中所包含信息的元素,搜索浏览器可使用这些信息。用户可以设置 head 元素的属性来控制标识页面的方式。

1.查看和编辑文件头内容

可以使用"查看"菜单、"文档"窗口的"代码"视图或代码检查器查看文档的 head 部分中的元素。

(1)查看文档的文件头部分中的元素

选择"查看">"文件头内容"。对于 head 内容的每一个元素,"设计"视图中的"文档"窗口顶部都有一个标记。

注:如果"文档"窗口设置为仅显示"代码"视图,则"查看">"文件头内容"将变灰和无法使用。

(2)将元素插入文档的文件头部分

①从"插入">"HTML">"文件头标签"子菜单中选择一项。

②在出现的对话框中或在属性检查器中输入元素的选项。

（3）编辑文档的文件头部分中的元素

①选择"查看"＞"文件头内容"。

②单击 head 部分中的图标之一以将其选中。

③在属性检查器中设置或修改元素的属性。

2.设置页面的 meta 属性

meta 标签是记录当前页面的相关信息（例如字符编码、作者、版权信息或关键字）的 head 元素。这些标签也可以用来向服务器提供信息，例如页面的失效日期、刷新间隔和 PICS 等级。（PICS 是 Internet 内容选择平台，它提供了向 Web 页分配等级（如电影等级）的方法。）

（1）添加 meta 标签

①选择"插入"＞"HTML"＞"文件头标签"＞"Meta"。

②在出现的对话框中指定属性。

（2）编辑现有 meta 标签

①选择"查看"＞"文件头内容"。

②选择显示在"文档"窗口顶部的 Meta 标记。

③在属性检查器中指定属性。

（3）Meta 标签属性

按如下方式设置 meta 标签属性：

属性　指定 meta 标签是否包含有关页面的描述性信息（name）或 HTTP 标题信息（http-equiv）。

值　指定用户要在此标签中提供的信息的类型。有些值（如 description、keywords 和 refresh）是已经定义好的，而且在 Dreamweaver 中有它们各自的属性检查器，但是用户可以根据实际情况指定任何值，例如 creationdate、documentID 或 level 等。

内容　指定实际的信息。例如，如果为"值"指定了等级，则可以为"内容"指定beginner、intermediate 或 advanced。

3.设置页面标题

只有一个标题属性：页面的标题。标题会出现在 Dreamweaver 的"文档"窗口的标题栏中；在大多数浏览器中查看页面时，

标题还会出现在浏览器的标题栏中。标题还出现在"文档"窗口工具栏中。

（1）在文档窗口中指定标题

在"文档"窗口工具栏的"标题"文本框中输入标题。

（2）在头内容中指定标题

①选择"查看"＞"文件头内容"。

②选择显示在"文档"窗口顶部的"标题"标记。

③在属性检查器中指定页面标题。

4.指定页面的关键字

许多搜索引擎装置（自动浏览 Web 页为搜索引擎收集信息以编入索引的程序）读取关键字 meta 标签的内容，并使用该信息在它们的数据库中将用户的页面编入索引。因为有些搜索引擎对索引的关键字或字符的数目进行了限制，或者在超过限制的数目时它将忽略所有关键字，所以最好只使用几个精心选择的关键字。

（1）添加关键字 meta 标签

①选择"插入">"HTML">"文件头标签">"关键字"。

②在显示的对话框中指定关键字，以逗号隔开。

（2）编辑关键字 meta 标签

①选择"查看">"文件头内容"。

②选择显示在"文档"窗口顶部的"关键字"标记。

③在属性检查器中查看、修改或删除关键字。用户还可以添加以逗号隔开的关键字。

5. 指定页面说明

许多搜索引擎装置（自动浏览 Web 页为搜索引擎收集信息以编入索引的程序）读取说明 meta 标签的内容。有些使用该信息在它们的数据库中将用户的页面编入索引，而有些还在搜索结果页面中显示该信息（而不只是显示文档的前几行）。有些搜索引擎限制索引的字符数，因此最好将说明限制几个字。

（1）添加说明 meta 标签

①选择"插入">"HTML">"文件头标签">"说明"。

②在显示的对话框中输入说明性文本。

（2）编辑说明 meta 标签

①选择"查看">"文件头内容"。

②选择显示在"文档"窗口顶部的"描述"标记。

③在属性检查器中查看、修改或删除描述性文本。

6. 设置页面的刷新属性

使用刷新元素可以指定浏览器在一定的时间后应该自动刷新页面，方法是重新加载当前页面或转到不同的页面。该元素通常用于在显示了说明 URL 已改变的文本消息后，将用户从一个 URL 重定向到另一个 URL。

（1）添加刷新 meta 标签

①选择"插入">"HTML">"文件头标签">"刷新"。

②在显示的对话框中设置刷新 meta 标签属性。

（2）编辑刷新 meta 标签

①选择"查看">"文件头内容"。

②选择显示在"文档"窗口顶部的"刷新"标记。

③在属性检查器中设置刷新 meta 标签属性。

（3）设置刷新 meta 标签属性

按如下方式指定刷新 meta 标签属性：

延迟　在浏览器刷新页面之前需要等待的时间（以秒为单位）。若要使浏览器在完成加载后立即刷新页面，请在该框中输入 0。

URL 或动作　指定在经过了指定的延迟时间后，浏览器是转到另一个 URL 还是刷新当前页面。若要打开另一个 URL 而不是刷新当前页面，请单击"浏览"按钮，然后浏览到要加载的页面并选择它。

7. 设置页面的基础 URL 属性

使用 Base 元素可以设置页面中所有文档相对路径相对的基础 URL。

（1）添加基础 meta 标签

①选择"插入">"HTML">"文件头标签">"基础"。

②在显示的对话框中指定基础 meta 标签属性。

（2）编辑基础 meta 标签

①选择"查看"＞"文件头内容"。

②选择显示在"文档"窗口顶部的"基础"标记。

③在属性检查器中指定基础 meta 标签属性。

（3）指定基础 meta 标签属性

按如下方式指定基础 meta 标签属性：

Href　基础 URL。单击"浏览"按钮浏览某个文件并选择它，或在框中键入路径。

目标　指定应该在其中打开所有链接的文档的框架或窗口。在当前的框架集中选择一个框架，或选择下列保留名称之一：

• _blank 将链接的文档载入一个新的、未命名的浏览器窗口。

• _parent 将链接的文档载入包含该链接的框架的父框架集或窗口。如果包含链接的框架没有嵌套，则相当于_top；链接的文档载入整个浏览器窗口。

• _self 将链接的文档载入链接所在的同一框架或窗口。此目标是默认的，所以通常不需要指定它。

• _top 将链接的文档载入整个浏览器窗口，从而删除所有框架。

8.设置页面的链接属性

使用 link 标签可以定义当前文档与其他文件之间的关系。

注：head 部分中的 link 标签与 body 部分中的文档之间的 HTML 链接是不一样的。

（1）添加链接 meta 标签

①选择"插入"＞"HTML"＞"文件头标签"＞"链接"。

②在显示的对话框中指定链接 meta 标签属性。

（2）编辑链接 meta 标签

①选择"查看"＞"文件头内容"。

②选择显示在"文档"窗口顶部的"链接"标记。

③在属性检查器中指定链接 meta 标签属性。

（3）指定链接 meta 标签属性

按如下方式设置链接 meta 标签属性：

Href　用户正在为其定义关系的文件的 URL。单击"浏览"按钮浏览某个文件并选择它，或在框中键入路径。注意，该属性并不表示通常的 HTML 意义上的链接文件；链接元素中指定的关系更复杂。

ID　为链接指定一个唯一标识符。

标题　描述的是关系。此属性与链接的样式表有特别的关系；有关更多信息，请参见 WWW 联合会网站上的 HTML4.0 规范的"外部样式表"部分，网址为：www. w3. org/TR/REC-html40/present/styles. html♯style-external。

Rel　指定当前文档与 Href 框中的文档之间的关系。可能的值包括 Alternate、Stylesheet、Start、Next、Prev、Contents、Index、Glossary、Copyright、Chapter、Section、Subsection、Appendix、Help 和 Bookmark。若要指定多个关系，请用空格将各个值隔开。

Rev　指定当前文档与 Href 框中的文档之间的反向关系（与 Rel 相对）。其可能值与 Rel 的可能值相同。

4.3 使用页面

4.3.1 使用"插入"面板

"插入"面板包含用于创建和插入对象(如表格和图像)的按钮。这些按钮按类别分组。如图 4-3 所示。

1.隐藏或显示"插入"面板

选择"窗口">"插入"。

注:如果用户处理的是某些类型的文件(如 XML、JavaScript、Java 和 CSS),则"插入"面板和"设计"视图选项将变暗,因为用户无法将项目插入到这些代码文件中。

2.显示特定类别中的按钮

从"类别"弹出菜单中选择类别名称。例如,若要显示"布局"类别的按钮,请选择"布局"。

3.显示按钮的弹出菜单

单击按钮图标旁边的向下箭头。

图 4-3 显示按钮的弹出菜单

4.插入对象

(1)从"插入"面板的"类别"弹出菜单中选择适当的类别。

(2)请执行下列操作之一：

• 单击一个对象按钮或将该按钮的图标拖到"文档"窗口中。

• 单击按钮上的箭头，然后从菜单中选择一个选项。

根据对象的不同，可能会出现一个相应的对象插入对话框，提示用户浏览到一个文件或者为对象指定参数。或者，Dreamweaver 可能会在文档中插入代码，也可能会打开标签编辑器或者面板以便用户在插入代码插入指定信息。

对于有些对象，如果用户在"设计"视图中插入对象将不会出现对话框，但是在"代码"视图中插入对象时则会出现一个标签编辑器。对于少数对象，在"设计"视图中插入对象会导致 Dreamweaver 在插入对象前切换到"代码"视图。

注：在浏览器窗口中查看页面时，有些对象(如命名锚记)不可见。用户可以在"设计"视图中显示标记此类不可见对象的位置的图标。

5.绕过对象插入对话框并插入空的占位符对象

按住 Ctrl 单击该对象的按钮。

例如，若要为一个图像插入一个占位符而不指定图像文件，请按住 Ctrl 单击或者按住 Option 单击"图像"按钮。

注：该过程不会绕过所有对象插入对话框。包括 AP 元素和框架集在内的许多对象都不插入占位符或采用默认值的对象。

6.修改"插入"面板的首选参数

(1)选择"编辑">"首选参数"。

(2)在"首选参数"对话框的"常规"类别中，取消选择"插入对象时显示对话框"，以便在插入图像、表、脚本和文件头元素等对象时禁止显示对话框，在创建对象时按住 Ctrl 键也可达到同样的效果。

当用户在禁用该选项的情况下插入对象时，将给该对象指定默认属性值。插入对象后，可以使用属性检查器更改对象的属性。

7.在"插入"面板的"收藏夹"类别中添加、删除或管理项目

(1)在"插入"面板中选择任意类别。

(2)在显示按钮的区域内右键单击，然后选择"自定义收藏夹"。

(3)在"自定义收藏夹对象"对话框中，根据需要进行修改，然后单击"确定"。

• 若要添加对象，请在左侧的"可用对象"窗格中选择一个对象，然后单击两个窗格之间的箭头，或在"可用对象"窗格中双击该对象。

注：一次只能添加一个对象。无法通过选择某个类别名称(如"常用")而将整个类别添加到收藏夹列表中。

• 若要删除对象或分隔符，请在右侧的"收藏夹对象"窗格中选择一个对象，然后单击该窗格上方的删除'收藏夹对象'列表中选择的对象按钮。

• 若要移动对象，请在右侧的"收藏夹对象"窗格中选择一个对象，然后单击该窗格上方的向上或向下箭头按钮。

• 若要在对象下面添加分隔符，请在右侧的"收藏夹对象"窗格中选择一个对象，然后单击该窗格下方的"添加分隔符"按钮。

（4）如果当前不是位于"插入"面板的"收藏夹"类别中，请选择该类别以查看所做的更改。

8. 在"收藏夹"类别中插入使用按钮的对象

从"插入"面板的"类别"弹出菜单中选择"收藏夹"类别，然后单击所添加的"收藏夹"对象的按钮。

（1）将"插入"面板显示为水平"插入"栏

与 Dreamweaver 中的其他面板不同，用户可以将"插入"面板从其默认停靠位置拖出并放置在"文档"窗口顶部的水平位置。如图 4-4 所示。这样做后，它会从面板更改为工具栏（尽管无法像其他工具栏一样隐藏和显示）。

①单击"插入"面板的选项卡并将其拖动到"文档"窗口的顶部。

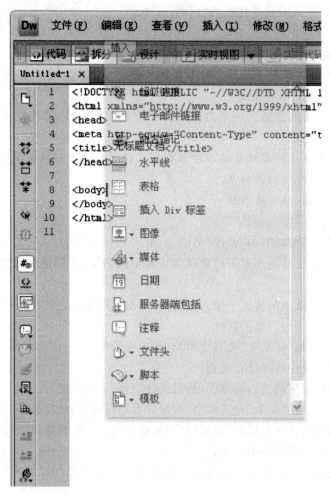

图 4-4　将"插入"面板显示为水平"插入"栏

②看到贯穿"文档"窗口顶部的水平蓝线时，将"插入"面板放置到位。

注：水平"插入"栏也是"经典"工作区的默认部分。若要切换到"经典"工作区，请从"应用程序"栏的工作区切换器中选择"经典"。

（2）将水平"插入"栏恢复为面板组

①单击水平"插入"栏的控制手柄（位于"插入"栏的左侧）并将该栏拖动到面板停靠的位置。

②定位并放置"插入"面板。蓝线表示可以放置面板的位置。

③以选项卡形式显示水平插入栏类别

单击水平"插入"栏最左侧的类别名称旁的箭头,然后选择"显示为选项卡"。

以菜单形式显示水平插入栏类别

在水平"插入"栏中右键单击某个类别选项卡,然后选择"显示为菜单"。

4.3.2　设置页面属性

对于用户在 Dreamweaver 中创建的每个页面,用户都可以使用"页面属性"对话框("修改">"页面属性")指定布局和格式设置属性。"页面属性"对话框让用户可以指定页面的默认字体系列和字体大小、背景颜色、边距、链接样式及页面设计的其他许多方面。用户可以为创建的每个新页面指定新的页面属性,也可以修改现有页面的属性。用户在"页面属性"对话框中所进行的更改将应用于整个页面。

Dreamweaver 为"页面属性"对话框的"外观(CSS)"、"链接(CSS)"和"标题(CSS)"类别中指定的所有属性定义 CSS 规则。这些规则嵌入在页面的 head 部分中。用户仍可以使用 HTML 设置页面属性,但为此用户必须在"页面属性"对话框中选择"外观(HTML)"类别。("标题/编码"和"跟踪图像"对话框也使用 HTML 设置页面属性。)

注:用户选择的页面属性仅应用于活动文档。如果页面使用了外部 CSS 样式表,Dreamweaver 不会覆盖在该样式表中设置的标签,因为这将影响使用该样式表的其他所有页面。

(1)选择"修改">"页面属性",或单击文本的属性检查器中的"页面属性"按钮。

(2)编辑页面属性并单击"确定"。

1.设置 CSS 页面字体、背景颜色和背景图像属性

可使用"页面属性"对话框指定 Web 页面的若干基本页面布局选项,包括字体、背景颜色和背景图像。

(1)选择"修改">"页面属性",或单击文本的属性检查器中的"页面属性"按钮。

(2)选择"外观(CSS)"类别并设置各个选项。

页面字体　指定在 Web 页面中使用的默认字体系列。Dreamweaver 将使用用户指定的字体系列,除非已为某一文本元素专门指定了另一种字体。

大小　指定在 Web 页面中使用的默认字体大小。Dreamweaver 将使用用户指定的字体大小,除非已为某一文本元素专门指定了另一种字体大小。

文本颜色　指定显示字体时使用的默认颜色。

背景颜色　设置页面的背景颜色。单击"背景颜色"框并从颜色选择器中选择一种颜色。

背景图像　设置背景图像。单击"浏览"按钮,然后浏览到图像并将其选中。或者,可以在"背景图像"框中输入背景图像的路径。

与浏览器一样,如果图像不能填满整个窗口,Dreamweaver 会平铺(重复)背景图像。(若要禁止背景图像以平铺方式显示,可使用层叠样式表禁用图像平铺。)

重复　指定背景图像在页面上的显示方式:

• 选择非重复选项将仅显示背景图像一次。

• 选择"重复"选项横向和纵向重复或平铺图像。

- 选择"横向重复"选项可横向平铺图像。
- 选择"纵向重复"选项可纵向平铺图像。

左边距和右边距指定页面左边距和右边距的大小。

上边距和下边距指定页面上边距和下边距的大小。

2. 设置 HTML 页面属性

在"页面属性"对话框的此类别中设置属性会导致页面采用 HTML 格式,而不是 CSS 格式。

(1)选择"修改">"页面属性",或单击文本的属性检查器中的"页面属性"按钮。

(2)选择"外观(HTML)"类别并设置各个选项。

背景图像　设置背景图像。单击"浏览"按钮,然后浏览到图像并将其选中。或者,可以在"背景图像"框中输入背景图像的路径。

与浏览器一样,如果图像不能填满整个窗口,Dreamweaver 会平铺(重复)背景图像。(若要禁止背景图像以平铺方式显示,可使用层叠样式表禁用图像平铺。)

背景设置　页面的背景颜色。单击"背景颜色"框并从颜色选择器中选择一种颜色。

文本　指定显示字体时使用的默认颜色。

链接　指定应用于链接文本的颜色。

已访问链接　指定应用于已访问链接的颜色。

活动链接　指定当鼠标(或指针)在链接上单击时应用的颜色

左边距和右边距　指定页面左边距和右边距的大小。

上边距和下边距　指定页面上边距和下边距的大小。

3. 设置 CSS 链接属性

可以定义默认字体、字体大小、链接的颜色、已访问链接的颜色以及活动链接的颜色。

(1)选择"修改">"页面属性",或单击文本的属性检查器中的"页面属性"按钮。

(2)选择"链接(CSS)"类别并设置各个选项。

链接字体　指定链接文本使用的默认字体系列。默认情况下,Dreamweaver 使用为整个页面指定的字体系列(除非用户指定了另一种字体)。

大小　指定链接文本使用的默认字体大小。

链接颜色　指定应用于链接文本的颜色。

已访问链接　指定应用于已访问链接的颜色。

变换图像链接　指定当鼠标(或指针)位于链接上时应用的颜色。

活动链接　指定当鼠标(或指针)在链接上单击时应用的颜色

下划线样式　指定应用于链接的下划线样式。如果页面已经定义了一种下划线链接样式(例如,通过一个外部 CSS 样式表),"

下划线样式"菜单默认为"不更改"选项。该选项会提醒用户已经定义了一种链接样式。如果用户使用"页面属性"对话框修改了下划线链接样式,Dreamweaver 将会更改以前的链接定义。

4. 设置 CSS 页面标题属性

可以定义默认字体、字体大小、链接的颜色、已访问链接的颜色以及活动链接的颜色。

(1)选择"修改">"页面属性",或单击文本的属性检查器中的"页面属性"按钮。

(2)选择"标题(CSS)"类别并设置各个选项。

标题字体指定标题使用的默认字体系列。Dreamweaver 将使用用户指定的字体系列，除非已为某一文本元素专门指定了另一种字体。

标题 1 至标题 6　指定最多六个级别的标题标签使用的字体大小和颜色。

5.设置标题和编码页面属性

可以定义默认字体、字体大小、链接的颜色、已访问链接的颜色以及活动链接的颜色。标题/编码页面属性类别可指定特定于制作 Web 页面时所用语言的文档编码类型，以及指定要用于该编码类型的 Unicode 范式。

(1)选择"修改">"页面属性"，或单击文本的属性检查器中的"页面属性"按钮。

(2)选择"标题/编码"类别并设置各个选项。

标题　指定在"文档"窗口和大多数浏览器窗口的标题栏中出现的页面标题。

文档类型(DTD)　指定一种文档类型定义。例如，可从弹出菜单中选择"XHTML1.0 Transitional"或"XHTML1.0Strict"，使 HTML 文档与 XHTML 兼容。

编码　指定文档中字符所用的编码。

如果选择 Unicode(UTF-8)作为文档编码，则不需要实体编码，因为 UTF-8 可以安全地表示所有字符。如果选择其他文档编码，则可能需要用实体编码才能表示某些字符。

重新加载　转换现有文档或者使用新编码重新打开它。

Unicode 范式　仅在用户选择 UTF-8 作为文档编码时才启用。有四种 Unicode 范式。最重要的是范式 C，因为它是用于万维网的字符模型的最常用范式。Adobe 提供其他三种 Unicode 范式作为补充。

在 Unicode 中，有些字符看上去很相似，但可用不同的方法存储在文档中。例如，"?"(e 变音符)可表示为单个字符"e 变音符"，或表示为两个字符"正常拉丁字符 e"＋"组合变音符"。Unicode 组合字符是与前一个字符结合使用的字符，因此变音符会显示在"拉丁字符 e"的上方。这两种形式都显示为相同的印刷样式，但保存在文件中的形式却不相同。

范式是指确保可用不同形式保存的所有字符都使用相同的形式进行保存的过程。即文档中的所有"?"字符都保存为单个"e 变音符"或"e"＋"组合变音符"，而不是在一个文档中采用这两种保存形式。

包括 Unicode 签名(BOM)　在文档中包括一个字节顺序标记(BOM)。BOM 是位于文本文件开头的 2 到 4 个字节，可将文件标识为 Unicode，如果是这样，还标识后面字节的字节顺序。由于 UTF-8 没有字节顺序，添加 UTF-8BOM 是可选的，而对于 UTF-16 和 UTF-32，则必须添加 BOM。

6.使用跟踪图像设计页面

用户可以插入一个图像文件，并在设计页面时使用该文件作为参考。

(1)选择"修改">"页面属性"，或单击文本的属性检查器中的"页面属性"按钮。

(2)选择"跟踪图像"类别并设置各个选项。

跟踪图像　指定在复制设计时作为参考的图像。该图像只供参考，当文档在浏览器中显示时并不出现。

透明度　确定跟踪图像的不透明度，从完全透明到完全不透明。

4.3.3　了解文档编码

文档编码指定文档中字符所用的编码。文档编码在文档头中的 meta 标签内指定，它告诉浏览器和 Dreamweaver 应如何对文档进行解码以及使用哪些字体来显示解码的文本。

例如,如果用户指定"西欧语系(Latin1)",则插入以下 meta 标签:

＜metahttp−equiv＝"Content−Type"content＝"text/html;charset＝iso−8859−1"＞。

Dreamweaver 使用用户在"字体首选参数"中为西欧(Latin1)编码指定的字体显示文档;浏览器则使用浏览器用户为西欧(Latin1)编码指定的字体显示文档。

如果用户指定"日语(ShiftJIS)",则插入以下 meta 标签:

＜metahttp−equiv＝"Content−Type"content＝"text/html;charset＝Shift_JIS"＞。

Dreamweaver 使用用户为日语编码指定的字体显示文档;浏览器则使用浏览器用户为日语编码指定的字体显示文档。

用户可以更改页面的文档编码并更改 Dreamweaver 在创建新文档时使用的默认编码,包括用于显示每种编码的字体。

4.3.4　在文档窗口中选择和查看元素

若要在"文档"窗口的"设计"视图中选择某个元素,通常可以单击该元素。如果元素不可见,必须使其可见后才能选择它。

有些 HTML 代码在浏览器中没有可见的表示形式。例如,comment 标签不会出现在浏览器中。但是,此标签在创建能够选择、编辑、移动和删除这类不可见元素的页面时很有用。

Dreamweaver 使用户可以指定在"文档"窗口的"设计"视图中是否显示标记不可见元素位置的图标。为了指明显示哪些元素标记,可以设置"不可见元素"首选参数中的选项。例如,可以指定命名锚记可见,而换行符不可见。

可以使用"插入"面板的"常用"类别中的按钮创建某些不可见元素(如注释和命名锚记)。然后,可以使用"属性"检查器修改这些元素。

1. 选择元素

•若要选择"文档"窗口中的可见元素,请单击元素或在元素上拖过。

•若要选择某个不可见元素,请选择"查看"＞"可视化助理"＞"不可见元素"(如果该菜单项尚未选中),然后在"文档"窗口中单击该元素的标记。

有些对象出现在页面上的位置并不是其代码插入的位置。例如,在"设计"视图中,绝对定位的元素(AP 元素)可以位于页面上的任何位置;而在"代码"视图中,用于定义 AP 元素的代码位于固定位置。当不可见元素显示时,Dreamweaver 在"文档"窗口中显示标记以指示这类元素的代码的位置。选择标记时将选择整个元素,例如,选择 AP 元素的标记将选择整个 AP 元素。

•若要选择完整的标签(包括其内容,如果有内容),请单击"文档"窗口左下角的标签选择器中的标签。(标签选择器在"设计"视图和"代码"视图中都出现。)标签选择器总是显示包含当前选择或插入点的标签。最左边的标签是包含当前选择或插入点的最外边的标签。下一个标签包含在那个最外边的标签中,依此类推;最右边的标签是包含当前选择或插入点的最里边的标签。

在下面的示例中,插入点位于段落标签＜p＞中。若要选择包含用户要选择的段落的表格,请选择＜p＞标签左侧的＜table＞标签。

2.查看与所选文本或对象关联的 HTML 代码

请执行下列操作之一：

- 在"文档"工具栏中，单击"显示代码视图"按钮。
- 选择"查看">"代码"。
- 在"文档"工具栏中，单击"显示代码视图和设计视图"按钮。
- 选择"查看">"代码和设计"。
- 选择"窗口">"代码检查器"。

在两个代码编辑器（"代码"视图或代码检查器）中的任何一个中选择了对象后，该对象通常在"文档"窗口中也被选中。在选定内容出现前，可能需要同步两个视图。

3.显示或隐藏不可见元素的标记图标

选择"查看">"可视化助理">"不可见元素"。

注：显示不可见元素可能会稍微更改页面的布局，将其他元素移动几个像素，因此为了精确布局，请隐藏不可见元素。

4.设置不可见元素首选参数

使用"不可见元素"首选参数可指定当选择"查看">"可视化助理">"不可见元素"时可见的元素种类。

(1)选择"编辑">"首选参数"，然后单击"不可见元素"。

(2)选择哪些元素应设置为可见，然后单击"确定"。

注：对话框中元素名称旁边的选中标记表示当选择"查看">"可视化助理">"不可见元素"时，该元素是可见的。

命名锚记　显示用于标记文档中每个命名锚记（aname=" "）的位置的图标。

脚本　显示用来标记文档正文中的 JavaScript 或 VBScript 代码位置的图标。选择该图标可在"属性"检查器中编辑脚本或链接到外部脚本文件。

注释　显示用来标记 HTML 注释位置的图标。选择该图标可在"属性"检查器中查看注释。

换行符　显示用于标记每个换行符（BR）的位置的图标。默认情况下取消选择该选项。

客户端图像映射　显示用于标记文档中每个客户端图像映射位置的图标。

嵌入样式　显示用于标记文档正文中嵌入的 CSS 样式的位置的图标。如果 CSS 样式放置在文档的 head 部分，则它们不出现在"文档"窗口中。

隐藏的表单域　显示一个图标，该图标用于标记 type 属性设置为"hidden"的表单域的位置。

表单分隔符　在表单周围显示一个边框，以便用户可以看到表单元素的插入位置。该边框显示 form 标签的范围，因此该边框内的任何表单元素都正确地包括在 form 标签中。

AP 元素的锚点　显示一个图标，该图标用于标记定义 AP 元素的代码所在的位置。AP 元素本身可以位于页面中的任何位置。

（AP 元素不是不可见元素；只有定义 AP 元素的代码才是不可见的。）选择图标可选择相应的 AP 元素；这样即使 AP 元素标记为隐藏，还是可以看见 AP 元素中的内容。

对齐元素的锚点　显示一个图标，该图标显示了接受 align 属性的元素的 HTML 代码位置。这些元素包括图像、表格、ActiveX 对象、插件和 applet。在有些情况下，元素的代码可能与可见对象分开。

可视化服务器标签 显示其内容不能在"文档"窗口中显示的服务器标签（如 ActiveServerPages 标签和 ColdFusion 标签）的位置。这些标签通常在由服务器处理时生成 HTML 标签。例如，<CFGRAPH>标签在由 ColdFusion 服务器处理时生成 HTML 表。Dreamweaver 使用 ColdFusion 不可见元素表示该标签，因为 Dreamweaver 无法确定页面的最终动态输出。

非可视化服务器标签 显示其内容不能在"文档"窗口中显示的服务器标签（如 ActiveServerPages 标签和 ColdFusion 标签）的位置。这些标签通常是不生成 HTML 标签的设置、处理或逻辑标签，例如<CFSET>、<CFWDDX>和<CFXML>。

CSS 显示：无 显示一个图标，该图标显示了被链接或嵌入的样式表中的"显示：无"属性隐藏的内容的位置。

显示动态文本 在默认情况下，以｛记录集：域｝的形式显示页面中的任何动态文本。如果这些值的长度太长，以致破坏了页面的格式，用户可以将显示更改为｛｝。

服务器端包括 显示每个服务器端包括文件的实际内容。

4.3.5 网页安全色

在 HTML 中，颜色或者表示成十六进制值（如♯FF0000）或者表示为颜色名称（red）。网页安全色是指以 256 色模式运行时，无论在 Windows 还是在 Macintosh 系统中，在 Netscape Navigator 和 Microsoft Internet Explorer 中的显示均相同的颜色。传统经验是：有 216 种常见颜色，而且任何结合了 00、33、66、99、CC 或 FF 对（RGB 值分别为 0、51、102、153、204 和 255）的十六进制值都代表网页安全色。

但测试显示仅有 212 种网页安全色而不是全部 216 种，原因在于 Windows Internet Explorer 不能正确呈现颜色♯0033FF(0,51,255)、♯3300FF(51,0,255)、♯00FF33(0,255,51)和♯33FF00(51,255,0)。

当 Web 浏览器初次面世之时，大部分计算机只显示 265 色（每通道 8 位，8bpc）。如今，大多数计算机都能显示数以千计或数以百万计的颜色（16bpc 和 32bpc），所以如果用户是为使用当前计算机系统的用户开发站点，则完全没有必要使用浏览器安全调色板。

使用网页安全颜色调色板的一种情况是开发适用于替代 Web 设备（如 PDA 和手机显示屏）的站点。许多这类设备只具有黑白两色（1bpc）或 256 色（8bpc）显示屏。

Dreamweaver 中的"立方色"（默认）和"连续色调"调色板使用 216 色网页安全调色板，从这些调色板中选择颜色会显示颜色的十六进制值。

若要选择网页安全范围外的颜色，请单击 Dreamweaver 颜色选择器右上角的"调色盘"按钮打开系统颜色选择器。系统颜色选择器不限于网页安全色。

Netscape Navigator 的 UNIX 版本使用与 Windows 和 Macintosh 版本不同的调色板。如果专门针对 UNIX 浏览器进行开发（或者目标用户是使用 24bpc 显示器的 Windows 或 Macintosh 用户或使用 8bpc 显示器的 UNIX 用户），请考虑使用结合了 00、40、80、BF 或 FF 对的十六进制值，这些值产生用于 Sun 系统的网页安全色。

4.3.6 使用颜色选择器

在 Dreamweaver 中，很多对话框与许多页面元素的属性检查器一样，都包含可打开颜色选择器的颜色框。使用颜色选择器选择页面元素的颜色。还可以设置页面元素的默认文本颜色。

(1)在任何对话框或"属性"检查器中单击颜色框。

出现颜色选择器。

(2)请执行下列操作之一：

• 用滴管从调色板中选择颜色样本。"立方色"（默认）和"连续色调"调色板中的所有颜色都是网页安全色，其他调色板中的则不是。

• 用滴管可以从屏幕上的任何位置取色，即使从 Dreamweaver 窗口外也可以。要从桌面或其他应用程序中取色，可按住鼠标按钮；这样滴管仍能保持焦点，并可以从 Dreamweaver 外选择颜色。如果用户单击桌面或其他应用程序，Dreamweaver 会选取用户单击的位置的颜色。不过，如果切换到其他应用程序，可能需要单击 Dreamweaver 窗口才能在 Dreamweaver 中继续工作。

• 若要获得更多颜色选择，请使用颜色选择器右上角的弹出菜单。用户可以选择"立方色"、"连续色调"、"Windows 系统"、"Mac 系统"和"灰度等级"。

注："立方色"和"连续色调"调色板的颜色是网页安全色，而"Windows 系统"、"Mac 系统"和"灰度等级"的颜色则不是。

• 若要清除当前颜色而不选择另一种颜色，请单击"默认颜色"按钮▨。

• 若要打开系统颜色选择器，请单击"调色盘"按钮◉。

4.3.7　放大和缩小

Dreamweaver 允许用户在"文档"窗口中提高缩放比率（放大），以便查看图形的像素精确度、更加轻松地选择小项目、使用小文本设计页面和设计大页面等等。

注：缩放工具只在"设计"视图中可用。

1.缩放页面

(1)单击"文档"窗口右下角的"缩放"工具（放大镜图标）。

(2)请执行下列操作之一：

• 在页面上需要放大的位置处单击，直到获得所需的放大比率。

• 在页面上需要放大的区域上拖出一个框，然后释放鼠标按钮。

• 从"缩放"弹出菜单中选择一个预先设置的缩放比率。

• 在"缩放"文本框中键入一个缩放比率。

也可以不使用"缩放工具"，而是通过按"Control＋＝"键进行放大。

(3)若要进行缩小（减小缩放比率），请选择"缩放"工具，按 Alt 键并在页面上单击。

也可以不使用"缩放工具"，而是通过按"Control＋－"键进行缩小。

2.缩放后编辑页面

单击"文档"窗口右下角的"选取"工具（指针图标），然后在页面内单击。

3.缩放后平移页面

(1)单击"文档"窗口右下角的"手形"工具（手形图标）。

(2)拖动页面。

4.用所选内容填充文档窗口

(1)选择页面上的元素。

(2)选择"查看"＞"符合所选"。

5. 用整个页面填充文档窗口

选择"查看">"符合全部"。

6. 用页面的整个宽度填充文档窗口

选择"查看">"符合宽度"。

4.4 创建列表

在"文档"窗口中键入时,可以用现有文本或新文本创建编号列表、项目列表和定义列表。如图 4-5 所示。

定义列表不使用项目符号点或数字这样的前导字符,并且通常用于词汇表或说明。列表还可以嵌套。嵌套列表是包含其他列表的列表。例如,用户可能希望编号或项目列表嵌套在其他编号列表中。

使用"列表属性"对话框可以设置整个列表或个别列表项目的外观。可以为个别列表项目或整个列表设置编号样式、重设编号或设置项目符号样式选项。

图 4-5 创建列表

4.4.1　创建新列表

(1)在 Dreamweaver 文档中,将插入点放在要添加列表的位置,然后执行下列操作之一:

- 在 HTML 属性检查器中,单击"项目列表"或"编号列表"按钮。
- 选择"格式">"列表",然后选择所需的列表类型:"项目列表"、"编号列表"或"定义列表"。

指定列表项目的前导字符显示在"文档"窗口中。

(2)键入列表项目文本,然后按 Enter 创建其他列表项目。

(3)若要完成列表,请按两次 Enter。

4.4.2　使用现有文本创建列表

(1)选择一系列段落组成一个列表。

(2)在 HTML 属性检查器中,单击"项目列表"或"编号列表"按钮,或者选择"格式">"列表"并选择所需的列表类型:"项目列表"、"编号列表"或"定义列表"。

4.4.3　创建嵌套列表

(1)选择要嵌套的列表项目。

(2)在 HTML 属性检查器中,单击"块引用"按钮或选择"格式">"缩进"。Dreamweaver 缩进文本并创建一个单独的列表,该列表具有原始列表的 HTML 属性。

(3)按照上面使用的同一过程,对缩进的文本应用新的列表类型或样式。

4.4.4　设置整个列表的列表属性

(1)在"文档"窗口中,至少创建一个列表项目。新样式将自动应用于添加到列表的其他项目。

(2)将插入点放到列表项目的文本中,然后选择"格式">"列表">"属性"打开"列表属性"对话框。

(3)设置要用来定义列表的选项:

列表类型　指定列表属性,而"列表项目"指定列表中的个别项目。使用弹出菜单选择项目、编号、目录或菜单列表。根据所选的"列表类型",对话框中将出现不同的选项。

样式　确定用于编号列表或项目列表的编号或项目符号的样式。所有列表项目都将具有该样式,除非为列表项目指定新样式。

开始计数　设置编号列表中第一个项目的值。

(4)单击"确定"设置所做的选择。

4.4.5　设置列表项目的列表属性

(1)在"文档"窗口中,将插入点放在要进行操作的列表项目的文本中

(2)选择"格式">"列表">"属性"。

(3)在"列表项目"下,设置用户要定义的选项:

新建样式　为所选列表项目指定样式。"新建样式"菜单中的样式与"列表类型"菜单中显示的列表类型相关。例如,如果"列表项目"菜单显示"项目列表",则"新建样式"菜单中只

有项目符号选项可用。

　　重设计数　设置用来从其开始为列表项目编号的特定数字。

　　(4)单击"确定"设置选项。

4.5　添加和修改图像

4.5.1　关于图像

　　虽然存在很多种图形文件格式,但网页中通常使用的只有三种,即 GIF、JPEG 和 PNG。GIF 和 JPEG 文件格式的支持情况最好,大多数浏览器都可以查看它们。

　　由于 PNG 文件具有较大的灵活性并且文件大小较小,因此它们对于几乎任何类型的 Web 图形都是最适合的;但是,Microsoft Internet Explorer(4.0 和更高版本的浏览器)以及 Netscape Navigator(4.04 和更高版本的浏览器)只能部分地支持 PNG 图像的显示。因此,除非用户的设计所针对的特定目标用户是使用支持 PNG 格式的浏览器,否则请使用 GIF 或 JPEG 以迎合更多人的需求。

　　GIF(图形交换格式)　GIF 文件最多使用 256 种颜色,最适合显示色调不连续或具有大面积单一颜色的图像,例如导航条、按钮、图标、徽标或其他具有统一色彩和色调的图像。

　　JPEG(联合图像专家组)　JPEG 文件格式是用于摄影或连续色调图像的较好格式,这是因为 JPEG 文件可以包含数百万种颜色。随着 JPEG 文件品质的提高,文件的大小和下载时间也会随之增加。通常可以通过压缩 JPEG 文件在图像品质和文件大小之间达到良好的平衡。

　　PNG(可移植网络图形)　PNG 文件格式是一种替代 GIF 格式的无专利权限制的格式,它包括对索引色、灰度、真彩色图像以及 alpha 通道透明度的支持。PNG 是 Adobe® Fireworks®固有的文件格式。PNG 文件可保留所有原始层、矢量、颜色和效果信息(例如阴影),并且在任何时候所有元素都是可以完全编辑的。文件必须具有 .png 文件扩展名才能被 Dreamweaver 识别为 PNG 文件。

4.5.2　插入图像

　　将图像插入 Dreamweaver 文档时,HTML 源代码中会生成对该图像文件的引用。为了确保此引用的正确性,该图像文件必须位于当前站点中。如果图像文件不在当前站点中,Dreamweaver 会询问用户是否要将此文件复制到当前站点中。

　　用户还可以动态插入图像。动态图像指那些经常变化的图像。例如,广告横幅旋转系统需要在请求页面时从可用横幅列表中随机选择一个横幅,然后动态显示所选横幅的图像。

　　插入图像后,可以设置图像标签辅助功能属性,屏幕阅读器能为有视觉障碍的用户朗读这些属性。可以在 HTML 代码中编辑这些属性。

　　有关插入图像的教程,请参阅 www.adobe.com/go/vid0148_cn。

　　(1)在"文档"窗口中,将插入点放置在用户要显示图像的地方,然后执行下列操作之一:

　　• 在"插入"面板的"常用"类别中,单击"图像"图标■。

　　• 在"插入"面板的"常用"类别中,单击"图像"按钮,然后选择"图像"图标。"插入"面板中显示"图像"图标后,用户可以将该图标拖动到"文档"窗口中(或者如果用户正在处理代码,则可以拖动到"代码视图"窗口中)。

- 选择"插入">"图像"。
- 将图像从"资源"面板("窗口">"资源")拖动到"文档"窗口中的所需位置;然后跳到步骤 3。
- 将图像从"文件"面板拖动到"文档"窗口中的所需位置;然后跳到步骤 3。
- 将图像从桌面拖动到"文档"窗口中的所需位置;然后跳到步骤 3。

(2)在出现的对话框中执行下列操作之一:

- 选择"文件系统"以选择一个图像文件。
- 选择"数据源"以选择一个动态图像源。
- 单击"站点和服务器"按钮以在其中的一个 Dreamweaver 站点的远程文件夹中选择一个图像文件。

(3)浏览选择用户要插入的图像或内容源。

如果用户正在处理一个未保存的文档,Dreamweaver 将生成一个对图像文件的 file:// 引用。将文档保存在站点中的任意位置后,Dreamweaver 将该引用转换为文档相对路径。

注:插入图像时,也可以使用位于远程服务器上的图像(也就是,在本地硬盘驱动器上不存在的图像)的绝对路径。但如果在工作时遇到性能问题,那么用户可能希望取消选择"命令">"显示外部文件",以禁止在"设计"视图中查看图像。

(4)单击"确定"。将显示"图像标签辅助功能属性"对话框(如果已在"首选参数"("编辑">"首选参数")中激活了此对话框)。

(5)在"替换文本"和"详细描述"文本框中输入值,然后单击"确定"。

- 在"替换文本"框中,为图像输入一个名称或一段简短描述。屏幕阅读器会朗读用户在此处输入的信息。用户的输入应限制在 50 个字符左右。对于较长的描述,请考虑在"长描述"文本框中提供链接,该链接指向提供有关该图像的详细信息的文件。
- 在"长描述"框中,输入当用户单击图像时所显示的文件的位置,或者单击文件夹图标以浏览到该文件。该文本框提供指向与图像相关(或提供有关图像的详细信息)的文件的链接。

注:①根据用户的需要,可以在其中一个或两个文本框中输入信息。屏幕阅读器会朗读图像的 Alt 属性。②当用户单击"取消"时,该图像将出现在文档中,但 Dreamweaver 不会将它与辅助功能标签或属性相关联。

(6)在属性检查器("窗口">"属性")中,设置图像的属性。

1. 设置图像属性

图像属性检查器允许用户设置图像的属性。如果用户并未看到所有的图像属性,请单击位于右下角的展开箭头。如图 4-6 所示。

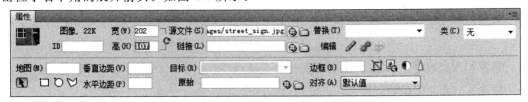

图 4-6　设置图像属性

(1)选择"窗口">"属性"以查看所选图像的属性检查器。

(2)在缩略图下面的文本框中,输入名称,以便在使用 Dreamweaver 行为(例如"交换图像")或脚本撰写语言(例如 JavaScript 或 VBScript)时可以引用该图像。

(3)设置图像的任一选项。

宽和高　　图像的宽度和高度,以像素表示。在页面中插入图像时,Dreamweaver 会自动用图像的原始尺寸更新这些文本框。

如果用户设置的"宽"和"高"值与图像的实际宽度和高度不相符,则该图像在浏览器中可能不会正确显示。(若要恢复原始值,请单击"宽"和"高"文本框标签,或单击用于输入新值的"宽"和"高"文本框右侧的"重设大小"按钮。)

注:用户可以更改这些值来缩放该图像实例的显示大小,但这不会缩短下载时间,因为浏览器先下载所有图像数据再缩放图像。若要缩短下载时间并确保所有图像实例以相同大小显示,请使用图像编辑应用程序缩放图像。

源文件　　指定图像的源文件。单击文件夹图标以浏览到源文件,或者键入路径。

链接　　指定图像的超链接。将"指向文件"图标拖动到"文件"面板中的某个文件,单击文件夹图标浏览到站点上的某个文档,或手动键入 URL。

对齐　　对齐同一行上的图像和文本。

替换　　指定在只显示文本的浏览器或已设置为手动下载图像的浏览器中代替图像显示的替换文本。对于使用语音合成器(用于只显示文本的浏览器)的有视觉障碍的用户,将大声读出该文本。在某些浏览器中,当鼠标指针滑过图像时也会显示该文本。

地图名称和热点工具　　允许用户标注和创建客户端图像地图。

垂直边距和水平边距　　沿图像的边添加边距,以像素表示。"垂直边距"沿图像的顶部和底部添加边距。"水平边距"沿图像的左侧和右侧添加边距。

目标指定链接的页应加载到的框架或窗口。(当图像没有链接到其他文件时,此选项不可用。)当前框架集中所有框架的名称都显示在"目标"列表中。也可选用下列保留目标名:

• _blank 将链接的文件加载到一个未命名的新浏览器窗口中。

• _parent 将链接的文件加载到含有该链接的框架的父框架集或父窗口中。如果包含链接的框架不是嵌套的,则链接文件加载到整个浏览器窗口中。

• _self 将链接的文件加载到该链接所在的同一框架或窗口中。此目标是默认的,所以通常不需要指定它。

• _top 将链接的文件加载到整个浏览器窗口中,因而会删除所有框架。

边框　　图像边框的宽度,以像素表示。默认为无边框。

编辑　　启动用户在"外部编辑器"首选参数中指定的图像编辑器并打开选定的图像。

编辑图像设置　　打开"图像"预览对话框并让用户优化图像。

裁剪　　裁切图像的大小,从所选图像中删除不需要的区域。

重新取样　　对已调整大小的图像进行重新取样,提高图片在新的大小和形状下的品质。

亮度和对比度　　调整图像的亮度和对比度设置。

锐化　　调整图像的锐度。

重设大小　　将"宽"和"高"值重设为图像的原始大小。调整所选图像的值时,此按钮显示在"宽"和"高"文本框的右侧。

2.在代码中编辑图像辅助功能属性

如果为图像插入了辅助功能属性,则可以在 HTML 代码中编辑这些值。

(1)在"文档"窗口中,选择图像。

(2)请执行下列操作之一:

- 在"代码"视图中编辑适当的图像属性。
- 右键单击,然后选择"编辑标签"。
- 编辑属性检查器中的"替换"值。

4.5.3　对齐图像

用户可以将图像与同一行中的文本、另一个图像、插件或其他元素对齐。还可以设置图像的水平对齐方式。

(1)在"设计"视图中选择该图像。

(2)在属性检查器中使用"对齐"弹出菜单设置该图像的对齐属性。

用户可以设置相对于同一段落或行中的其他元素的对齐方式。

注:HTML 不提供某些字处理应用程序中提供的文本环绕图像轮廓换行的方法。

对齐选项中包含如下选项:

默认值　指定基线对齐。(根据站点访问者的浏览器的不同,默认值也会有所不同。)

基线和底部　将文本(或同一段落中的其他元素)的基线与选定对象的底部对齐。

顶对齐　将图像的顶端与当前行中最高项(图像或文本)的顶端对齐。

中间　将图像的中线与当前行的基线对齐。

文本上方　将图像的顶端与文本行中最高字符的顶端对齐。

绝对中间　将图像的中线与当前行中文本的中线对齐。

绝对底部　将图像的底部与文本行(这包括字母下部,例如在字母 g 中)的底部对齐。

左对齐　将所选图像放置在左侧,文本在图像的右侧换行。如果左对齐文本在行上处于对象之前,它通常强制左对齐对象换到一个新行。

右对齐　将图像放置在右侧,文本在对象的左侧换行。如果右对齐文本在行上位于该对象之前,则它通常会强制右对齐对象换到一个新行。

4.5.4　以可视方式调整图像大小

用户可以在 Dreamweaver 中以可视方式调整元素的大小,这些元素包括图像、插件、Shockwave 或 SWF 文件、applet 和 ActiveX 控件等。

以可视方式调整图像大小有助于用户看到不同尺寸的图像对布局的影响情况,但不会将图像文件缩放到用户所指定的比例。如果用户在 Dreamweaver 中以可视方式调整了图像大小,但是没有使用图像编辑应用程序(例如 Adobe Fireworks)将图像文件缩放到所需大小,用户浏览器将会在加载页面时缩放该图像。这可能会导致用户浏览器中页面下载延迟和图像显示不正确。若要缩短下载时间并确保所有图像实例以相同大小显示,请使用图像编辑应用程序缩放图像。

在 Dreamweaver 中调整图像大小时,用户可以对图像进行重新取样,以适应其新尺寸。重新取样将添加或减少已调整大小的 JPEG 和 GIF 图像文件中的像素,以与原始图像的外观尽可能地匹配。对图像进行重新取样会减小该图像的文件大小并提高下载性能。

1.以可视方式调整元素的大小

(1)在"文档"窗口中选择该元素(例如,图像或 SWF 文件)。

元素的底部、右侧及右下角出现调整大小控制点。如果未出现调整大小控制点,则单击要调整大小的元素以外的部分然后重新选择它,或在标签选择器中单击相应的标签以选择该元素。

(2)执行下列操作之一,调整元素的大小:

•若要调整元素的宽度,请拖动右侧的选择控制点。

•若要调整元素的高度,请拖动底部的选择控制点。

•若要同时调整元素的宽度和高度,请拖动顶角的选择控制点。

•若要在调整元素尺寸时保持元素的比例(其宽高比),请在按住 Shift 的同时拖动顶角的选择控制点。

•若要将元素的宽度和高度调整为特定大小(例如 1×1 像素),请使用属性检查器输入数值。以可视方式最小可以将元素大小调整到 8×8 像素。

(3)若要将已调整大小的元素恢复为原始尺寸,请在属性检查器中删除"宽"和"高"文本框中的值,或者单击图像属性检查器中的"重设大小"按钮。

2.将图像回复到原始大小

单击图像属性检查器中的"重设大小"按钮 ↻。

3.对已调整大小的图像进行重新取样

(1)如上所述,调整图像大小。

(2)单击图像属性检查器中的"重新取样"按钮 ▣。

注:无法对图像占位符或位图图像之外的元素进行重新取样。

第 5 章　超链接、多媒体

5.1　关于链接与导航

5.1.1　关于链接

在设置存储 Web 站点文档的 Dreamweaver 站点和创建 HTML 页之后，需要创建文档到文档的链接。

Dreamweaver 提供多种创建链接的方法，可创建到文档、图像、多媒体文件或可下载软件的链接；可以建立到文档内任意位置的任何文本或图像的链接，包括标题、列表、表、绝对定位的元素（AP 元素）或框架中的文本或图像。

链接的创建与管理有几种不同的方法。有些 Web 设计者喜欢在工作时创建一些指向尚未建立的页面或文件的链接；而另一些设计者则倾向于首先创建所有的文件和页面，然后再添加相应的链接。另一种管理链接的方法是创建占位符页面，在完成所有站点页面之前用户可在这些页面中添加和测试链接。

5.1.2　绝对路径、文档相对路径和站点根目录相对路径

了解从作为链接起点的文档到作为链接目标的文档或资产之间的文件路径对于创建链接至关重要。

每个 Web 页面都有一个唯一地址，称作统一资源定位器（URL）。不过，在创建本地链接（即从一个文档到同一站点上另一个文档的链接）时，通常不指定作为链接目标的文档的完整 URL，而是指定一个始于当前文档或站点根文件夹的相对路径。

有三种类型的链接路径：

- 绝对路径（例如 http://www.adobe.com/support/dreamweaver/contents.html）。
- 文档相对路径（例如 dreamweaver/contents.html）。
- 站点根目录相对路径（例如/support/dreamweaver/contents.html）。

使用 Dreamweaver，可以方便地选择要为链接创建的文档路径的类型。

注：最好使用用户最喜欢和最得心应手的链接类型——站点根目录相对路径或文档相对路径。与键入路径相比，浏览到链接能确保输入的路径始终正确。

1.绝对路径

绝对路径提供所链接文档的完整 URL，其中包括所使用的协议（如对于 Web 页面，通常为 http://）。例如，http://www.adobe.com/support/dreamweaver/contents.html。

对于图像资产，完整的 URL 可能会类似于：

http://www.adobe.com/support/dreamweaver/images/image1.jpg。

　　必须使用绝对路径,才能链接到其他服务器上的文档或资产。对本地链接(即到同一站点内文档的链接)也可以使用绝对路径链接,但不建议采用这种方式,因为一旦将此站点移动到其他域,则所有本地绝对路径链接都将断开。通过对本地链接使用相对路径,还能够在需要在站点内移动文件时提高灵活性。

　　注:当插入图像(非链接)时,可以使用指向远程服务器上的图像(在本地硬盘驱动器上不可用的图像)的绝对路径。

　　2. 文档相对路径

　　对于大多数 Web 站点的本地链接来说,文档相对路径通常是最合适的路径。在当前文档与所链接的文档或资产位于同一文件夹中,而且可能保持这种状态的情况下,相对路径特别有用。文档相对路径还可用于链接到其他文件夹中的文档或资产,方法是利用文件夹层次结构,指定从当前文档到所链接文档的路径。

　　文档相对路径的基本思想是省略掉对于当前文档和所链接的文档或资产都相同的绝对路径部分,而只提供不同的路径部分。

　　例如,假设一个站点的结构如图 5-1 所示。

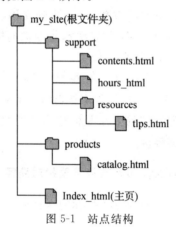

图 5-1　站点结构

　　• 若要从 contents.html 链接到 hours.html(两个文件位于同一文件夹中),可使用相对路径 hours.html。

　　• 若要从 contents.html 链接到 tips.html(在 resources 子文件夹中),请使用相对路径 resources/tips.html。每出现一个斜杠(/),表示在文件夹层次结构中向下移动一个级别。

　　• 若要从 contents.html 链接到 index.html(位于父文件夹中 contents.html 的上一级),请使用相对路径../index.html。

　　两个点和一个斜杠(../)可使用户在文件夹层次结构中向上移动一个级别。

　　• 若要从 contents.html 链接到 catalog.html(位于父文件夹的不同子文件夹中),请使用相对路径../products/catalog.html。其中,../使用户向上移至父文件夹,而 products/使用户向下移至 products 子文件夹中。

　　若成组地移动文件,例如移动整个文件夹时,该文件夹内所有文件保持彼此间的相对路径不变,此时不需要更新这些文件间的文档相对链接。但是,在移动包含文档相对链接的单个文件,或移动由文档相对链接确定目标的单个文件时,则必须更新这些链接。(如果使用"文件"面板移动或重命名文件,则 Dreamweaver 将自动更新所有相关链接。)

3. 站点根目录相对路径

站点根目录相对路径描述从站点的根文件夹到文档的路径。如果在处理使用多个服务器的大型 Web 站点，或者在使用承载多个站点的服务器，则可能需要使用这些路径。不过，如果用户不熟悉此类型的路径，最好坚持使用文档相对路径。

站点根目录相对路径以一个正斜杠开始，该正斜杠表示站点根文件夹。例如，/support/tips.html 是文件（tips.html）的站点根目录相对路径，该文件位于站点根文件夹的 support 子文件夹中。

如果用户需要经常在 Web 站点的不同文件夹之间移动 HTML 文件，那么站点根目录相对路径通常是指定链接的最佳方法。移动包含站点根目录相对链接的文档时，不需要更改这些链接，因为链接是相对于站点根目录的，而不是文档本身；例如，如果某 HTML 文件对相关文件（如图像）使用站点根目录相对链接，则移动 HTML 文件后，其相关文件链接依然有效。

但是，如果移动或重命名由站点根目录相对链接所指向的文档，则即使文档之间的相对路径没有改变，也必须更新这些链接。

例如，如果移动某个文件夹，则必须更新指向该文件夹中文件的所有站点根目录相对链接。（如果使用"文件"面板移动或重命名文件，则 Dreamweaver 将自动更新所有相关链接。）

5.2　链　接

5.2.1　链接文件和文档

创建链接之前，一定要清楚绝对路径、文档相对路径以及站点根目录相对路径的工作方式。在一个文档中可以创建几种类型的链接：

- 链接到其他文档或文件（如图形、影片、PDF 或声音文件）的链接。
- 命名锚记链接，此类链接跳转至文档内的特定位置。
- 电子邮件链接，此类链接新建一个已填好收件人地址的空白电子邮件。
- 空链接和脚本链接，此类链接用于在对象上附加行为，或者创建执行 JavaScript 代码的链接。

属性检查器和"指向文件"图标可用于创建从图像、对象或文本到其他文档或文件的链接。

Dreamweaver 使用文档相对路径创建指向站点中其他页面的链接。用户还可以让 Dreamweaver 使用站点根目录相对路径创建新链接。

重要说明：应始终先保存新文件，然后再创建文档相对路径，因为如果没有一个确切起点，文档相对路径无效。如果在保存文件之前创建文档相对路径，Dreamweaver 将临时使用以 file:// 开头的绝对路径，直至该文件被保存；当保存该文件时，Dreamweaver 将 file:// 路径转换为相对路径。

5.2.2　将 JavaScript 脚本附加到链接上

可为文档中的任何链接附加行为。在文档中插入链接元素时，有如下几种行为可供选择：

设置状态栏文本　确定消息的文本,并将其显示在浏览器窗口左下部的状态栏中。例如,用户可以使用此行为在状态栏中说明链接的目标,而不是显示与之关联的 URL。

打开浏览器窗口　在一个新窗口中打开 URL。用户可以指定新窗口的属性(包括其名称和大小)和特性(它是否可以调整大小、是否具有菜单栏等)。

跳转菜单　编辑跳转菜单。可更改菜单列表、指定其他链接文件或者更改打开所链接文档的浏览器位置。

5.2.3　使用属性检查器链接到文档

可以使用属性检查器的文件夹图标或"链接"框创建从图像、对象或文本到其他文档或文件的链接。

(1)在"文档"窗口的"设计"视图中选择文本或图像。

(2)打开属性检查器("窗口">"属性"),然后执行下列操作之一:

• 单击"链接"框右侧的文件夹图标 🗀,浏览到并选择一个文件。

指向所链接的文档的路径显示在 URL 框中。使用"选择 HTML 文件"对话框中的"相对于"弹出菜单,使路径成为文档相对路径或根目录相对路径,然后单击"选择"。用户选择的路径类型只适用于当前链接。(用户可以针对该站点更改"相对于"框的默认设置。)

• 在"链接"框中键入文档的路径和文件名。

若要链接到站点内的文档,请输入文档相对路径或站点根目录相对路径。若要链接到站点外的文档,请输入包含协议(如 http://)的绝对路径。此种方法可用于输入尚未创建的文件的链接。

(3)从"目标"弹出菜单中选择文档的打开位置:

• _blank 将链接的文档载入一个新的、未命名的浏览器窗口。

• _parent 将链接的文档加载到该链接所在框架的父框架或父窗口。如果包含链接的框架不是嵌套框架,则所链接的文档加载到整个浏览器窗口。

• _self 将链接的文档载入链接所在的同一框架或窗口。此目标是默认的,所以通常不需要指定它。

• _top 将链接的文档载入整个浏览器窗口,从而删除所有框架。

如果页面上的所有链接都设置到同一目标,则用户可以选择"插入">"HTML">"文件头标签">"基础",然后选择目标信息来指定该目标,这样只需设置一次即可。有关设置目标框架的信息,请参阅第 167 页的"控制具有链接的框架内容"。

5.2.4　超级链接分类

1.按照链接路径分类

按照链接路径可分为:内部链接、锚点链接、外部链接。

2.按照使用对象分类

按照使用对象可分为:文本超链接、图片超链接、电子邮件超链接、锚点链接、软件下载链接、多媒体文件链接、空链接等。

5.2.5　使用指向文件图标链接文档

(1)在"文档"窗口的"设计"视图中选择文本或图像。

(2)以下列两种方法之一创建链接：

• 拖动属性检查器中"链接"框右侧的"指向文件"图标 （目标图标），指向当前文档中的可见锚记、另一个打开文档中的可见锚记、分配有唯一 ID 的元素或"文件"面板中的文档。

• 按 Shift 键并拖动所选内容，指向当前文档中的可见锚记、另一个打开文档中的可见锚记、分配有唯一 ID 的元素或者"文件"面板中的文档。

注：仅当"文档"窗口中的文档未最大化时，才能链接到另一个打开的文档。若要以平铺方式放置文档，请选择"窗口"＞"层叠"或"窗口"＞"平铺"。如果指向打开的文档，则在进行选择时，该文档移至屏幕的最前面。

5.2.6　使用超链接命令添加链接

"超链接"命令可以创建到图像、对象或其他文档或文件的文本链接。

(1)将插入点放在文档中希望出现链接的位置。

(2)执行下列操作之一，显示"插入超链接"对话框：

• 选择"插入"＞"超级链接"。

• 在"插入"面板的"常用"类别中，单击"超链接"按钮。

(3)输入链接的文本，然后在"链接"后面输入要链接到的文件的名称（或单击文件夹图标 以浏览到该文件）。

(4)在"目标"弹出菜单中选择一个窗口（应在该窗口中打开该文件）或键入其名称。

当前文档中所有已命名框架的名称都显示在此弹出列表中。如果指定的框架不存在，所链接的页面会在一个新窗口中打开，该窗口使用用户所指定的名称。也可选用下列保留目标名：

• _blank 将链接的文件加载到一个未命名的新浏览器窗口中。

• _parent 将链接的文件加载到含有该链接的框架的父框架集或父窗口中。如果包含链接的框架不是嵌套的，则链接文件加载到整个浏览器窗口中。

• _self 将链接的文件加载到该链接所在的同一框架或窗口中。此目标是默认的，所以通常不需要指定它。

• _top 将链接的文件加载到整个浏览器窗口中，因而会删除所有框架。

(5)在"Tab 键索引"框中，输入 Tab 顺序的编号。

(6)在"标题"框中，输入链接的标题。

(7)在"访问键"框中，输入可用来在浏览器中选择该链接的等效键盘键（一个字母）。

(8)单击"确定"。

5.2.7　设置新链接的相对路径

默认情况下，Dreamweaver 使用文档相对路径创建指向站点中其他页面的链接。若要使用站点根目录相对路径，必须首先在 Dreamweaver 中定义一个本地文件夹，方法是选择一个本地根文件夹，作为服务器上文档根目录的等效目录。

Dreamweaver 使用该文件夹确定文件的站点根目录相对路径。

(1)选择"站点"＞"管理站点"。

(2)在"管理站点"对话框中，在列表中双击用户的站点。

(3)在"站点设置"对话框中，展开"高级设置"并选择"本地信息"类别。

(4)选择"文档"或"站点根目录"选项,从而设置新链接的相对路径。

单击"确定"后,更改此设置将不会转换现有链接的路径。该设置将只应用于使用Dreamweaver创建的新链接。

注:使用本地浏览器预览文档时,除非指定了测试服务器,或在"编辑">"首选参数">"在浏览器中预览"中选择"使用临时文件预览"选项,否则文档中用站点根目录相对路径链接的内容将不会被显示。这是因为浏览器无法识别站点根目录,而服务器能够识别。预览站点根目录相对路径所链接内容的快速方法是,将文件上传到远程服务器上,然后选择"文件">"在浏览器中预览"。

(5)单击"保存"。

新路径设置只适用于当前站点。

5.2.8　链接到文档中的特定位置

通过首先创建命名锚记,可使用属性检查器链接到文档的特定部分。命名锚记使用户可以在文档中设置标记,这些标记通常放在文档的特定主题处或顶部。然后可以创建到这些命名锚记的链接,这些链接可快速将访问者带到指定位置。

创建到命名锚记的链接的过程分为两步。首先,创建命名锚记,然后创建到该命名锚记的链接。

注:不能在绝对定位的元素(AP元素)中放入命名锚记。

1.创建命名锚记

(1)在"文档"窗口的"设计"视图中,将插入点放在需要命名锚记的地方。

(2)请执行下列操作之一:

• 选择"插入">"命名锚记"。

• 按下"Ctrl+Alt+A"。

• 在"插入"面板的"常用"类别中,单击"命名锚记"按钮。

(3)在"锚记名称"框中,键入锚记的名称,然后单击"确定"。(锚记名称不能包含空格)。锚记标记在插入点处出现。

注:如果看不到锚记标记,可选择"查看">"可视化助理">"不可见元素"。

2.链接到命名锚记

(1)在"文档"窗口的"设计"视图中,选择要从其创建链接的文本或图像。

(2)在属性检查器的"链接"框中,键入一个数字符号(#)和锚记名称。例如,若要链接到当前文档中名为"top"的锚记,请键入"#top"。若要链接到同一文件夹内其他文档中的名为"top"的锚记,请键入"filename.html#top"。

注:锚记名称区分大小写。

3.使用指向文件方法链接到命名锚记

(1)打开包含对应命名锚记的文档。

注:如果看不到锚记,请选择"查看">"可视化助理">"不可见元素"使其可见。

(2)在"文档"窗口的"设计"视图中,选择要从其创建链接的文本或图像。(如果这是其他打开文档,则必须切换到该文档。)

(3)请执行下列操作之一:

• 单击属性检查器中"链接"框右侧的"指向文件"图标 (目标图标),然后将它拖到要链接到的锚记上：可以是同一文档中的锚记，也可以是其他打开文档中的锚记。

　　• 在"文档"窗口中，按住 Shift 拖动，从所选文本或图像拖动到要链接到的锚记：可以是同一文档中的锚记，也可以是其他打开文档中的锚记。

5.2.9　创建电子邮件链接

　　单击电子邮件链接时，该链接将打开一个新的空白信息窗口（使用的是与用户浏览器相关联的邮件程序）。在电子邮件消息窗口中，"收件人"框自动更新为显示电子邮件链接中指定的地址。

　　1.使用插入电子邮件链接命令创建一个电子邮件链接

　　(1)在"文档"窗口的"设计"视图中，将插入点放在希望出现电子邮件链接的位置，或者选择要作为电子邮件链接出现的文本或图像。

　　(2)执行下列操作之一，插入该链接：

　　• 选择"插入">"电子邮件链接"。

　　• 在"插入"面板的"常用"类别中，单击"电子邮件链接"按钮。

　　(3)在"文本"框中，键入或编辑电子邮件的正文。

　　(4)在"E-mail"框中，键入电子邮件地址，然后单击"确定"。

　　2.使用属性检查器创建电子邮件链接

　　(1)在"文档"窗口的"设计"视图中选择文本或图像。

　　(2)在属性检查器的"链接"框中，键入 mailto：后跟电子邮件地址。

　　在冒号与电子邮件地址之间不能键入任何空格。

　　3.自动填充电子邮件的主题行

　　(1)如上所述，使用属性检查器创建电子邮件链接。

　　(2)在属性检查器的"链接"框中，在电子邮件地址后添加"? subject=　"，并在等号后输入一个主题。在问号和电子邮件地址结尾之间不能键入任何空格。

　　完整输入格式为：

　　mailto：someone@yoursite.com? subject=MailfromOurSite

5.2.10　创建空链接和脚本链接

　　空链接是未指派的链接。空链接用于向页面上的对象或文本附加行为。例如，可向空链接附加一个行为，以便在指针滑过该链接时会交换图像或显示绝对定位的元素（AP 元素）。

　　脚本链接执行 JavaScript 代码或调用 JavaScript 函数。它非常有用，能够在不离开当前Web 页面的情况下为访问者提供有关某项的附加信息。脚本链接还可用于在访问者单击特定项时，执行计算、验证表单和完成其他处理任务。

　　1.创建空链接

　　(1)在"文档"窗口的"设计"视图中选择文本、图像或对象。

　　(2)在属性检查器中，在"链接"框中键入 javascript：；（javascript 一词后依次接一个冒号和一个分号）。

　　2.创建脚本链接

　　(1)在"文档"窗口的"设计"视图中选择文本、图像或对象。

　　(2)在属性检查器的"链接"框中，键入 javascript：后跟一些 JavaScript 代码或一个函数调用。(在冒号与代码或调用之间不能键入空格。)

5.2.11　自动更新链接

每当用户在本地站点内移动或重命名文档时,Dreamweaver 都可更新起自以及指向该文档的链接。在将整个站点(或其中完全独立的一个部分)存储在本地磁盘上时,此项功能最适用。Dreamweaver 不更改远程文件夹中的文件,除非将这些本地文件放在或者存回到远程服务器上。

为了加快更新过程,Dreamweaver 可创建一个缓存文件,用以存储有关本地文件夹中所有链接的信息。在添加、更改或删除本地站点上的链接时,该缓存文件以不可见的方式进行更新。

1.启用自动链接更新

(1)选择“编辑”>“首选参数”。

(2)在“首选参数”对话框中,从左侧的“分类”列表中选择“常规”。

(3)在“常规”首选参数的“文档选项”部分,从“移动文件时更新链接”弹出菜单中选择一个选项。

总是　每当移动或重命名选定文档时,自动更新起自和指向该文档的所有链接。

从不　在用户移动或重命名选定文档时,不自动更新起自和指向该文档的所有链接。

提示　显示一个对话框,列出此更改影响到的所有文件。单击“更新”可更新这些文件中的链接,而单击“不更新”将保留原文件不变。

(4)单击“确定”。

2.为站点创建缓存文件

(1)选择“站点”>“管理站点”。

(2)选择一个站点,然后单击“编辑”。

(3)在“站点设置”对话框中,展开“高级设置”并选择“本地信息”类别。

(4)在“本地信息”类别中,选择“启用缓存”。

启动 Dreamweaver 之后,第一次更改或删除指向本地文件夹中文件的链接时,Dreamweaver 会提示用户加载缓存。如果用户单击“是”,则 Dreamweaver 会加载缓存,并更新指向刚刚更改的文件的所有链接。如果用户单击“否”,则所做更改会记入缓存中,但Dreamweaver 并不加载该缓存,也不更新链接。

在较大型的站点上,加载此缓存可能需要几分钟的时间,因为 Dreamweaver 必须将本地站点上文件的时间戳与缓存中记录的时间戳进行比较,从而确定缓存中的信息是否是最新的。如果没有在 Dreamweaver 之外更改任何文件,则当“停止”按钮出现时,用户可以放心地单击该按钮。

3.重新创建缓存

在“文件”面板中,选择“站点”>“高级”>“重建站点缓存”。

5.2.12　在整个站点范围内更改链接

除每次移动或重命名文件时让 Dreamweaver 自动更新链接外,用户还可以手动更改所有链接(包括电子邮件链接、FTP 链接、空链接和脚本链接),使它们指向其他位置。

此选项最适用于删除其他文件所链接到的某个文件,不过也可以将它用于其他用途。

例如,用户可能已经在整个站点内将"本月电影"一词链接到/movies/july. html。而到了 8 月 1 日,则必须将那些链接更改为指向/movies/august. html。

(1)在"文件"面板的"本地"视图中选择一个文件。

注:如果更改的是电子邮件链接、FTP 链接、空链接或脚本链接,则不需要选择文件。

(2)选择"站点">"更改整个站点链接"。

(3)在"更改整个站点链接"对话框中完成下列选项:

更改所有的链接 单击文件夹图标 ,浏览到并选择要取消链接的目标文件。如果更改的是电子邮件链接、FTP 链接、空链接或脚本链接,请键入要更改的链接的完整文本。

链接到 单击文件夹图标 ,浏览到并选择要链接到的新文件。如果更改的是电子邮件链接、FTP 链接、空链接或脚本链接,请键入替换链接的完整文本。

(4)单击"确定"。

Dreamweaver 更新链接到选定文件的所有文档,使这些文档指向新文件,并沿用文档已经使用的路径格式(例如,如果旧路径为文档相对路径,则新路径也为文档相对路径)。

在整个站点范围内更改某个链接后,所选文件就成为独立文件(即本地硬盘上没有任何文件指向该文件)。这时可安全地删除此文件,而不会破坏本地 Dreamweaver 站点中的任何链接。

重要说明:因为这些更改是在本地进行的,所以必须手动删除远程文件夹中的相应独立文件,然后存回或取出链接已经更改的所有文件;否则,站点访问者将看不到这些更改。

5.2.13 在 Dreamweaver 中测试链接

在 Dreamweaver 内链接是不活动的,即无法通过在"文档"窗口中单击链接打开该链接所指向的文档。

请执行下列操作之一:

• 选中链接,然后选择"修改">"打开链接页面"。

• 按下 Ctrl,同时双击选中的链接。

注:链接的文档必须驻留在本地磁盘上。

5.3 跳 转 菜 单

5.3.1 关于跳转菜单

"跳转菜单"是文档中的弹出菜单,对站点访问者可见,并且列出了到文档或文件的链接。可以创建到整个 Web 站点内文档的链接、到其他 Web 站点上文档的链接、电子邮件链接、到图形的链接,也可以创建到可在浏览器中打开的任何文件类型的链接。

跳转菜单中的每个选项都与 URL 关联。在用户选择一个选项时,他们会重定向("跳转")到关联的 URL。跳转菜单在"跳转菜单"表单对象中插入。

跳转菜单可包含三个部分:

• (可选)菜单选择提示(如菜单项的类别说明),或一些指导信息(例如"选择其中一项")。

• (必需)所链接的菜单项的列表:当用户选择某个选项时,链接的文档或文件打开。

- （可选）"转到"按钮。

5.3.2　插入跳转菜单

（1）打开一个文档，然后将插入点放在"文档"窗口中。

（2）请执行下列操作之一：

- 选择"插入"＞"表单"＞"跳转菜单"。
- 在"插入"面板的"表单"类别中，单击"跳转菜单"按钮。

（3）完成"插入跳转菜单"对话框，然后单击"确定"。下面列出部分选项：

加号和减号按钮　单击加号可插入项；再单击加号会再添加另外一项。要删除项目，请选择它，然后单击减号。

箭头按钮　选择一个项目后，单击箭头即可在列表中上下移动它。

文本　键入未命名项目的名称。如果菜单包含选择提示（如"选择其中一项"），请在此处键入该提示作为第一个菜单项（如果是这样，还必须选择底部的"更改 URL 后选择第一个项目"）。

选择时，转到 URL　浏览到目标文件或键入其路径。

打开 URL 于　指定是否在同一窗口或框架中打开文件。如果要使用的目标框架未出现在菜单中，可关闭"插入跳转菜单"对话框，然后命名该框架。

菜单之后插入前往按钮　选择插入"转到"按钮，而不是菜单选择提示。

更改 URL 后选择第一个项目　选择是否插入菜单选择提示（"选择其中一项"）作为第一个菜单项。

5.3.3　编辑跳转菜单项

可以更改菜单项的顺序或一项所链接到的文件，也可以添加、删除或重命名项。

若要更改链接文件的打开位置，或者添加或更改菜单选择提示，则必须从"行为"面板应用"跳转菜单"行为。

（1）如果属性检查器尚未打开，请打开属性检查器（"窗口"＞"属性"）。

（2）在"文档"窗口的"设计"视图中，单击跳转菜单对象以选择它。

（3）在属性检查器中，单击"列表值"按钮。

（4）使用"列表值"对话框更改菜单项，再单击"确定"。

5.4　图像地图热点

5.4.1　关于图像地图

图像地图指已被分为多个区域（称为热点）的图像；当用户单击某个热点时，会发生某种动作（例如，打开一个新文件）。

客户端图像地图将超文本链接信息存储在 HTML 文档中，而不是像服务器端图像地图那样，存储在单独的地图文件中。当站点访问者单击图像中的热点时，相关 URL 被直接发送到服务器。这样使得客户端图像地图比服务器端图像地图要快，因为服务器不必解释访问者的单击位置。Netscape Navigator 2.0 及后续版本、NCSA Mosaic 2.1 和 3.0 以及 Internet Explorer 的所有版本都支持客户端图像地图。

Dreamweaver 并不改变现有文档中对服务器端图像地图的引用；在同一文档中，可以同时使用客户端图像地图和服务器端图像地图。不过，同时支持这两种图像地图类型的浏览器赋予客户端图像地图以优先权。若要在文档中包含服务器端图像地图，必须编写相应的 HTML 代码。

5.4.2　插入客户端图像地图

在插入客户端图像地图时，请创建一个热点，然后定义用户单击此热点时所打开的链接。

注：可以创建多个热点，但它们是同一图像地图的一部分。

（1）在"文档"窗口中，选择图像。

（2）在属性检查器中，单击右下角的展开箭头，查看所有属性。

（3）在"地图名称"框中为该图像地图输入一个唯一的名称。如果在同一文档中使用多个图像地图，要确保每个地图都有唯一名称。

（4）若要定义图像地图区域，请执行下列操作之一：

- 选择圆形工具○，并将鼠标指针拖至图像上，创建一个圆形热点。
- 选择矩形工具□，并将鼠标指针拖至图像上，创建一个矩形热点。
- 选择多边形工具♡，在各个顶点上单击一下，定义一个不规则形状的热点。然后单击箭头工具封闭此形状。

创建热点后，出现热点属性检查器。如图 5-2 所示。

图 5-2　热点工具

（5）在热点属性检查器的"链接"框中，单击文件夹图标📁，浏览到并选择在用户单击该热点时要打开的文件，或者键入其路径。

（6）在"目标"弹出菜单中选择一个窗口（应在该窗口中打开该文件）或键入其名称。

当前文档中所有已命名框架的名称都显示在此弹出列表中。如果指定的框架不存在，所链接的页面会加载到一个新窗口，该窗口使用用户所指定的名称。也可选用下列保留目标名：

- _blank 将链接的文件加载到一个未命名的新浏览器窗口中。
- _parent 将链接的文件加载到含有该链接的框架的父框架集或父窗口中。如果包含链接的框架不是嵌套的，则链接文件加载到整个浏览器窗口中。
- _self 将链接的文件加载到该链接所在的同一框架或窗口中。此目标是默认的，所以通常不需要指定它。
- _top 将链接的文件加载到整个浏览器窗口中，因而会删除所有框架。

注：只有当所选热点包含链接后，目标选项才可用。

（7）在"替换文本"框中，键入在纯文本浏览器或手动下载图像的浏览器中显示的替换文本。有些浏览器在用户将指针滑过热点时，将此文本显示为工具提示。

（8）重复第 4 步到第 7 步，定义该图像地图中的其他热点。

（9）完成绘制图像地图后，在文档中的空白区域单击以更改属性检查器。

5.4.3　修改图像地图热点

对在图像地图中所创建的热点进行编辑很容易。可以移动热点区域，调整热点大小，或者在绝对定位的元素（AP 元素）中前后移动热点。

还可以将含有热点的图像从一个文档复制到其他文档，或者复制某图像中的一个或多个热点，然后将其粘贴到其他图像上；这样就将与该图像关联的热点也复制到了新文档中。

1．选择图像地图中的多个热点

（1）使用指针热点工具选择一个热点。

（2）请执行下列操作之一：

- 按下 Shift 的同时单击要选择的其他热点。
- 按"Ctrl＋A"，选择所有热点。

2．移动热点

（1）使用指针热点工具选择该热点。

（2）请执行下列操作之一：

- 将此热点拖动到新区域。
- 使用"Ctrl＋方向键"将热点向选定方向一次移动 10 个像素。
- 使用方向箭将热点向选定方向一次移动 1 个像素。

3．调整热点大小

（1）使用指针热点工具 选择该热点。

（2）拖动热点选择器手柄，更改热点的大小或形状。

5.5　插入 SWF 文件

5.5.1　关于 FLA、SWF 和 FLV 文件类型

在使用 Dreamweaver 来插入使用 Adobe Flash 创建的内容之前，用户应熟悉以下不同文件类型：

FLA 文件（.fla）所有项目的源文件，使用 Flash 创作工具创建。此类型的文件只能在 Flash 中打开（而无法在 Dreamweaver 或浏览器中打开）。用户可以在 Flash 中打开 FLA 文件，然后将它发布为 SWF 或 SWT 文件以在浏览器中使用。

SWF 文件（.swf）FLA（.fla）文件的编译版本，已进行优化，可以在 Web 上查看。此文件可以在浏览器中播放并且可以在 Dreamweaver 中进行预览，但不能在 Flash 中编辑此文件。

FLV 文件（.flv）一种视频文件，它包含经过编码的音频和视频数据，用于通过 Flash？

Player 进行传送。例如，如果有 QuickTime 或 Windows Media 视频文件，则可以使用编码器（如 Flash® CS4 VideoEncoder 或 Sorensen Squeeze）将视频文件转换为 FLV 文件。

5.5.2 插入和预览 SWF 文件

使用 Dreamweaver 可向页面添加 SWF 文件，再在文档中或浏览器中进行预览。还可以在属性检查器中设置 SWF 文件的属性。

1. 插入 SWF 文件

(1)在"文档"窗口的"设计"视图中，将插入点放置在用户要插入内容的位置，然后执行以下操作之一：

• 在"插入"面板的"常用"类别中，选择"媒体"，然后单击 SWF 图标。

• 选择"插入">"媒体">"SWF"。

(2)在出现的对话框中，选择一个 SWF 文件(.swf)。

将在"文档"窗口中显示一个 SWF 文件占位符。如图 5-3 所示。

图 5-3 SWF 文件占位符

此占位符有一个选项卡式蓝色外框。此选项卡指示资源的类型（SWF 文件）和 SWF 文件的 ID。此选项卡还显示一个眼睛图标。此图标可用于在 SWF 文件和用户在没有正确的 Flash Player 版本时看到的下载信息之间切换。

(3)保存此文件。

Dreamweaver 通知用户正在将两个相关文件（expressInstall. swf 和 swfobject_modified. js)保存到站点中的 Scripts 文件夹。在将 SWF 文件上传到 Web 服务器时，不要忘记上传这些文件。除非用户还上传了这些相关文件，否则浏览器无法正确显示 SWF 文件。

注：Microsoft Internet Information Server(IIS)不处理嵌套的对象标签。对于 ASP 页面，Dreamweaver 在插入 SWF 或 FLV 文件时使用嵌套对象/嵌入代码而不是嵌套对象代码。

2. 编辑 FlashPlayer 下载信息

在页面中插入 SWF 文件时，Dreamweaver 会插入检测用户是否拥有正确的 Flash Player 版本的代码。如果没有，则页面会显示默认的替代内容，提示用户下载最新版本。用户可以随时更改此替代内容。

此过程也适用于 FLV 文件。

注：如果用户没有所需版本，但拥有 Flash Player 5.0 或更高版本，则浏览器会显示 Flash Player 快速安装程序。如果用户拒绝快速安装，则页面会显示替代内容。

(1)在"文档"窗口的设计视图中,选择 SWF 文件或 FLV 文件。

(2)单击 SWF 文件或 FLV 文件的选项卡中的眼睛图标。

用户还可以按"Ctrl＋]"来切换到其他内容视图。若要返回到 SWF/FLV 视图,请按"Ctrl＋["直到选择了所有其他内容。然后再次按"Ctrl＋["。

(3)使用和在 Dreamweaver 中编辑任何其他内容一样的方式编辑内容。

注:不能将 SWF 文件或 FLV 文件添加为替代内容。

(4)再次单击眼睛图标以返回到 SWF(或 FLV)文件视图。

3.在"文档"窗口中预览 SWF 文件

(1)在"文档"窗口中,单击 SWF 文件占位符以选定内容。

(2)在属性检查器("窗口"＞"属性")中,单击"播放"按钮。单击"停止"可以结束预览。也可以通过按 F12 在浏览器中预览 SWF 文件。

若要预览某一页面中的所有 SWF 文件,请按"Ctrl＋Alt＋Shift＋P"。所有 SWF 文件都设置为播放。

4.设置 SWF 文件属性

用户可以使用属性检查器设置 SWF 文件的属性。这些属性也适用于 Shockwave 影片。

选择一个 SWF 文件或 Shockwave 影片,然后在属性检查器("窗口"＞"属性")中设置选项。若要查看所有属性,请单击属性检查器右下角的扩展器箭头。

ID　为 SWF 文件指定唯一 ID。在属性检查器最左侧的未标记文本框中输入 ID。从 DreamweaverCS4 起,需要唯一 ID。

宽和高　以像素为单位指定影片的宽度和高度。

文件　指定 SWF 文件或 Shockwave 文件的路径。单击文件夹图标以浏览到某一文件,或者键入路径。

源文件　指定源文档(FLA 文件)的路径(如果计算机上同时安装了 Dreamweaver 和 Flash)。若要编辑 SWF 文件,请更新影片的源文档。

背景　指定影片区域的背景颜色。在不播放影片时(在加载时和在播放后)也显示此颜色。

编辑　启动 Flash 以更新 FLA 文件(使用 Flash 创作工具创建的文件)。如果计算机上没有安装 Flash,则会禁用此选项。

类　可用于对影片应用 CSS 类。

循环　使影片连续播放。如果没有选择循环,则影片将播放一次,然后停止。

自动播放　在加载页面时自动播放影片。

垂直边距和水平边距　指定影片上、下、左、右空白的像素数。

品质　在影片播放期间控制抗失真。高品质设置可改善影片的外观。但高品质设置的影片需要较快的处理器才能在屏幕上正确呈现。低品质设置会首先照顾到显示速度,然后才考虑外观,而高品质设置首先照顾到外观,然后才考虑显示速度。自动低品质会首先照顾到显示速度,但会在可能的情况下改善外观。自动高品质开始时会同时照顾显示速度和外观,但以后可能会根据需要牺牲外观以确保速度。

比例　确定影片如何适合在宽度和高度文本框中设置的尺寸。"默认"设置为显示整个影片。

对齐　确定影片在页面上的对齐方式。

Wmode　为 SWF 文件设置 Wmode 参数以避免与 DHTML 元素(例如 SpryWidget)相冲突。默认值是不透明,这样在浏览器中,DHTML 元素就可以显示在 SWF 文件的上面。如果 SWF 文件包括透明度,并且用户希望 DHTML 元素显示在它们的后面,请选择"透明"选项。选择"窗口"选项可从代码中删除 Wmode 参数并允许 SWF 文件显示在其他 DHTML 元素的上面。

播放　在"文档"窗口中播放影片。

参数　打开一个对话框,可在其中输入传递给影片的附加参数。影片必须已设计好,可以接收这些附加参数。

5.6　插入 FLV 文件

5.6.1　插入 FLV 文件

用户可以向网页中轻松添加 FLV 视频,而无需使用 Flash 创作工具。如图 5-4 所示。在开始之前,必须有一个经过编码的 FLV 文件。

Dreamweaver 插入一个显示 FLV 文件的 SWF 组件;当在浏览器中查看时,此组件显示所选的 FLV 文件以及一组播放控件。

图 5-4　插入 FLV 文件

Dreamweaver 提供了以下选项,用于将 FLV 视频传送给站点访问者:

累进式下载视频　将 FLV 文件下载到站点访问者的硬盘上,然后进行播放。但是,与传统的"下载并播放"视频传送方法不同,累进式下载允许在下载完成之前就开始播放视频文件。

流视频 对视频内容进行流式处理，并在一段可确保流畅播放的很短的缓冲时间后在网页上播放该内容。若要在网页上启用流视频，用户必须具有访问 Adobe Flash Media Server 的权限。

必须有一个经过编码的 FLV 文件，然后才能在 Dreamweaver 中使用它。可以插入使用以下两种编解码器（压缩/解压缩技术）创建的视频文件：Sorenson Squeeze 和 On2。如图5-4所示。

与常规 SWF 文件一样，在插入 FLV 文件时，Dreamweaver 将插入检测用户是否拥有可查看视频的正确 Flash Player 版本的代码。如果用户没有正确的版本，则页面将显示替代内容，提示用户下载最新版本的 Flash Player。

注：若要查看 FLV 文件，用户的计算机上必须安装 Flash Player 8 或更高版本。如果用户没有安装所需的 Flash Player 版本，但安装了 Flash Player 5.0 r65 或更高版本，则浏览器将显示 Flash Player 快速安装程序，而非替代内容。如果用户拒绝快速安装，则页面会显示替代内容。

1. 插入 FLV 文件

(1)选择"插入"＞"媒体"＞"FLV"。

(2)在"插入 FLV"对话框中，从"视频类型"弹出菜单中选择"累进式下载视频"或"流视频"。

(3)完成对话框选项的其余部分，然后单击"确定"。

注：Microsoft Internet Information Server(IIS)不处理嵌套的对象标签。对于 ASP 页面，Dreamweaver 在插入 SWF 或 FLV 文件时使用嵌套对象/嵌入代码而不是嵌套对象代码。

2. 设置累进式下载视频的选项

"插入 FLV"对话框允许用户为网页中插入的 FLV 文件设置累进式下载传送选项。

(1)选择"插入"＞"媒体"＞"FLV"(或单击"常用"插入栏的"媒体"类别中的 FLV 图标)。

(2)在"插入 FLV"对话框中，从"视频类型"菜单中选择"累进式下载视频"。

(3)指定以下选项：

URL 指定 FLV 文件的相对路径或绝对路径。若要指定相对路径(例如，mypath/myvideo.flv)，请单击"浏览"按钮，导航到 FLV 文件并将其选定。若要指定绝对路径，请键入 FLV 文件的 URL(例如，http://www.example.com/myvideo.flv)。

外观 指定视频组件的外观。所选外观的预览会显示在"外观"弹出菜单的下方。

宽度 以像素为单位指定 FLV 文件的宽度。若要让 Dreamweaver 确定 FLV 文件的准确宽度，请单击"检测大小"按钮。如果 Dreamweaver 无法确定宽度，用户必须键入宽度值。

高度 以像素为单位指定 FLV 文件的高度。若要让 Dreamweaver 确定 FLV 文件的准确高度，请单击"检测大小"按钮。如果 Dreamweaver 无法确定高度，用户必须键入高度值。

注："包括外观"是 FLV 文件的宽度和高度与所选外观的宽度和高度相加得出的和。

限制高宽比 保持视频组件的宽度和高度之间的比例不变。默认情况下会选择此选项。

自动播放 指定在 Web 页面打开时是否播放视频。

自动重新播放 指定播放控件在视频播放完之后是否返回起始位置。

（4）单击"确定"关闭对话框并将 FLV 文件添加到网页上。

"插入 FLV"命令生成一个视频播放器 SWF 文件和一个外观 SWF 文件，它们用于在网页上显示视频内容。（若要查看新的文件，则用户可能需要在"文件"面板中单击"刷新"按钮。）这些文件与视频内容所添加到的 HTML 文件存储在同一目录中。当用户上传包含 FLV 文件的 HTML 页面时，Dreamweaver 将以相关文件的形式上传这些文件（如果用户在"要上传相关文件"对话框中单击了"是"）。

3.设置流视频选项

"插入 FLV"对话框允许用户为插网页中的 FLV 文件设置流视频下载选项。

（1）选择"插入"＞"媒体"＞"FLV"（或单击"常用"插入栏的"媒体"类别中的 FLV 图标）。

（2）从"视频类型"弹出菜单中选择"流视频"。

服务器 URI　以 rtmp：//www. example. com/app_name/instance_name 的形式指定服务器名称、应用程序名称和实例名称。

流名称　指定想要播放的 FLV 文件的名称（例如，myvideo. flv）。扩展名. flv 是可选的。

外观指定视频组件的外观。所选外观的预览会显示在"外观"弹出菜单的下方。

宽度　以像素为单位指定 FLV 文件的宽度。若要让 Dreamweaver 确定 FLV 文件的准确宽度，请单击"检测大小"按钮。如果 Dreamweaver 无法确定宽度，用户必须键入宽度值。

高度　以像素为单位指定 FLV 文件的高度。若要让 Dreamweaver 确定 FLV 文件的准确高度，请单击"检测大小"按钮。如果 Dreamweaver 无法确定高度，用户必须键入高度值。

注："包括外观"是 FLV 文件的宽度和高度与所选外观的宽度和高度相加得出的和。

限制高宽比　保持视频组件的宽度和高度之间的比例不变。默认情况下会选择此选项。

实时视频输入　指定视频内容是否是实时的。如果选择了"实时视频输入"，则FlashPlayer将播放从 Flash Media Server 流入的实时视频流。实时视频输入的名称是在"流名称"文本框中指定的名称。

注：如果选择了"实时视频输入"，组件的外观上只会显示音量控件，因为用户无法操纵实时视频。此外，"自动播放"和"自动重新播放"选项也不起作用。

自动播放　指定在 Web 页面打开时是否播放视频。

自动重新播放　指定播放控件在视频播放完之后是否返回起始位置。

缓冲时间　指定在视频开始播放之前进行缓冲处理所需的时间（以秒为单位）。默认的缓冲时间设置为 0，这样在单击了"播放"按钮后视频会立即开始播放。（如果选择"自动播放"，则在建立与服务器的连接后视频立即开始播放。）如果用户要发送的视频的比特率高于站点访问者的连接速度，或者 Internet 通信可能会导致带宽或连接问题，则可能需要设置缓冲时间。例如，如果要在网页播放视频之前将 15 秒的视频发送到网页，请将缓冲时间设置为 15。

（3）单击"确定"关闭对话框并将 FLV 文件添加到网页上。

"插入 FLV"命令生成一个视频播放器 SWF 文件和一个外观 SWF 文件，它们用于在网页上显示视频。该命令还会生成一个 main. asc 文件，用户必须将该文件上传到 FlashMedia Server。（若要查看新的文件，用户可能需要在"文件"面板中单击"刷新"按钮。）这些文件与视频内容所添加到的 HTML 文件存储在同一目录中。上传包含 FLV 文件的 HTML 页面时,请不要忘记将 SWF 文件上传到 Web 服务器,将 main.asc 文件上传到 Flash Media Server。

注:如果服务器上已有 main.asc 文件,请确保在上传由"插入 FLV"命令生成的 main.asc 文件之前与服务器管理员进行核实。

用户可以轻松地上传所有所需的媒体文件,方法是在 Dreamweaver 的"文档"窗口中选择视频组件占位符,然后在属性检查器("窗口">"属性")中单击"上传媒体"按钮。若要查看所需文件的列表,请单击"显示所需的文件"。

注:"上传媒体"按钮不会上传包含视频内容的 HTML 文件。

4.编辑 Flash Player 下载信息

在页面中插入 FLV 文件时,Dreamweaver 会插入检测用户是否拥有正确的 Flash Player 版本的代码。如果没有,则页面会显示默认的替代内容,提示用户下载最新版本。用户可以随时更改此替代内容。

此过程也适用于 SWF 文件。

注:如果用户没有所需版本,但拥有 Flash Player 5.0 或更高版本,则浏览器会显示 Flash Player 快速安装程序。如果用户拒绝快速安装,则页面会显示替代内容。

(1)在"文档"窗口的设计视图中,选择 SWF 文件或 FLV 文件。

(2)单击 SWF 文件或 FLV 文件的选项卡中的眼睛图标。

用户还可以按"Ctrl+]"来切换到其他内容视图。若要返回到 SWF/FLV 视图,请按"Ctrl+["直到选择了所有其他内容。然后再次按"Ctrl+["。

(3)使用和在 Dreamweaver 中编辑任何其他内容一样的方式编辑内容。

注:不能将 SWF 文件或 FLV 文件添加为替代内容。

(4)再次单击眼睛图标以返回到 SWF 或 FLV 文件视图。

5.FLV 文件答疑

本部分详述 FLV 文件一些最常见问题的原因。

因缺少相关文件造成的显示问题 Dreamweaver CS4 生成的代码依赖于四个相关文件,这四个文件不同于 FLV 文件自身:

- swfobject_modified.js
- expressInstall.swf
- FLVPlayer_Progressive.swf
- 外观文件(例如 Clear_Skin_1.swf)

请注意,与 Dreamweaver CS3 相比,Dreamweaver CS4 多了两个相关文件。

这些文件中的前两个(swfobject_modified.js 和 expressInstall.swf)安装在名为"脚本"的文件夹内,如不存在,Dreamweaver 将在站点的根目录内创建这两个文件。

其次两个文件(FLVPlayer_Progressive.swf 和外观文件)安装在与 FLV 嵌入的页面相同的文件夹内。外观文件包含 FLV 的控件,其名称取决于在 DW CS4 帮助内所述选项中选取的外观。例如,如果选择 Clear Skin(透明外观),则文件名为 Clear_Skin_1.swf。

所有四个相关文件都必须上传到用户的远程服务器上,FLV 才能正常显示。

忘记上传这些文件是 FLV 文件无法在 Web 页中正常运行的最常见原因。如果丢失其中一个文件,用户可能会在页面上看到"白框"。

要确保上传所有这些相关文件,请使用 Dreamweaver 的"文件"面板上传显示 FLV 的页面。上传页面时,Dreamweaver 询问用户是否要上传相关文件(如果此选项未关闭)。单击"是"上传相关文件。

本地预览页面时的显示问题

由于 Dreamweaver CS4 中的安全性更新,如果用户在 Dreamweaver 站点定义中未定义本地测试服务器并且使用该测试服务器来预览页面,则不能使用"在浏览器中预览"命令来测试使用嵌入 FLV 的页面。

通常,只有在使用 ASP、ColdFusion 或 PHP 开发页面时才会需要测试服务器(请参阅第 436 页的"设置计算机以进行应用程序开发")。如果用户在创建仅使用 HTML 的网站并且未定义测试服务器,按 F12 会在屏幕上产生杂乱的外观控件。解决方法是定义测试服务器并使用该测试服务器来预览页面,或者将文件上传到远程服务器并通过远程显示。

注:也可能会因为安全性设置阻止预览本地 FLV 内容,但 Adobe 尚不能够确认这一点。用户可以尝试更改安全性设置,看看是否有所帮助。

FLV 文件问题的其他可能原因

• 如果用户在本地预览时出现问题,确保在"编辑">"首选参数">"在浏览器中预览"下面取消选择了"使用临时文件预览"选项。

• 确定用户安装了最新的 FlashPlayer 插件

• 在 Dreamweaver 外部移动文件和文件夹时要小心。当用户移动 Dreamweaver 外部的文件和文件夹时,Dreamweaver 不能保证 FLV 相关文件的路径是正确的。

• 用户可以暂时将带来问题的 FLV 文件替换为已知正常工作的 FLV 文件。如果替换 FLV 文件有作用,则问题就在于原始的 FLV 文件,而不是用户的浏览器或计算机。

5.6.2　编辑或删除 FLV 组件

通过在 Dreamweaver 的"文档"窗口中选择视频组件占位符并使用属性检查器,更改网页上视频的设置。另一种方式是删除该视频组件并通过选择"插入">"媒体">"FLV"来重新插入。

1.编辑 FLV 组件

(1)在 Dreamweaver 的"文档"窗口中,单击视频组件占位符中央的 FLV 图标以选择该占位符。

(2)打开属性检查器("窗口">"属性")进行更改。

注:不能使用属性检查器更改视频类型(例如,从"累进式下载"更改为"流式")。若要更改视频类型,请删除 FLV 组件,然后通过选择"插入">"媒体">"FLV"重新插入该组件。

2.删除 FLV 组件

在 Dreamweaver 的"文档"窗口中选择 FLV 组件占位符,然后按 Delete。

3.删除 FLV 检测代码

对于 Dreamweaver CS4 及更高版本,Dreamweaver 可在包含 FLV 文件的对象标签中直接插入 Flash Player 检测代码。但对于 Dreamweaver CS3 及更早版本,检测代码位于 FLV 文件的对象标签的外部。因此,如果要从使用 Dreamweaver CS3 及更早版本创建的页面中删除 FLV 文件,必须删除这些 FLV 文件并使用"删除 FLV 检测"命令删除检测代码。

选择"命令">"删除 Flash 视频检测"。

5.7　添加声音

5.7.1　音频文件格式

可以向网页添加声音。有多种不同类型的声音文件和格式,例如.wav、.midi 和.mp3。在确定采用哪种格式和方法添加声音前,需要考虑以下一些因素:添加声音的目的、页面访问者、文件大小、声音品质和不同浏览器的差异。

注:浏览器不同,处理声音文件的方式也会有很大差异和不一致的地方。用户最好将声音文件添加到 SWF 文件中,然后嵌入该 SWF 文件以改善一致性。

下表描述了较为常见的音频文件格式以及每一种格式在 Web 设计中的一些优缺点。

.midi 或.mid(Musical Instrument Digital Interface,乐器数字接口)　此格式用于器乐。许多浏览器都支持 MIDI 文件,并且不需要插件。尽管 MIDI 文件的声音品质非常好,但也可能因访问者的声卡而异。很小的 MIDI 文件就可以提供较长时间的声音剪辑。MIDI 文件不能进行录制,并且必须使用特殊的硬件和软件在计算机上合成。

.wav(波形扩展)　这些文件具有良好的声音品质,许多浏览器都支持此类格式文件并且不需要插件。用户可以从 CD、磁带、麦克风等录制用户自己的 WAV 文件。但是,其较大的文件大小严格限制了可以在用户的网页上使用的声音剪辑的长度。

.aif(Audio Interchange File Format,音频交换文件格式,或 AIFF)　AIFF 格式与 WAV 格式类似,也具有较好的声音品质,大多数浏览器都可以播放它并且不需要插件;用户也可以从 CD、磁带、麦克风等录制 AIFF 文件。但是,其较大的文件大小严格限制了可以在用户的网页上使用的声音剪辑的长度。

.mp3(Motion Picture Experts Group Audio Layer-3,运动图像专家组音频第 3 层,或称为 MPEG 音频第 3 层)　一种压缩格式,它可使声音文件明显缩小。其声音品质非常好:如果正确录制和压缩 mp3 文件,其音质甚至可以和 CD 相媲美。mp3 技术使用户可以对文件进行“流式处理”,以便访问者不必等待整个文件下载完成即可收听该文件。但是,其文件大小要大于 RealAudio 文件,因此通过典型的拨号(电话线)调制解调器连接下载整首歌曲可能仍要花较长的时间。若要播放 mp3 文件,访问者必须下载并安装辅助应用程序或插件,例如 QuickTime、Windows Media Player 或 Real Player。

.ra、.ram、.rpm 或 Real Audio　此格式具有非常高的压缩度,文件大小要小于 mp3。全部歌曲文件可以在合理的时间范围内下载。因为可以在普通的 Web 服务器上对这些文件进行“流式处理”,所以访问者在文件完全下载完之前就可听到声音。访问者必须下载并安装 RealPlayer 辅助应用程序或插件才可以播放这种文件。

.qt、.qtm、.mov 或 QuickTime　此格式是由 Apple Computer 开发的音频和视频格式。Apple Macintosh 操作系统中包含了 QuickTime,并且大多数使用音频、视频或动画的 Macintosh 应用程序都使用 QuickTime。PC 也可播放 QuickTime 格式的文件,但是需要特殊的 QuickTime 驱动程序。QuickTime 支持大多数编码格式,如 Cinepak、JPEG 和 MPEG。

注:除了上面列出的比较常用的格式外,还有许多不同的音频和视频文件格式可在 Web 上使用。如果用户遇到不熟悉的媒体文件格式,请找到该格式的创建者,以获取有关如何以

最佳的方式使用和部署该格式的信息。

5.7.2 链接到音频文件

链接到音频文件是将声音添加到网页的一种简单而有效的方法。这种集成声音文件的方法可以使访问者选择是否要收听该文件,并且使文件可用于最广范围的听众。

(1)选择用户要用作指向音频文件的链接的文本或图像。

(2)在属性检查器中,单击"链接"文本框旁的文件夹图标以浏览音频文件,或者在"链接"文本框中键入文件的路径和名称。

5.7.3 嵌入声音文件

嵌入音频可将声音直接集成到页面中,但只有在访问用户站点的访问者具有所选声音文件的适当插件后,声音才可以播放。如果希望将声音用作背景音乐,或如果希望控制音量、播放器在页面上的外观或者声音文件的开始点和结束点,就可以嵌入文件。

将声音文件集成到网页中时,请仔细考虑它们在 Web 站点内的适当使用方式,以及站点访问者如何使用这些媒体资源。因为访问者有时可能不希望听到音频内容,所以应总是提供启用或禁用声音播放的控件。

(1)在"设计"视图中,将插入点放置在用户要嵌入文件的地方,然后执行以下操作之一:

• 在"插入"面板的"常用"类别中,单击"媒体"按钮,然后从弹出菜单中选择"插件"图标。

• 选择"插入">"媒体">"插件"。

(2)浏览音频文件,然后单击"确定"。

(3)通过在属性检查器的适当文本框中输入值或者在"文档"窗口中调整插件占位符的大小,输入宽度和高度。

这些值确定音频控件在浏览器中以多大的大小显示。

第6章 表格及布局表格

6.1 使用表格显示内容

6.1.1 关于表格

表格是用来在 HTML 页上显示表格式数据以及对文本和图形进行布局的强有力的工具。表格由一行或多行组成;每行又由一个或多个单元格组成。虽然 HTML 代码中通常不明确指定列,但 Dreamweaver 允许用户操作列、行和单元格。

当选定了表格或表格中有插入点时,Dreamweaver 会显示表格宽度和每个表格列的列宽。宽度旁边是表格标题菜单与列标题菜单的箭头。使用这些菜单可以快速访问与表格相关的常用命令。可以启用或禁用宽度和菜单。

如果用户未看到表格的宽度或列的宽度,则说明没有在 HTML 代码中指定该表格或列的宽度。如果出现两个数,则说明"设计"视图中显示的可视宽度与 HTML 代码中指定的宽度不一致。当拖动表格的右下角来调整表格的大小,或者添加到单元格中的内容比该单元格的设置宽度大时,会出现这种情况。

例如,如果用户将某列的宽度设置为 200 像素,而添加的内容将宽度延长为 250 像素,则该列将显示两个数:200(代码中指定的宽度)和(250)(带括号,表示该列呈现在屏幕上的可视宽度)。

注:用户还可以使用 CSS 定位来对页进行布局。

6.1.2 HTML 中的表格格式设置优先顺序

当在"设计"视图中对表格进行格式设置时,用户可以设置整个表格或表格中所选行、列或单元格的属性。如果将整个表格的某个属性(例如背景颜色或对齐)设置为一个值,而将单个单元格的属性设置为另一个值,则单元格格式设置优先于行格式设置,行格式设置又优先于表格格式设置。

表格格式设置的优先顺序如下:

(1)单元格;

(2)行数;

(3)表格。

例如,如果将单个单元格的背景颜色设置为蓝色,然后将整个表格的背景颜色设置为黄色,则蓝色单元格不会变为黄色,因为单元格格式设置优先于表格格式设置。

注:当用户设置列的属性时,Dreamweaver 更改对应于该列中每个单元格的 td 标签的属性。

6.1.3　关于拆分和合并表格单元格

只要整个选择部分的单元格形成一行或一个矩形,用户便可以合并任意数目的相邻的单元格,以生成一个跨多个列或行的单元格。用户可以将单元格拆分成任意数目的行或列,而不管之前它是否是合并过的。Dreamweaver 自动重新构造表格(添加任何必需的 colspan 或 rowspan 属性),以创建指定的排列方式。

如图 6-1 所示,前两行中间的单元格已经合并成一个跨两行的单元格。

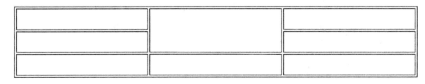

图 6-1　合并表格单元格

6.1.4　插入表格并添加内容

使用"插入"面板或"插入"菜单来创建一个新表格。然后,按照在表格外添加文本和图像的方式,向表格单元格中添加文本和图像。

(1)在"文档"窗口的"设计"视图中,将插入点放在需要表格出现的位置。

注:如果用户的文档是空白的,则只能将插入点放置在文档的开头。

• 选择"插入">"表格"。

• 在"插入"面板的"常用"类别中,单击"表格"。

(2)设置"表格"对话框的属性,然后单击"确定"创建表格。

行数　确定表格行的数目。

列数　确定表格列的数目。

表格宽度　以像素为单位或按占浏览器窗口宽度的百分比指定表格的宽度。

边框粗细　指定表格边框的宽度(以像素为单位)。

单元格间距　决定相邻的表格单元格之间的像素数。

如果没有明确指定边框粗细或单元格间距和单元格边距的值,则大多数浏览器都按边框粗细和单元格边距设置为 1、单元格间距设置为 2 来显示表格。若要确保浏览器显示表格时不显示边距或间距,请将"单元格边距"和"单元格间距"设置为 0。

单元格边距　确定单元格边框与单元格内容之间的像素数。

无　对表格不启用列或行标题。

左对齐　可以将表格的第一列作为标题列,以便可为表格中的每一行输入一个标题。

顶对齐　可以将表格的第一行作为标题行,以便可为表格中的每一列输入一个标题。

两者兼有　使用户能够在表格中输入列标题和行标题。

最好使用标题以方便使用屏幕阅读器的 Web 站点访问者。屏幕阅读器读取表格标题并且帮助屏幕阅读器用户跟踪表格信息。

标题　提供一个显示在表格外的表格标题。

对齐标题　指定表格标题相对于表格的显示位置。

摘要　给出了表格的说明。屏幕阅读器可以读取摘要文本,但是该文本不会显示在用户的浏览器中。

6.1.5　导入和导出表格式数据

可以将在另一个应用程序(例如 Microsoft Excel)中创建并以分隔文本的格式(其中的项以制表符、逗号、冒号或分号隔开)保存的表格式数据导入到 Dreamweaver 中并设置为表格格式。

用户也可以将表格数据从 Dreamweaver 导出到文本文件中,相邻单元格的内容由分隔符隔开。用户可以使用逗号、冒号、分号或空格作为分隔符。当导出表格时,将导出整个表格,用户不能选择导出部分表格。

如果只需要表格中的某些数据(例如前六行或前六列),则复制包含这些数据的单元格,将这些单元格粘贴到表格外(创建新表格),然后导出这个新表格。

1.导入表格数据

(1)请执行下列操作之一:

- 选择"文件">"导入">"表格式数据"。
- 在"插入"面板的"数据"类别中,单击"导入表格式数据"图标。
- 选择"插入">"表格对象">"导入表格式数据"。

(2)请指定表格式数据选项,然后单击"确定"。

数据文件　要导入的文件的名称。单击"浏览"按钮选择一个文件。

分隔符　要导入的文件中所使用的分隔符。

如果用户选择"其他",则弹出菜单的右侧会出现一个文本框。输入用户的文件中使用的分隔符。

注:将分隔符指定为先前保存数据文件时所使用的分隔符。如果不这样做,则无法正确地导入文件,也无法在表格中对用户的数据进行正确的格式设置。

表格宽度　表格的宽度。

- 选择"匹配内容"使每个列足够宽以适应该列中最长的文本字符串。
- 选择"设置"以像素为单位指定固定的表格宽度,或按占浏览器窗口宽度的百分比指定表格宽度。

边框　指定表格边框的宽度(以像素为单位)。

单元格边距　单元格内容与单元格边框之间的像素数。

单元格间距　相邻的表格单元格之间的像素数。

如果没有明确指定边框、单元格间距和单元格边距的值,则大多数浏览器都按边框和单元格边距设置为1、单元格间距设置为2来显示表格。若要确保浏览器显示表格时不显示边距或间距,请将"单元格边距"和"单元格间距"设置为0。若要在边框设置为0时查看单元格和表格边框,请选择"查看">"可视化助理">"表格边框"。

格式化首行　确定应用于表格首行的格式设置(如果存在)。从四个格式设置选项中进行选择:无格式、粗体、斜体或加粗斜体。

2.导出表格

(1)请将插入点放置在表格中的任意单元格中。

(2)选择"文件">"导出">"表格"。

(3)指定以下选项:

分隔符　指定应该使用哪种分隔符在导出的文件中隔开各项。

换行符　指定用户将在哪种操作系统中打开导出的文件:Windows、Macintosh 还是

UNIX。（不同的操作系统具有不同的指示文本行结尾的方式。）

（4）单击"导出"。

（5）输入文件名称，然后单击"保存"。

6.1.6 选择表格元素

可以一次选择整个表、行或列。也可以选择一个或多个单独的单元格。

当用户在表格、行、列或单元格上移动鼠标指针时，Dreamweaver 将高亮显示选择区域中的所有单元格，以使用户知道将选择哪些单元格。当用户的表格没有边框、单元格跨多列或多行或者表格嵌套时，这一点很有用。可以在首选参数中更改高亮颜色。

如果用户将鼠标指针定位到表格边框上，然后按住"Ctrl"，则将高亮显示该表格的整个表格结构（即表格中的所有单元格）。当用户的表格有嵌套并且希望查看其中一个表格的结构时，这一点很有用。

1. 选择整个表格

请执行下列操作之一：

· 单击表格的左上角、表格的顶缘或底缘的任何位置或者行或列的边框。

注：当用户可以选择表格时，鼠标指针会变成表格网格图标（除非用户单击行或列边框）。

· 单击某个表格单元格，然后在"文档"窗口左下角的标签选择器中选择<table>标签。

· 单击某个表格单元格，然后选择"修改">"表格">"选择表格"。

· 单击某个表格单元格，单击表格标题菜单，然后选择"选择表格"。所选表格的下缘和右缘出现选择柄。

2. 选择单个或多个行或列

（1）定位鼠标指针使其指向行的左边缘或列的上边缘。

（2）当鼠标指针变为选择箭头时，单击以选择单个行或列，或进行拖动以选择多个行或列。如图 6-2 所示。

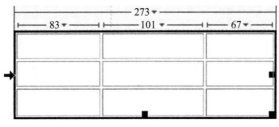

图 6-2 选择单个或多个行或列

3. 选择单个列

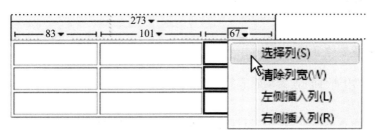

图 6-3 选择单个列

（1）在该列中单击。

（2）单击列标题菜单，然后选择"选择列"。如图 6-3 所示。

4. 选择单个单元格

请执行下列操作之一：

- 单击单元格，然后在"文档"窗口左下角的标签选择器中选择<td>标签。

- 按住 Ctrl 单击该单元格。

- 单击单元格，然后选择"编辑"＞"全选"。

选择了一个单元格后再次选择"编辑"＞"全选"可以选择整个表格。

5. 选择一行或矩形的单元格块

请执行下列操作之一：

- 从一个单元格拖到另一个单元格。

- 单击一个单元格，然后按住 Ctrl 单击以选中该单元格，接着按住 Shift 单击另一个单元格。

这两个单元格定义的直线或矩形区域中的所有单元格都将被选中。如图 6-4 所示。

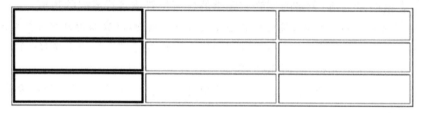

图 6-4 选择矩形的单元格块

6. 选择不相邻的单元格

按住 Ctrl 单击要选择的单元格、行或列。

如果用户按住 Ctrl 单击的单元格、行或列尚未选中，则会添加到选择区域中。如果已将其选中，则再次单击会将其从选择中删除。

7. 更改选择表格元素时的高亮颜色

（1）选择"编辑"＞"首选参数"。

（2）从左侧的"分类"列表中选择"高亮显示"，进行以下更改之一，然后单击"确定"。

- 要更改表格元素的高亮颜色，请单击"鼠标滑过"颜色框并使用颜色选择器来选择一种高亮颜色（或在文本框中输入高亮颜色的十六进制值）。

- 若要对表格元素启用或禁用高亮显示功能，请选择或取消选择"鼠标滑过"的"显示"选项。

注：这些选项会影响当鼠标指针滑过时 Dreamweaver 高亮显示的所有对象，例如绝对定位的元素（AP 元素）。

6.1.7 设置表格属性

用户可以使用属性检查器编辑表格。

（1）选择表。

（2）在属性检查器（"窗口"＞"属性"）中，根据需要更改属性。

表格 ID 表格的 ID。

行和列表格中行和列的数量。

W　表格的宽度,以像素为单位或表示为占浏览器窗口宽度的百分比。

注:通常不需要设置表格的高度。

单元格边距　单元格内容与单元格边框之间的像素数。

单元格间距　相邻的表格单元格之间的像素数。

对齐　确定表格相对于同一段落中的其他元素(例如文本或图像)的显示位置。

"左对齐"沿其他元素的左侧对齐表格(因此同一段落中的文本在表格的右侧换行);"右对齐"沿其他元素的右侧对齐表格(文本在表格的左侧换行);"居中对齐"将表格居中(文本显示在表格的上方和/或下方)。"缺省"指示浏览器应该使用其默认对齐方式。

当将对齐方式设置为"默认"时,其他内容不显示在表格的旁边。若要在其他内容旁边显示表格,请使用"左对齐"或"右对齐"。

边框　指定表格边框的宽度(以像素为单位)。

如果没有明确指定边框、单元格间距和单元格边距的值,则大多数浏览器按边框和单元格边距均设置为 1 且单元格间距设置为 2 显示表格。若要确保浏览器不显示表格中的边距和间距,请将"边框"、"单元格边距"和"单元格间距"都设置为 0。若要在边框设置为 0 时查看单元格和表格边框,请选择"查看">"可视化助理">"表格边框"。

类　对该表格设置一个 CSS 类。

注:可能需要展开表格的属性检查器才能看到以下属性。要展开表格的属性检查器,单击右下角的展开箭头。

清除列宽　和"清除行高"从表格中删除所有明确指定的行高或列宽。

将表格宽度转换成像素　和"将表格高度转换成像素"将表格中每列的宽度或高度设置为以像素为单位的当前宽度(还将整个表格的宽度设置为以像素为单位的当前宽度)。

将表格宽度转换成百分比　和"将表格高度转换成百分比"将表格中每个列的宽度或高度设置为按占"文档"窗口宽度百分比表示的当前宽度(还将整个表格的宽度设置为按占"文档"窗口宽度百分比表示的当前宽度)。

如果用户在文本框中输入了值,则可以按 Tab 或 Enter 来应用该值。

6.1.8　设置单元格、行或列属性

用户可以使用属性检查器编辑表格中的单元格和行。

(1)选择列或行。

(2)在属性检查器("窗口">"属性")中,设置以下选项:

水平　指定单元格、行或列内容的水平对齐方式。用户可以将内容对齐到单元格的左侧、右侧或使之居中对齐,也可以指示浏览器使用其默认的对齐方式(通常常规单元格为左对齐,标题单元格为居中对齐)。

垂直　指定单元格、行或列内容的垂直对齐方式。用户可以将内容对齐到单元格的顶端、中间、底部或基线,或者指示浏览器使用其默认的对齐方式(通常是中间)。

宽和高　所选单元格的宽度和高度,以像素为单位或按整个表格宽度或高度的百分比指定。若要指定百分比,请在值后面使用百分比符号(%)。若要让浏览器根据单元格的内容以及其他列和行的宽度和高度确定适当的宽度或高度,请将此域留空(默认设置)。

默认情况下,浏览器选择行高和列宽的依据是能够在列中容纳最宽的图像或最长的行。这就是为什么当用户将内容添加到某个列时,该列有时变得比表格中其他列宽得多的原因。

注:用户可以按占表格总高度的百分比指定一个高度,但是浏览器中行可能不以指定的百分比高度显示。

背景 单元格、列或行的背景颜色(使用颜色选择器选择)。

合并单元格 将所选的单元格、行或列合并为一个单元格。只有当单元格形成矩形或直线的块时才可以合并这些单元格。

拆分单元格 将一个单元格分成两个或更多个单元格。一次只能拆分一个单元格;如果选择的单元格多于一个,则此按钮将禁用。

不换行 防止换行,从而使给定单元格中的所有文本都在一行上。如果启用了"不换行",则当用户键入数据或将数据粘贴到单元格时单元格会加宽来容纳所有数据。(通常,单元格在水平方向扩展以容纳单元格中最长的单词或最宽的图像,然后根据需要在垂直方向进行扩展以容纳其他内容。)

标题 将所选的单元格格式设置为表格标题单元格。默认情况下,表格标题单元格的内容为粗体并且居中。

用户可以按像素或百分比指定宽度和高度,并且可以在像素和百分比之间互相转换。

注:当用户设置列的属性时,Dreamweaver 更改对应于该列中每个单元格的 td 标签的属性。但是,当用户设置行的某些属性时,Dreamweaver 将更改 tr 标签的属性,而不是更改行中每个 td 标签的属性。在将同一种格式应用于行中的所有单元格时,将格式应用于 tr 标签会生成更加简明清晰的 HTML 代码。

(3)按 Tab 或 Enter 以应用该值。

6.1.9 使用扩展表格模式更容易地编辑表格

"扩展表格"模式临时向文档中的所有表格添加单元格边距和间距,并且增加表格的边框以使编辑操作更加容易。利用这种模式,用户可以选择表格中的项目或者精确地放置插入点。

例如,用户可能扩展一个表格以便将插入点放置在图像的左边或右边,从而避免无意中选中该图像或表格单元格。如图 6-5 所示。

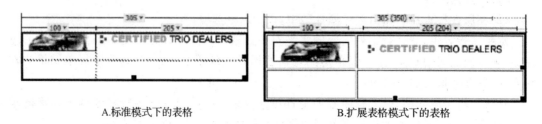

A.标准模式下的表格   B.扩展表格模式下的表格

图 6-5 表格

注:一旦做出选择或放置插入点,用户应该回到"设计"视图的"标准"模式来进行编辑。诸如调整大小之类的一些可视操作在"扩展表格"模式中不会产生预期结果。

1.切换到扩展表格模式

(1)如果用户使用的是"代码"视图,请选择"查看">"设计"或"查看">"代码和设计"(在"代码"视图下无法切换到"扩展表格"模式)。

(2)请执行下列操作之一:

- 选择"查看">"表格模式">"扩展表格模式"。
- 在"插入"面板的"布局"类别中,单击"扩展表格模式"。

"文档"窗口的顶部会出现标有"扩展表格模式"的条。Dreamweaver 会向页上的所有表格添加单元格边距与间距,并增加表格边框。

2.切换出扩展表格模式

请执行下列操作之一:

- 在"文档"窗口顶部标有"扩展表格模式"的条中,单击"退出"。
- 选择"查看">"表格模式">"标准模式"。
- 在"插入"面板的"布局"类别中,单击"标准模式"。

6.1.10 设置表格和单元格的格式

可以通过设置表格及表格单元格的属性或将预先设置的设计应用于表格来更改表格的外观。在设置表格和单元格的属性前,请注意格式设置的优先顺序为单元格、行和表格。

请按照设置表格外文本格式的过程,设置表格单元格内文本的格式。

1.更改表格、行、单元格或列的格式

(1)选择表格、单元格、行或列。

(2)在属性检查器("窗口">"属性")中,单击右下角的展开箭头,然后根据需要更改属性。

(3)根据需要更改属性。

有关这些选项的详细信息,请单击属性检查器中的"帮助"图标。

注:当用户设置列的属性时,Dreamweaver 更改对应于该列中每个单元格的 td 标签的属性。但是,当用户设置行的某些属性时,Dreamweaver 将更改 tr 标签的属性,而不是更改行中每个 td 标签的属性。在将同一种格式应用于一行中的所有单元格时,将格式应用于 tr 标签会生成更加简明清晰的 HTML 代码。

2.若要在代码视图中添加或编辑表格的辅助功能值,请执行以下操作:

在代码中编辑适当的属性。

若要快速找到代码中的标签,请单击表格,然后选择"文档"窗口底部的标签选择器中的<table>标签。

3.在设计视图中添加或编辑表格的辅助功能值

- 若要编辑表格题注,请高亮显示此题注,然后键入新题注。
- 若要编辑题注对齐,请将插入点放置在表格的题注中,右键单击,然后选择"编辑标签代码"。
- 若要编辑表格摘要,请选择该表格,右键单击,然后选择"编辑标签"。

6.1.11 拆分和合并单元格

使用属性检查器或"修改">"表格"子菜单中的命令拆分或合并单元格。

1.合并表格中的两个或多个单元格

(1)选择连续行中形状为矩形的单元格。

在图 6-6 中,所选部分是矩形的单元格,因此可以合并这些单元格。

Location Name	City	State or Country
Baltimore-Washington International	Baltimore	MD
Cairo International	Cairo	Egypt
Canberra	Canberra	Australia
Cairns	Cairns	Queensland
Cape Town Airport	Cape Town	South Africa

图 6-6　可合并单元格

在图 6-7 中,所选部分不是矩形,因此不能合并这些单元格。

Location Name	City	State or Country
Baltimore-Washington International	Baltimore	MD
Cairo International	Cairo	Egypt
Canberra	Canberra	Australia
Cairns	Cairns	Queensland
Cape Town Airport	Cape Town	South Africa

图 6-7　不可合并单元格

(2)请执行下列操作之一:

· 选择"修改">"表格">"合并单元格"。

· 在展开的 HTML 属性检查器("窗口">"属性")中,单击"合并单元格"□□。

注:如果没有看到此按钮,请单击属性检查器右下角的展开箭头,以便可以看到所有选项。

单个单元格的内容放置在最终的合并单元格中。所选的第一个单元格的属性将应用于合并的单元格。

2.拆分单元格

(1)单击某个单元格并执行下列操作之一:

· 选择"修改">"表格">"拆分单元格"。

· 在展开的 HTML 属性检查器("窗口">"属性")中,单击"拆分单元格"。

注:如果没有看到此按钮,请单击属性检查器右下角的展开箭头,以便可以看到所有选项。

(2)在"拆分单元格"对话框中,指定如何拆分单元格:

拆分单元格　指定将单元格拆分成行还是列。

行数/列数　指定将单元格拆分成多少行或多少列。

(3)增加或减少单元格所跨的行或列的数目

请执行下列操作之一:

· 选择"修改">"表格">"增加行宽"或"修改">"表格">"增加列宽"。

· 选择"修改">"表格">"减小行宽"或"修改">"表格">"减小列宽"。

6.1.12　复制、粘贴和删除单元格

用户可以一次复制、粘贴或删除单个表格单元格或多个单元格，并保留单元格的格式设置。

用户可以在插入点粘贴单元格或通过粘贴替换现有表格中的所选部分。若要粘贴多个表格单元格，剪贴板的内容必须和表格的结构或表格中将粘贴这些单元格的所选部分兼容。

1. 剪切或复制表格单元格

（1）选择连续行中形状为矩形的一个或多个单元格。

在图 6-8 中，所选部分是矩形的单元格，因此可以剪切或复制这些单元格。

Location Name	City	State or Country
Baltimore-Washington International	Baltimore	MD
Cairo International	Cairo	Egypt
Canberra	Canberra	Australia
Cairns	Cairns	Queensland
Cape Town Airport	Cape Town	South Africa

图 6-8　可以剪切或复制单元格

在图 6-9 中，所选部分不是矩形，因此不能剪切或复制这些单元格。

Location Name	City	State or Country
Baltimore-Washington International	Baltimore	MD
Cairo International	Cairo	Egypt
Canberra	Canberra	Australia
Cairns	Cairns	Queensland
Cape Town Airport	Cape Town	South Africa

图 6-9　不可剪切或复制单元格

（2）选择“编辑”＞“剪切”或“编辑”＞“拷贝”。

注：如果用户选择了整个行或列然后选择“编辑”＞“剪切”，则将从表格中删除整个行或列（而不仅仅是单元格的内容）。

2. 粘贴表格单元格

（1）选择要粘贴单元格的位置：

• 若要用用户正在粘贴的单元格替换现有的单元格，请选择一组与剪贴板上的单元格具有相同布局的现有单元格。（例如，如果用户复制或剪切了一块 3×2 的单元格，则可以选择另一块 3×2 的单元格通过粘贴进行替换。）

• 若要在特定单元格上方粘贴一整行单元格，请单击该单元格。

• 若要在特定单元格左侧粘贴一整列单元格，请单击该单元格。

注：如果剪贴板中的单元格不到一整行或一整列，并且用户单击某个单元格然后粘贴剪贴板中的单元格，则用户所单击的单元格和与它相邻的单元格可能（根据它们在表格中的位置）被用户粘贴的单元格替换。

- 若要用粘贴的单元格创建一个新表格，请将插入点放置在表格之外。

（2）选择"编辑"＞"粘贴"。

如果用户将整个行或列粘贴到现有的表格中，则这些行或列将被添加到该表格中。如果用户粘贴单个单元格，则将替换所选单元格的内容。如果用户在表格外进行粘贴，则这些行、列或单元格用于定义一个新表格。

3. 删除单元格内容，但使单元格保持原样

（1）选择一个或多个单元格。

注：确保所选部分不是完全由完整的行或列组成的。

（2）选择"编辑"＞"清除"或按 Delete。

注：如果在用户选择"编辑"＞"清除"或按 Delete 时只选择了完整的行或列，则将从表格中删除整个行或列，而不仅仅是它们的内容。

4. 删除包含合并单元格的行或列

（1）选择行或列。

（2）选择"修改"＞"表格"＞"删除行"或"修改"＞"表格"＞"删除列"。

6.1.13　嵌套表格

嵌套表格是在另一个表格的单元格中的表格。可以像对任何其他表格一样对嵌套表格进行格式设置；但是，其宽度受它所在单元格的宽度的限制。

（1）单击现有表格中的一个单元格。

（2）选择"插入"＞"表格"，设置"表格"选项，然后单击"确定"。

6.1.14　对表格进行排序

用户可以根据单个列的内容对表格中的行进行排序。用户还可以根据两个列的内容执行更加复杂的表格排序。

用户不能对包含 colspan 或 rowspan 属性的表格（即包含合并单元格的表格）进行排序。

（1）选择该表格或单击任意单元格。

（2）选择"命令"＞"排序表格"，在对话框中设置选项，然后单击"确定"。

排序方式　确定使用哪个列的值对表格的行进行排序。

顺序　确定是按字母还是按数字顺序以及是以升序（A 到 Z，数字从小到大）还是以降序对列进行排序。

当列的内容是数字时，选择"按数字顺序"。如果按字母顺序对一组由一位或两位数组成的数字进行排序，则会将这些数字作为单词进行排序（排序结果如 1、10、2、20、3、30），而不是将它们作为数字进行排序（排序结果如 1、2、3、10、20、30）。

再按/顺序　确定将在另一列上应用的第二种排序方法的排序顺序。在"再按"弹出菜单中指定将应用第二种排序方法的列，并在"顺序"弹出菜单中指定第二种排序方法的排序顺序。

排序包含第一行　指定将表格的第一行包括在排序中。如果第一行是不应移动的标题，则不选择此选项。

对标题行进行排序　指定使用与主体行相同的条件对表格的 thead 部分（如果有）中的所有行进行排序。（请注意，即使在排序后，thead 行也将保留在 thead 部分并仍显示在表格

的顶部。)

对脚注行进行排序　指定按照与主体行相同的条件对表格的 tfoot 部分(如果有)中的所有行进行排序。(请注意,即使在排序后,tfoot 行也将保留在 tfoot 部分并仍显示在表格的底部。)

使排序完成后所有行的颜色保持相同　指定排序之后表格行属性(如颜色)应该与同一内容保持关联。如果表格行使用两种交替的颜色,则不要选择此选项以确保排序后的表格仍具有颜色交替的行。如果行属性特定于每行的内容,则选择此选项以确保这些属性保持与排序后表格中正确的行关联在一起。

6.2　使用可视化助理进行布局

6.2.1　设置标尺

标尺可帮助用户测量、组织和规划布局。标尺可以显示在页面的左边框和上边框中,以像素、英寸或厘米为单位来标记。

- 若要在标尺的显示和隐藏状态之间切换,请选择"查看">"标尺">"显示"。
- 若要更改原点,请将标尺原点图标拖到页面上的任意位置。
- 若要将原点重设到它的默认位置,请选择"查看">"标尺">"重设原点"。
- 要更改度量单位,请选择"查看">"标尺",然后选择"像素"、"英寸"或"厘米"。

6.2.2　设置布局辅助线

辅助线是用户从标尺拖动到文档上的线条。它们有助于更加准确地放置和对齐对象。用户还可以使用辅助线来测量页面元素的大小,或者模拟 Web 浏览器的重叠部分(可见区域)。

为了帮助用户对齐元素,该应用程序还允许用户将元素靠齐到辅助线,以及将辅助线靠齐到元素。(只有在将元素绝对定位的情况下,才可使用靠齐功能。)用户还可以锁定辅助线,以防止其他用户不小心移动它们。

1.创建水平辅助线或垂直辅助线

(1)从相应的标尺拖动。

(2)在"文档"窗口中定位辅助线,然后松开鼠标按钮(可通过再次拖动辅助线来重新定位它)。

注:默认情况下,以绝对像素度量值来记录辅助线与文档顶部或左侧的距离,并相对于标尺原点显示辅助线。若要以百分比形式记录辅助线,可在创建或移动辅助线时按住 Shift。

2.显示或隐藏辅助线

选择"查看">"辅助线">"显示辅助线"。

3.将元素靠齐辅助线

- 若要将元素靠齐到辅助线,请选择"查看">"辅助线">"靠齐辅助线"。

- 若要将辅助线靠齐元素,请选择"查看">"辅助线">"辅助线靠齐元素"。

注:调整元素(例如绝对定位的元素(AP元素)、表格和图像)的大小时,所调整的元素会靠齐辅助线。

4. 锁定或解锁所有辅助线

- 选择"查看">"辅助线">"锁定辅助线"。

5. 查看辅助线并将其移至特定位置

(1)将鼠标指针停留在辅助线上以查看其位置。

(2)双击该辅助线。

(3)在"移动辅助线"对话框中输入新的位置,然后单击"确定"。

6. 查看辅助线之间的距离

按下 Ctrl,并将鼠标指针保持在两条辅助线之间的任何位置。

注:度量单位与用于标尺的度量单位相同。

7. 模拟 Web 浏览器的重叠部分(可见区域)

选择"查看">"辅助线",然后从菜单中选择一个预设的浏览器大小。

8. 删除辅助线

将辅助线拖离文档。

9. 更改辅助线设置

选择"查看">"辅助线">"编辑辅助线",设置以下选项,然后单击"确定"。

辅助线颜色　指定辅助线的颜色。请单击色样表并从颜色选择器中选择一种颜色,或者在文本框中键入一个十六进制数。

距离颜色　指定当用户将鼠标指针保持在辅助线之间时,作为距离指示器出现的线条的颜色。请单击色样表并从颜色选择器中选择一种颜色,或者在文本框中键入一个十六进制数。

显示辅助线　使辅助线在"设计"视图中可见。

靠齐辅助线　使页面元素在页面中移动时靠齐辅助线。

锁定辅助线　将辅助线锁定在适当位置。

辅助线靠齐元素　在用户拖动辅助线时将辅助线靠齐页面上的元素。

清除全部　从页面中清除所有辅助线。

6.2.3　将辅助线用于模板

将辅助线添加到 Dreamweaver 模板之后,模板的所有实例都会继承辅助线。不过,模板实例中的辅助线被视为可编辑区域,因此用户可以修改它们。当模板实例被主模板更新时,模板实例中经过修改的辅助线总会恢复到它们的原始位置。

还可以向模板实例中添加自己的辅助线。当模板实例被主模板更新时,不会覆盖以这种方式添加的辅助线。

6.2.4　使用布局网格

网格在"文档"窗口中显示一系列的水平线和垂直线。它对于精确地放置对象很有用。用户可以让经过绝对定位的页元素在移动时自动靠齐网格,还可以通过指定网格设置更改网格或控制靠齐行为。无论网格是否可见,都可以使用靠齐。

1.显示或隐藏网格

选择"查看">"网格设置">"显示网格"。

2.启用或禁用靠齐

选择"查看">"网格设置">"靠齐到网格"。

3.更改网格设置

(1)选择"查看">"网格">"网格设置"。

(2)设置选项,然后单击"确定"应用更改。

颜色　指定网格线的颜色。请单击色样表并从颜色选择器中选择一种颜色,或者在文本框中键入一个十六进制数。

显示网格　使网格在"设计"视图中可见。

靠齐到网格　使页面元素靠齐到网格线。

间距　控制网格线的间距。输入一个数字并从菜单中选择"像素"、"英寸"或"厘米"。

显示　指定网格线是显示为线条还是显示为点。

注:如果未选择"显示网格",将不会在文档中显示网格,并且看不到更改。

6.2.5　使用跟踪图像

可以使用跟踪图像作为重新创建已经使用图形应用程序(如 Adobe Freehand 或 Fireworks)创建的页面设计的指导。

跟踪图像是放在"文档"窗口背景中的 JPEG、GIF 或 PNG 图像。可以隐藏图像、设置图像的不透明度和更改图像的位置。

跟踪图像仅在 Dreamweaver 中是可见的;当用户在浏览器中查看页面时,将看不到跟踪图像。当跟踪图像可见时,"文档"窗口将不会显示页面的实际背景图像和颜色;但是,在浏览器中查看页面时,背景图像和颜色是可见的。

1.将跟踪图像放在文档窗口中

(1)请执行下列操作之一:

• 选择"查看">"跟踪图像">"载入"。

• 选择"修改">"页面属性",然后单击"浏览"(在"跟踪图像"文本框旁边)。

(2)在"选择图像源文件"对话框中,选择一个图像文件,然后单击"确定"。

(3)在"页面属性"对话框中,拖动"图像透明度"滑块以指定图像的透明度,然后单击"确定"。

若要随时切换到另一跟踪图像或更改当前跟踪图像的透明度,请选择"修改">"页面属性"。

2.显示或隐藏跟踪图像

选择"查看">"跟踪图像">"显示"。

3.更改跟踪图像的位置

选择"查看">"跟踪图像">"调整位置"。

• 若要准确地指定跟踪图像的位置,请在"X"和"Y"文本框中输入坐标值。

• 若要逐个像素地移动图像,请使用箭头键。

• 若要一次五个像素地移动图像,请按 Shift 和箭头键。

4.重设跟踪图像的位置

选择"查看">"跟踪图像">"重设位置"。

跟踪图像随即返回到"文档"窗口的左上角(0,0)。

5.将跟踪图像与所选元素对齐

(1)在"文档"窗口中选择一个元素。

(2)选择"查看">"跟踪图像">"对齐所选范围"。

跟踪图像的左上角随即与所选元素的左上角对齐。

第7章 表 单

当访问者在 Web 浏览器中显示的 Web 表单中输入信息,然后单击提交按钮时,这些信息将被发送到服务器,服务器中的服务器端脚本或应用程序会对这些信息进行处理。服务器向用户(或客户端)发回所处理的信息或基于该表单内容执行某些其他操作,以此进行响应。

表单是浏览网页的用户与网站管理者进行交互的主要窗口,Web 管理者和用户之间可以通过表单进行信息交流。表单内有多种可以与用户进行交互的表单元素,如文本框、单选框、复选框、提交按钮等元素。在服务器端,信息处理由 CGI(Common Gete Way Interface)、JSP(Javaserver Page)或 ASP(Active Server Page)等应用程序处理。

可以使用 Dreamweaver 创建将数据提交到大多数应用程序服务器(包括 PHP、ASP 和 ColdFusion)的表单。如果使用 ColdFusion,用户也可以在表单中添加特定于 ColdFusion 的表单控件。表单可以具有文本字段、密码字段、单选按钮、复选框、弹出菜单、可单击按钮和其他表单对象。Dreamweaver 还可以编写用于验证访问者所提供的信息的代码。例如,可以检查用户输入的电子邮件地址是否包含“@”符号,或者某个必须填写的文本域是否包含值。

7.1 关于表单

7.1.1 从用户处收集信息

可以用 Web 表单或超文本链接来从用户处收集信息,将信息存储在服务器的内存中,然后根据用户的输入用这些信息来创建动态响应。收集信息最常用的工具是 HTML 表单和超文本链接。

HTML 表单 可以收集来自用户的信息并将其存储在服务器的内存中。HTML 表单可以将信息作为表单参数或 URL 参数来发送。

超文本链接 可以收集来自用户的信息并将其存储在服务器的内存中。通过将值追加到锚记中指定的 URL 上,可以指定当用户单击链接(如某个首选参数)时要提交的值。当用户单击该链接时,浏览器会将 URL 和追加的值一起发送给服务器。

表单有 2 个重要组成部分,一是描述表单的 HTML 源代码,二是用于处理用户在表单域中输入的服务器端应用程序客户端脚本,如 ASP、CGI 等。

使用 Dreamweaver 创建表单,可以给表单中添加对象,还可以通过使用“行为”来验证用户输入信息的正确性。

图 7-1 和图 7-2 分别为两个表单应用的例子:邮箱用户注册表单和搜索引擎表单。

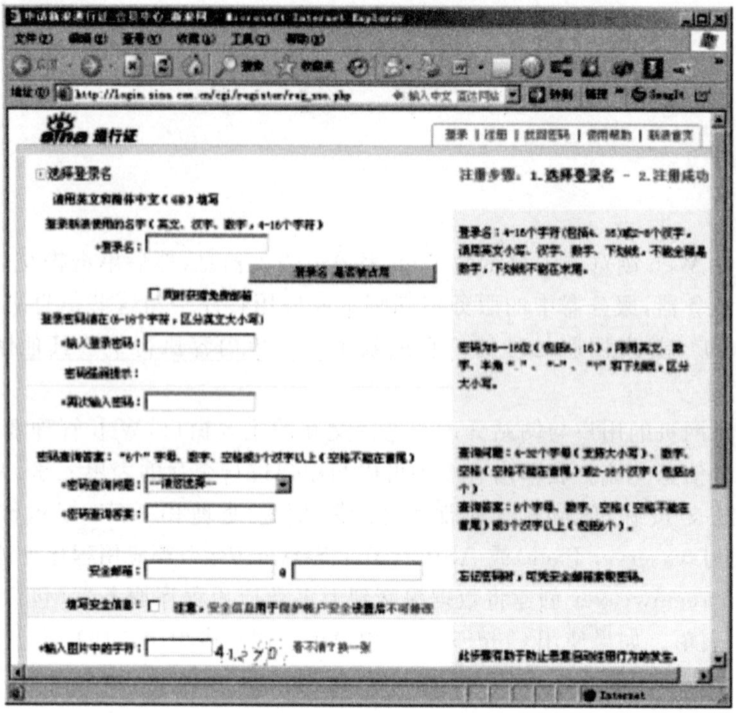

图 7-1　邮箱用户注册表单

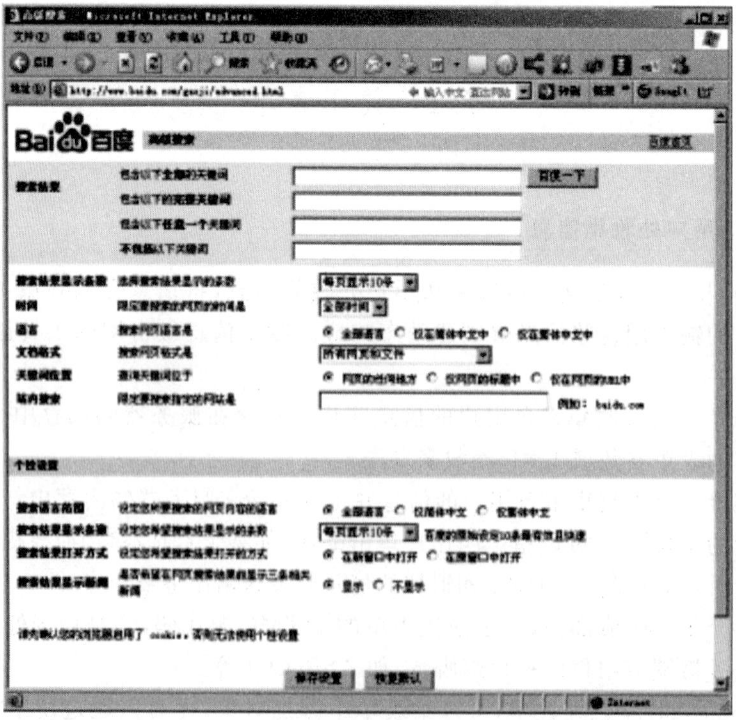

图 7-2　搜索引擎表单

1. 表单元素

在1节中详细介绍了表单的基本概念,使用 Dreamweaver 可以创建各种表单元素,如文本框、滚动文本框、单选框、复选框、按钮、下拉菜单等。在"插入"工具栏的"表单"类别中列出了所有表单元素,如图 7-3 所示。

7.1.2 HTML 表单参数

表单参数通过 HTML 表单的方式使用 POST 或 GET 方法发送到服务器。

在使用 POST 方法时,参数作为文档标题的一部分发送到 Web 服务器,对于使用标准方法查看页面的任何人都是不可见和不可访问的。应将 POST 方法用于会影响数据库内容的值(例如插入、更新或删除记录),或者用于通过电子邮件发送的值。

GET 方法将参数追加到请求的 URL 上。因此,这些参数对于查看页面的任何人都是可见的。应将 GET 方法用于搜索表单。

可使用 Dreamweaver 快速设计向服务器发送表单参数的 HTML 表单。注意用户所使用的从浏览器向服务器传输信息的方法。

图 7-3 表单元素

表单参数采用其相应表单对象的名称。例如,如果表单中包含一个名为 txtLastName 的文本域,则当用户单击"提交"按钮时,将有如下表单参数发送给服务器:

txtLastName=enteredvalue

如果 Web 应用程序需要一个精确的参数值(例如当该应用程序根据几种选项之一来执行一项操作时),则可以用单选按钮、复选框或者列表/菜单表单对象来控制用户可以提交的值。这样可以防止用户错误地键入某些信息并引起应用程序错误。图 7-4 描述了一个提供三个选项的弹出菜单表单。

图 7-4 提供三个选项的弹出菜单表单

每个菜单选项对应一个作为表单参数提交给服务器的硬编码值。图 7-5 中的"列表值"对话框将每个列表项都与一个值("Add"、"Update"或"Delete")匹配起来。

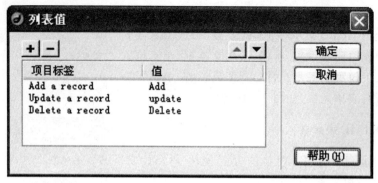

图 7-5　列表值

创建完表单参数后，Dreamweaver 可以检索该值并将其用在 Web 应用程序中。在 Dreamweaver 中定义了表单参数之后，可将其值插入到页面中。

7.1.3　URL 参数

URL 参数可使用户将用户提供的信息从浏览器传递到服务器。当服务器收到请求，而且参数被追加到请求的 URL 上时，服务器在将请求的页提供给浏览器之前，向参数提供对请求页的访问。

URL 参数是追加到 URL 上的一个名称-值对。参数以问号（?）开始并采用 name＝value的形式。如果存在多个 URL 参数，则参数之间用（&）符隔开。图 7-6 显示带有两个名称-值对的 URL 参数：

http://server/path/document? name1＝value1&name2＝value2

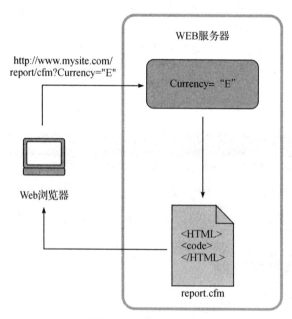

图 7-6　工作流程示例

在此工作流程示例中，应用程序是一家基于 Web 的店面。由于希望招徕最大范围的可能顾客，所以站点的开发人员将站点设计得可以支持多种外币。用户登录到该站点之后，他们可以选择使用哪种货币来查看所列商品的价格。

（1）浏览器向服务器请求 report. cfm 页。该请求包括 URL 参数 Currency＝"euro"。Currency＝"euro"变量指定所有检索到的货币数值都以欧盟的欧元为单位来显示。

（2）服务器将 URL 参数临时存储在内存中。

（3）report. cfm 页使用该参数来检索以欧元为单位的商品价格。这些货币数值既可以存储在反映不同货币的数据库表中，也可以从与每种商品相关联的单一货币形式转换为应用程序支持的任何货币形式。

（4）服务器将 report. cfm 页发送给浏览器，并以请求的货币形式显示商品的价格。此用户结束会话时，服务器将清除 URL 参数的值，释放服务器内存以存放新的用户请求。

将 HTTPGET 方法与 HTML 表单一起使用时，还将创建 URL 参数。GET 方法指定在提交表单时将参数值追加到 URL 请求上。

URL 参数的典型应用包括根据用户的喜好对 Web 站点进行个性化设置。例如，由用户名和密码组成的 URL 参数可用于验证用户身份，并只显示该用户已经订阅的信息。这种应用的常见示例包括一些金融 Web 站点，这些 Web 站点可根据用户以前所选的股票代码来显示个人的股票价格。Web 应用程序开发人员通常使用 URL 参数将值传递给应用程序内的变量。例如，可以将搜索语句传递给 Web 应用程序中的 SQL 变量以产生搜索结果。

7.1.4　使用 HTML 链接创建 URL 参数

可以使用 HTML 锚记的 href 属性在 HTML 链接内创建 URL 参数。在"代码"视图（"查看"＞"代码"）可以直接在属性中输入 URL 参数，或者在属性检查器的"链接"框中将 URL 参数追加到链接 URL 的末尾。

在下面的示例中，三个链接用三个可能值（Add、Update 和 Delete）来创建一个单独的 URL 参数（action）。用户单击链接时，参数值会发送到服务器，并且会执行请求的操作。

＜ahref＝"http://www. mysite. com/index. cfm? action＝Add"＞Addarecord＜/a＞

＜ahref＝"http://www. mysite. com/index. cfm? action＝Update"＞Updatearecord＜/a＞

＜ahref＝"http://www. mysite. com/index. cfm? action＝Delete"＞Deletearecord＜/a＞

属性检查器（"窗口"＞"属性"）可使用户通过以下方式创建相同的 URL 参数：选择该链接，在"链接"框中将 URL 参数值追加到链接 URL 的末尾。如图 7-7 所示。

图 7-7　属性检查器

创建完 URL 参数后，Dreamweaver 可以检索该值并将其用在 Web 应用程序中。在 Dreamweaver 中定义了 URL 参数之后，可将其值插入到页面中。

7.2　创建 Web 表单

7.2.1　关于 Web 表单

当访问者在 Web 浏览器中显示的 Web 表单中输入信息，然后单击提交按钮时，这些信息将被发送到服务器，服务器中的服务器端脚本或应用程序会对这些信息进行处理。服务器向用户（或客户端）发回所处理的信息或基于该表单内容执行某些其他操作，以此进行响应。

可以创建将数据提交到大多数应用程序服务器的表单，包括 PHP、ASP 和 ColdFusion。如果使用 ColdFusion，用户也可以在表单中添加特定于 ColdFusion 的表单控件。

注：用户还可以将表单数据直接发送给电子邮件收件人。

7.2.2　表单对象

在 Dreamweaver 中，表单输入类型称为表单对象。表单对象是允许用户输入数据的机制。用户可以在表单中添加以下表单对象：

文本域　接受任何类型的字母数字文本输入内容。文本可以单行或多行显示，也可以以密码域的方式显示，在这种情况下，输入文本将被替换为星号或项目符号，以避免旁观者看到这些文本。如图 7-8 所示。

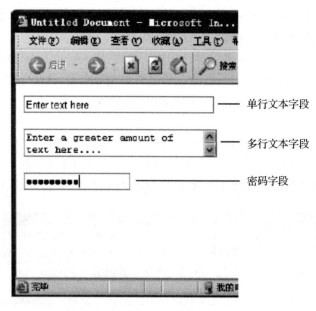

图 7-8　文本域

注：使用密码域输入的密码及其他信息在发送到服务器时并未进行加密处理。所传输的数据可能会以字母数字文本形式被截获并被读取。因此，用户始终应对要确保安全的数据进行加密。

隐藏域　存储用户输入的信息，如姓名、电子邮件地址或偏爱的查看方式，并在该用户下次访问此站点时使用这些数据。

按钮 在单击时执行操作。用户可以为按钮添加自定义名称或标签,或者使用预定义的"提交"或"重置"标签。使用按钮可将表单数据提交到服务器,或者重置表单。用户还可以指定其他已在脚本中定义的处理任务。例如,可能会使用按钮根据指定的值计算所选商品的总价。

复选框 允许在一组选项中选择多个选项。用户可以选择任意多个适用的选项。图7-9显示选中了三个复选框选项:冲浪、山地自行车和漂流。

单选按钮 代表互相排斥的选择。在某单选按钮组(由两个或多个共享同一名称的按钮组成)中选择一个按钮,就会取消选择该组中的所有其他按钮。在图7-10中,漂流是当前选中的选项。如果用户单击了冲浪,则会自动清除漂流按钮。

图 7-9　复选框

图 7-10　单选按钮

列表菜单 在一个滚动列表中显示选项值,用户可以从该滚动列表中选择多个选项。"列表"选项在一个菜单中显示选项值,用户只能从中选择单个选项。在下列情况下使用菜单:只有有限的空间但必须显示多个内容项,或者要控制返回给服务器的值。菜单与文本域不同,在文本域中用户可以随心所欲键入任何信息,甚至包括无效的数据,对于菜单而言,用户可以具体设置某个菜单返回的确切值。

注:HTML表单上的弹出菜单与图形弹出菜单不同。有关创建、编辑以及显示和隐藏图形弹出菜单的信息,请访问此部分末尾的链接。

跳转菜单 可导航的列表或弹出菜单,使用它们可以插入一个菜单,其中的每个选项都链接到某个文档或文件。

文件域 使用户可以浏览到其计算机上的某个文件并将该文件作为表单数据上传。

图像域 使用户可以在表单中插入一个图像。使用图像域可生成图形化按钮,例如"提交"或"重置"按钮。如果使用图像来执行任务而不是提交数据,则需要将某种行为附加到表单对象。

7.2.3 创建 HTML 表单

(1)打开一个页面,将插入点放在希望表单出现的位置。

(2)选择"插入">"表单",或选择"插入"面板中的"表单"类别,然后单击"表单"图标。

在"设计"视图中,表单以红色的虚轮廓线指示。如果看不到这个轮廓线,请选择"查看">"可视化助理">"不可见元素"。

(3)在属性检查器("窗口">"属性")中设置HTML表单的属性。

①在"文档"窗口中,单击表单轮廓以将其选定。

②在"表单名称"框中,键入标识该表单的唯一名称。

命名表单后,就可以使用脚本语言(如 JavaScript 或 VBScript)引用或控制该表单。如果不命名表单,Dreamweaver 将使用语法 formn 生成一个名称,并为添加到页面中的每个表单递增 n 的值。

③在"操作"框中,键入路径或者单击文件夹图标导航到相应的页面或脚本,以指定将处理表单数据的页面或脚本。示例:

processorder.php。

④在"方法"弹出菜单中,指定将表单数据传输到服务器的方法。设置以下任一选项:

默认值　使用浏览器的默认设置将表单数据发送到服务器。通常,默认值为 GET 方法。

GET　将值附加到请求该页面的 URL 中。

POST　在 HTTP 请求中嵌入表单数据。

不要使用 GET 方法发送长表单。URL 的长度限制在 8192 个字符以内。如果发送的数据量太大,数据将被截断,从而会导致意外的或失败的处理结果。

对于由 GET 方法传递的参数所生成的动态页,可以添加书签,这是因为重新生成页面所需的全部值都包含在浏览器地址框中显示的 URL 中。与此相反,对于由 POST 方法传递的参数所生成的动态页,不可添加书签。

如果要收集机密用户名和密码、信用卡号或其他机密信息,POST 方法可能比 GET 方法更安全。但是,由 POST 方法发送的信息是未经加密的,容易被黑客获取。若要确保安全性,请通过安全的连接与安全的服务器相连。

⑤(可选)在"MIME 类型"弹出菜单中,指定对提交给服务器进行处理的数据使用 MIME 编码类型。

默认设置 application/x-www-form-urlencode 的通常与 POST 方法一起使用。如果要创建文件上传域,请指定

multipart/form-dataMIME 类型。

⑥(可选)在"目标"弹出菜单中,指定一个窗口来显示被调用程序返回的数据。

如果命名的窗口尚未打开,则打开一个具有该名称的新窗口。设置以下任一目标值:

_blank　在未命名的新窗口中打开目标文档。

_parent　在显示当前文档的窗口的父窗口中打开目标文档。

_self　在提交表单时所在的同一窗口中打开目标文档。

_top　在当前窗口的窗体内打开目标文档。此值可用于确保目标文档占用整个窗口,即使原始文档显示在框架中时也是如此。

(4)在页面中插入表单对象:

①将插入点置于表单中显示该表单对象的位置。

②在"插入">"表单"菜单中或者在"插入"面板的"表单"类别中选择该对象。

③填写"输入标签辅助功能属性"对话框。有关详细信息,请单击对话框中的"帮助"按钮。

注:如果看不到"输入标签辅助功能属性"对话框,当尝试插入表单对象时,"代码"视图中可能显示了插入点。确保插入点位于"设计"视图中并重试。

④设置对象的属性。

⑤在属性检查器中为该对象输入名称。

每个文本域、隐藏域、复选框和列表/菜单对象必须具有可在表单中标识其自身的唯一名称。表单对象名称不能包含空格或特殊字符。可以使用字母数字字符和下划线(_)的任意组合。为文本域指定的标签是用于存储该域值(输入的数据)的变量名。这是发送给服务器进行处理的值。

注:同一组中的所有单选按钮都必须具有相同的名称。

⑥若要为页面中的文本域、复选框或单选按钮对象添加标签,请在相应对象旁边单击,然后键入标签文字。

1.用户自己直接创建表单

具体操作步骤如下:

明确表单要收集哪些信息,从而确定表单需要有哪些表单域以及表单域的类型;

将光标放置在编辑区要插入表单的空白处,执行"插入">"表单">"表单"命令,插入空白表单,此时表单只包含"提交"和"重置"按钮;

向表单中添加所需的表单域及其注释

2.使用向导创建表单网页

具体操作步骤如下:

(1)打开"网页模板"对话框中,选择"常规"选项卡,从中选择"表单网页向导",打开"表单网页向导"对话框,"表单网页向导"对话框中有一个进度条,指示设置整个表单的进度。

(2)单击"下一步"按钮,进入对话框。在这里可以点击"添加"按钮来进入添加表单项的对话框。

(3)在该对话框中,"选择此问题要收集的输入类型"列表里列出可供选择的表单域提示信息。可以根据需要多次单击"添加"按钮添加问题,也可以对这些问题直接进行编辑。

(4)每添加完一个问题提示,单击"下一步"按钮,进入这个表单项的属性设置对话框。设置完毕后,单击"下一步"按钮,进入"设置表单处理程序"对话框。

(6)这里可以设置如何处理表单,如"将结果保存到 Web 页"、"将结果存为文本文件"以及"使用自定义的 CGI 脚本"等。

(7)回到编辑窗口,会发现新建的网页上产生了一个表单。

3.表单域

在执行"插入">"表单"命令时,用户可以按住所弹出子菜单的最上方,将其拖出到编辑的窗口上,生成一个"表单"工具栏。

插入表单:

(1)将光标放在"编辑区"中要插入表单的位置;然后在"插入"工具栏的"表单"类别中,单击"表单"按钮;此时一个红色的虚线框出现在页面中,表示一个空表单,如图 7-11 所示。

(2)单击红色虚线,选中表单;在"属性检查器"中,"表单名称"文本框中输入表单名称,以便脚本语言 Javascript 通过名称对表单进行控制;在"方法"下拉列表框中,选择处理表单数据的传输方法,"Post"方法是在信息正文中发送表单数据,"Get"方法是将值附加到请求该页面的 URL 中;在"目标"下拉列表框选择服务器返回反馈数据的显示方式,这里选择"_blank",即在新窗口打开;"MIME 类型"下拉列表框指定提交服务器处理数据所使用MIME 编码类型。默认设置"application/x-www-form-urlencode"与 POST 方法一起使用,如图7-12所示。

图 7-11　表单工具栏

图 7-12　表单域

7.2.4　单行文本框

插入单行文本框的具体操作步骤如下：

(1)先确定要插入单行文本框的位置,然后执行"插入">"表单">"文本框"命令,也可以单击"表单"工具栏中的"文本框"按钮进行插入。

(2)鼠标右键单击文本框,执行弹出菜单中的"表单域属性"命令,也可以直接双击文本框,打开"文本框属性"对话框。

1.文本区(滚动文本框)

对文本区可进行如下操作：

(1)插入一个文本区,同样有两种方法可以实现：将光标移到要插入的位置,执行"插入">"表单">"文本区"命令,也可以单击"表单"工具栏上的"文本区"按钮,插入文本区。

(2)鼠标右键单击文本区,执行弹出菜单中的"表单域属性"命令,或直接双击文本区,打开"文本框属性"对话框。

在"文本区属性"对话框中,可以设置文本区的相关属性。文本区的属性与单行文本框的属性基本相同,不同的是可以输入多行的初始值,并且可以在"行数"文本框中指定文本区的行数,其默认值是 2。还可以通过拖动文本区周围的控制点来改变文本区的宽度和行数。

2.插入文件域

在表单中,经常会出现文件域。文件域能使一个文件附加到正被提交的表单中,比如表单中的上传照片或图片、邮件中添加附件就是使用了文件域,如图 7-13 所示。

3.文件上载

操作步骤如下：

(1)先确定要插入单行文本框的位置,然后执行"插入">"表单">"文件上载"命令,或者单击"表单"工具栏上的"文件上载"按钮,插入文件上载控件。

(2)直接在编辑窗口中双击文件上载表单域,打开"文件上载属性"对话框。

(3)在对话框中可以设置文件上载域的相关属性。

(4)单击"文件夹"按钮,打开"文件夹列表"窗口。

(5)单击鼠标右键,执行"新建">"文件夹"命令。

(6)用鼠标右键单击表单,选择"表单属性"菜单项。

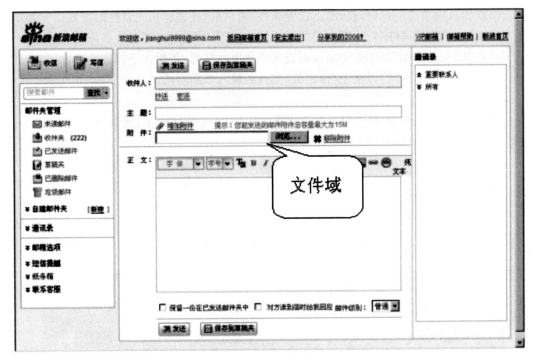

图 7-13　文件域

4.复选框

操作步骤如下：

(1)通过单击"表单"工具栏上的"复选框"按钮，可以插入复选框，添加文本注释。

(2)双击所添加"复选框"表单域，打开"复选框属性"对话框，进行属性设置。

在"名称"框中输入该表单域的名称。在"值"框中输入的文本用来描述选中后的复选框所表示的含义。若要该选项初始状态是选中的，在"初始状态"选项栏中选中"选中"单选按钮。如果一个表单上有多个复选框，每个复选框的名字可以是相同的。

5.选项按钮(单选按钮)

使用选项按钮的具体操作方法如下：

(1)在编辑窗口中的确定位置，单击"表单"工具栏上的"选项"按钮，插入选项按钮。如下图所示，插入了 4 个选项按钮，并分别为其添加了文字内容。

(2)双击编辑窗口中的选项按钮，打开"选项按钮属性"对话框，设置选项按钮的属性。

6.下拉框(下拉菜单)

操作方法如下：

(1)先确定要插入下拉框的位置，再单击"表单"工具栏上的"下拉框"按钮，插入一个空的下拉框，如图 7-14 所示。

图 7-14　下拉框

（2）双击页面中的下拉框，打开"下拉框属性"对话框，并进行相关属性的设置。

（3）单击"下拉框属性"对话框中的"添加"按钮，打开"添加选项"对话框。

（4）在其中的"选项"文本框中输入列表项中各项的标题，若想在下拉框中选择的值与下拉框中的选项的文本不同，可选中"指定值"复选框输入该项所代表的值。

7. 按钮

按钮是表单中最常见的表单域，它可以完成访问者提交表单、重置表单或其他特定功能。

8. 高级按钮

单击"表单"工具栏上的"高级按钮"可以在表单中插入高级按钮。

插入列表/表单：

列表和菜单也是表单中常用的元素之一，它可以显示多个选项，用户通过滚动条在多个选项中选择。下面是一个简单的菜单的例子，如图 7-15 所示。

图 7-15　菜单

9. 插入跳转菜单

跳转菜单实际上是一种下拉菜单，在菜单中显示当前站点的导航名称，单击某个选项，即可跳转到相应的网页上，从而实现导航的目的，如图 7-16 所示。

10. 插入图像域

Dreamweaver 表单中的图像域功能，可以在表单中插入图像，使图像也能作为按钮使用。下面是一个应用图像域的表单，如图 7-17 所示。表单中的每个图像也是一个按钮，用户单击图像时，表单就会提交。也可以为图像域添加其他行为事件。具体操作步骤详见图 7-17。

图 7-16 跳转菜单

 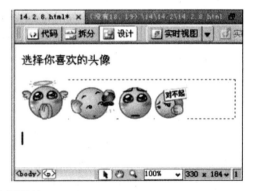

图 7-17 插入图像域

11. 分组框

使用分组框的具体操作如下：

(1)单击"表单"工具栏上的"分组框"按钮,在页面上插入一个分组框。用户可以直接在分组框中添加各种表单域。

(2)右击编辑页面上的分组框,执行快捷菜单上的"分组框属性"命令,打开"分组框属性"对话框。

(3)在"标签"文本框中,键入分组框标签的名称。在"对齐"下拉列表中,选择所需的分组框标签对齐方式。单击"式样"按钮访问其他使用级联样式表作为嵌入式样式来设置表单格式的选项。

12. 标签

要在网页中插入标签,首先选中要建立一个标签的表单域和它的标签文本,然后单击"表单"工具栏中的"标签"按钮,或执行"插入">"表单">"标签"命令。

13. 隐藏表单域

操作步骤如下:

(1)在表单中单击鼠标右键,弹出一个快捷菜单,执行"表单属性"命令,打开"表单属性"对话框。

(2)单击"表单属性"对话框中的"高级"按钮,出现"高级表单属性"对话框,

(3)在这里可以添加隐藏域。单击"添加"按钮,出现一个"名称/值对"对话框。输入后单击"确定",回到高级表单属性对话框。通过"添加"按钮可以重复添加隐藏域,并且可以通过"修改"、"删除"按钮对隐藏域的名称和值进行编辑。

14. 表单的辅助设置和操作

设置表单域数据的有效性规则

用户可以在上面介绍的单行文本框、文本区、选项按钮、下拉框等表单域的属性对话框中看到一个"验证有效性"按钮,它是用来限定访问者按照某种规则来输入数据信息。打开相应属性对话框,单击"验证有效性"按钮,打开"文本框有效性验证"对话框。

在"数据类型"下拉列表中制定客户输入的数据类型,以此限制客户只能输入文本、整数或数字,默认值是"无限制",表示可以输入任何类型数据。对于文本来说可以指定是否包含字母、数字元、空格(包括 Tab、回车和换行)以及其他的字符。对于整数来说,可以指定分组符号使用逗号还是小圆点或不需要。对数字来说,可以指定小数点符号。

设置表单中的"Tab"键次序:

在除了文件上载表单域外的另外八个表单域的属性对话框中,都有一个"Tab 键顺序"选项。它是用于设置浏览者按"Tab"键时光标在表单域间移动的顺序。缺省情况下是按照加入的次序进行移动的,可以通过修改"Tab 键顺序"来设置光标在表单域之间的移动顺序,范围在 1~99999 之间。

15. 为表单中的域设置键盘快捷键

操作步骤如下:

(1)在表单域的后面键入文本,同时选择该表单域和文本,单击"表单"工具栏的标签按钮,或执行"插入">"表单">"标签"命令,创建域标签。

(2)在域标签中插入要用作快捷键的字母,并为该字母加上"下划线"。

(3)单击编辑窗口上的"预览"标签,进行表单网页的预览。

16. 禁用表单域的自动表单功能

操作步骤如下:

(1)执行"工具">"网页选项"命令,打开"网页选项"对话框。

(2)在其中的"常规"选项卡中,去掉"在表单中自动围绕表单域"复选项。

(3)单击"确定"按钮,完成设置。现在就禁用了自动表单功能,可以通过编写脚本来使用表单域了。

删除表单中的域

操作步骤如下:

(1)对于可见域,点击鼠标左键选中要删除的域,再按"Del"键。

（2）由于隐藏域在编辑页面中是不可见的,可以用鼠标右键单击表单,在快捷菜单上选中"表单属性"选项,打开"表单属性"对话框,单击"高级"按钮,从列表中选择隐藏域,单击"删除"即可。

17. 用户注册表单实例

在许多网站上都可以看到"用户注册"页面,要求用户填写。下面综合运用表单的各种元素,来学习制作用户注册表单,表单最终效果如图所示。具体操作步骤如下:

18. 调整表单的布局

可以使用换行符、段落标记、预格式化的文本或表格来设置表单的格式。不能将一个表单插入另一个表单中(即标签不能交叠),但是可以在一个页面中包含多个表单。

设计表单时,请记住要用描述性文本来标记表单域,以使用户知道他们要回答哪些内容。例如,"键入用户的名字"表示请求输入名字信息。

可以使用表格为表单对象和域标签提供结构。在表单中使用表格时,请确保所有 table 标签都位于两个 form 标签之间。

19. 文本域对象属性

选择文本域对象,在属性检查器中设置以下任一选项:

字符宽度　指定域中最多可显示的字符数。此数字可以小于"最多字符数","最多字符数"指定在域中最多可输入的字符数。

例如,如果"字符宽度"设置为 20(默认值),而用户输入了 100 个字符,则在该文本域中只能看到其中的 20 个字符。虽然在该域中无法看到这些字符,但域对象可以识别它们,而且它们会被发送到服务器进行处理。

最多字符数　指定用户在单行文本域中最多可输入的字符数。可以使用"最多字符数"将邮政编码的输入限制为 5 位数字,将密码限制为 10 个字符,等等。如果将"最多字符数"框保留为空白,则用户可以输入任意数量的文本。如果文本超过域的字符宽度,文本将滚动显示。如果用户的输入超过了最多字符数,则表单会发出警告声。

行数　(在选中了"多行"选项时可用)设置多行文本域的域高度。

已禁用　禁用文本区域。

只读　使文本区域成为只读文本区域。

类型　指定域为单行、多行还是密码域。

　• **单行**　生成一个 input 标签且其 type 属性设置为 text。"字符宽度"设置映射为 size 属性,"最多字符数"设置映射为 maxlength 属性。

　• **多行**　生成一个 textarea 标签。"字符宽度"设置映射为 cols 属性,"行数"设置映射为 rows 属性。

　• **密码**　生成一个 input 标签且其 type 属性设置为 password。"字符宽度"和"最多字符数"设置映射到与单行文本域情况下相同的那些属性。当用户在密码文本域中键入时,输入内容显示为项目符号或星号,以保护它不被其他人看到。

初始值　指定在首次加载表单时域中显示的值。例如,可以通过在域中包含说明或示例值的形式,指示用户在域中输入信息。

类　使用户可以将 CSS 规则应用于对象。

20. 按钮对象选项

按钮名称　为该按钮指定一个名称。"提交"和"重置"是两个保留名称,"提交"通知表单将表单数据提交给处理应用程序或脚本,而"重置"则将所有表单域重置为其原始值。

值 确定按钮上显示的文本。

动作 确定单击该按钮时发生的动作。

·**提交表单** 在用户单击该按钮时提交表单数据以进行处理。该数据将被提交到在表单的"动作"属性中指定的页面或脚本。

·**重置表单** 在单击该按钮时清除表单内容。

·**无** 指定单击该按钮时要执行的动作。例如,用户可以添加一个 JavaScript 脚本,使得当用户单击该按钮时打开另一个页面。

类 将 CSS 规则应用于对象。

21.复选框对象选项

选定值 设置在该复选框被选中时发送给服务器的值。例如,在一项调查中,可以将值4 设置为表示非常同意,将值 1 设置为表示强烈反对。

初始状态 确定在浏览器中加载表单时,该复选框是否处于选中状态。

动态 使服务器可以动态确定复选框的初始状态。例如,用户可以使用复选框直观显示存储在数据库记录中的"Yes/No"信息。在设计时,用户并不知道该信息。在运行时,服务器将读取数据库记录,如果值为"Yes",则选中该复选框。

类 对对象应用层叠样式表(CSS)规则。

22.单个单选按钮对象选项

选定值 设置在该单选按钮被选中时发送给服务器的值。例如,可以在"选定值"文本框中键入滑雪,指示用户选择滑雪。

初始状态 确定在浏览器中加载表单时,该单选按钮是否处于选中状态。

动态 使服务器可以动态确定单选按钮的初始状态。例如,用户可以使用单选按钮直观表示存储在数据库记录中的信息。在设计时,用户并不知道该信息。在运行时,服务器将读取数据库记录,如果该值与指定的值匹配,则选中该单选按钮。

类 将 CSS 规则应用于对象。

23.菜单选项

列表/菜单 为该菜单指定一个名称。该名称必须是唯一的。

类型 指定该菜单是单击时下拉的菜单("菜单"选项),还是显示一个列有项目的可滚动列表("列表"选项)。如果用户希望表单在浏览器中显示时仅有一个选项可见,则选择"菜单"选项。若要显示其他选项,用户必须单击向下箭头。

选择"列表"选项可以在浏览器显示表单时列出一些或所有选项,以便用户可以选择多个项。

高度 (仅"列表"类型)设置菜单中显示的项数。

选定范围 (仅"列表"类型)指定用户是否可以从列表中选择多个项。

列表值打开一个对话框,可通过它向表单菜单添加项:

(1)使用加号(+)和减号(一)按钮添加和删除列表中的项。

(2)输入每个菜单项的标签文本和可选值。

列表中的每项都有一个标签(在列表中显示的文本)和一个值(选中该项时,发送给处理应用程序的值)。如果没有指定值,则改为将标签文字发送给处理应用程序。

(3)使用向上和向下箭头按钮重新排列列表中的项。

菜单项在菜单中出现的顺序与在"列表值"对话框中出现的顺序相同。在浏览器中加载页面时,列表中的第一个项是选中的项。

动态　使服务器可以在该菜单第一次显示时动态选择其中的一个菜单项。

类　使用户可以将 CSS 规则应用于对象。

初始化时选定　设置列表中默认选定的菜单项。单击列表中的一个或多个菜单项。

24.插入文件上传域

用户可以创建文件上传,文件上传域使用户可以选择其计算机上的文件(如字处理文档或图形文件),并将该文件上传到服务器。文件域的外观与其他文本域类似,只不过,文件域还包含一个"浏览"按钮。用户可以手动输入要上传的文件的路径,也可以使用"浏览"按钮定位并选择该文件。

必须要有服务器端脚本或能够处理文件提交操作的页面,才可以使用文件上传域。请查阅与用户用来处理表单数据的服务器技术相关的文档。

文件域要求使用 POST 方法将文件从浏览器传输到服务器。该文件被发送到表单的"动作"框中所指定的地址。

注:在使用文件域之前,请与服务器管理员联系,确认允许使用匿名文件上传。

(1)在页面中插入表单("插入">"表单")。

(2)选择表单以显示其属性检查器。

(3)将表单"方法"设置为 POST。

(4)从"MIME 类型"弹出菜单中选择 multipart/form-data。

(5)在"动作"框中,请指定服务器端脚本或能够处理上传文件的页面。

(6)将插入点放置在表单轮廓内,然后选择"插入">"表单">"文件域"。

(7)在属性检查器中设置以下任一选项:

文件域名称　指定该文件域对象的名称。

字符宽度　指定域中最多可显示的字符数。

最多字符数　指定域中最多可容纳的字符数。如果用户通过浏览来定位文件,则文件名和路径可超过指定的"最多字符数"的值。但是,如果用户尝试键入文件名和路径,则文件域最多仅允许键入"最多字符数"值所指定的字符数。

25.插入图像按钮

可以使用图像作为按钮图标。如果使用图像来执行任务而不是提交数据,则需要将某种行为附加到表单对象。

(1)在文档中,将插入点放在表单轮廓内。

(2)选择"插入">"表单">"图像域"。

出现"选择图像源文件"对话框。

(3)在"选择图像源文件"对话框中为该按钮选择图像,然后单击"确定"。

(4)在属性检查器中设置以下任一选项:

图像区域　为该按钮指定一个名称。"提交"和"重置"是两个保留名称,"提交"通知表单将表单数据提交给处理应用程序或脚本,而"重置"则将所有表单域重置为其原始值。

源文件　指定要为该按钮使用的图像。

替换　用于输入描述性文本,一旦图像在浏览器中加载失败,将显示这些文本。

对齐　设置对象的对齐属性。

编辑图像　启动默认的图像编辑器,并打开该图像文件以进行编辑。

类 使用户可以将 CSS 规则应用于对象。

(5)若要将某个 JavaScript 行为附加到该按钮,选择该图像,然后在"行为"面板("窗口"＞"行为")中选择行为。

26.隐藏域对象选项

隐藏域 指定该域的名称。

值 为域指定一个值。该值将在提交表单时传递给服务器。

27.插入一组单选按钮

(1)将插入点放在表单轮廓内。

(2)选择"插入"＞"表单"＞"单选按钮组"。

(3)完成对话框设置,然后单击"确定"。

①在"名称"框中,输入单选按钮组的名称。

如果设置这些单选按钮将参数传递回服务器,则这些参数将与该名称相关联。例如,如果将组命名为 myGroup,将表单方法设置为 GET(即,希望当用户单击提交按钮时表单传递 URL 参数而不是表单参数),则会在 URL 中将表达式 myGroup＝"CheckedValue"传递给服务器。

②单击加号(＋)按钮向该组添加一个单选按钮。为新按钮输入标签和选定值。

③单击向上或向下箭头重新排序这些按钮。

④若要设置当在浏览器中打开页面时,某个特定单选按钮处于选中状态,请在"选取值等于"框中输入一个等于该单选按钮值的值。

可以输入静态值,或者通过单击该框旁边的闪电图标,然后选择包含可能选定值的记录集以指定动态值。无论是哪一种指定方式,所指定的值都应与组中某个单选按钮的选定值相匹配。若要查看单选按钮的选定值,请选择每个单选按钮,然后打开其属性检查器("窗口"＞"属性")。

⑤选择 Dreamweaver 对这些按钮进行布局时要使用的格式。

可以使用换行符或表格来设置这些按钮的布局。如果选择表格选项,则 Dreamweaver 创建一个单列表,并将这些单选按钮放在左侧,将标签放在右侧。

还可以使用属性检查器或直接在"代码"视图中设置属性。

28.插入一组复选框

(1)将插入点放在表单轮廓内。

(2)选择"插入"＞"表单"＞"复选框组"。

(3)完成对话框设置,然后单击"确定"。

①在"名称"框中,输入复选框组的名称。

如果设置这些复选框以将参数传递回服务器,这些参数将与该名称相关联。例如,如果将组命名为 myGroup,并将表单方法设置为 GET(即,希望当用户单击提交按钮时表单传递 URL 参数而不是表单参数),则会在 URL 中将表达式 myGroup＝"CheckedValue"传递给服务器。

②单击加号(＋)按钮向该组添加一个复选框。为新复选框输入标签和选定值。

③单击向上或向下箭头对这些复选框重新进行排序。

④若要将某个特定复选框设置为在浏览器中打开页面时处于选中状态,请在"选取值等于"框中输入一个等于该复选框值的值。

可以输入静态值,或者通过单击该框旁边的闪电图标,然后选择包含可能选定值的记录集以指定动态值。无论是哪一种指定方式,所指定的值都应与组中某个复选框的选定值相匹配。若要查看复选框的选定值,请选择每个复选框,然后打开其属性检查器("窗口">"属性")。

⑤选择 Dreamweaver 对这些复选框进行布局时要使用的格式。

可以使用换行符或表格来设置这些复选框的布局。如果选择表格选项,则 Dreamweaver 创建一个单列表,并将这些复选框放在左侧,将标签放在右侧。

还可以使用属性检查器或直接在"代码"视图中设置属性。

7.2.5 关于动态表单对象

作为一种表单对象,动态表单对象的初始状态由服务器在页面被从服务器中请求时确定,而不是由表单设计者在设计时确定。例如,当用户请求的 PHP 页上包含带有菜单的表单时,该页中的 PHP 脚本会自动使用存储在数据库中的值填充该菜单。然后,服务器将完成后的页面发送到用户的浏览器中。

使表单对象成为动态对象可以简化站点的维护工作。例如,许多站点使用菜单为用户提供一组选项。如果该菜单是动态的,用户可以在一个位置(即存储菜单项的数据库表)集中添加、删除或更改菜单项,从而更新该站点上同一菜单的所有实例。

7.2.6 插入或更改动态 HTML 表单菜单

用户可以用数据库中的项动态地填充 HTML 表单菜单或列表菜单。对于大多数页面,用户可使用 HTML 菜单对象。

在开始之前,用户必须在 ColdFusion、PHP 或 ASP 页中插入一个 HTML 表单,而且必须为该菜单定义记录集或其他动态内容源。

(1)在页面中插入 HTML 列表/菜单表单对象:

①在页面上的 HTML 表单("插入">"表单">"表单")中单击。

②选择"插入">"表单">"列表/菜单"以插入表单对象。

(2)请执行下列操作之一:

• 选择新的或现有 HTML 列表/菜单表单对象,然后单击属性检查器中的"动态"按钮。

• 选择"插入">"数据对象">"动态数据">"动态选择列表"。

(3)完成"动态列表/菜单"对话框,然后单击"确定"。

①在"来自记录集的选项"弹出菜单中,选择要用作内容源的记录集。用户还可以在后续操作中,使用此菜单来编辑静态和动态列表/菜单项。

②在"静态选项"区域中,输入列表或菜单中的默认项。还可以使用此选项在添加动态内容后编辑列表/菜单表单对象中的静态项。

③(可选)使用加号(+)和减号(-)按钮添加和删除列表中的项。项的顺序与"初始列表值"对话框中的顺序相同。在浏览器中加载页面时,列表中的第一个项是选中的项。使用向上和向下箭头按钮重新排列列表中的项。

④在"值"弹出菜单中,选择包含菜单项值的域。

⑤在"标签"弹出菜单中,选择包含菜单项标签文字的域。

⑥(可选)若要指定在浏览器中打开页面或者在表单中显示记录时,某个特定菜单项处于选中状态,请在"选取值等于"框中输入一个等于该菜单项的值。

可以输入静态值,也可以通过单击该框旁边的闪电图标,然后从数据源列表中选择动态值来指定动态值。无论是哪一种指定方式,所指定的值都应该与某个菜单项值匹配。

7.2.7　使现有 HTML 表单菜单成为动态对象

(1)在"设计"视图中选择列表/菜单表单对象。
(2)在属性检查器中,单击"动态"按钮。
(3)完成对话框设置,然后单击"确定"。

7.2.8　在 HTML 文本域中显示动态内容

在通过浏览器查看表单时,用户可以在 HTML 文本域中显示动态内容。

在开始之前,用户必须在 ColdFusion、PHP 或 ASP 页中创建表单,而且必须为该文本域定义记录集或其他动态内容源。
(1)选择页面上 HTML 表单中的文本域。
(2)在属性检查器中,单击"初始值"框旁边的闪电图标,以显示"动态数据"对话框。
(3)选择为文本域提供值的记录集列,然后单击"确定"。

7.2.9　设置动态文本域对话框的选项

(1)从"文本域"弹出菜单中选择要设置为动态对象的文本域。
(2)单击"将值设置为"框旁边的闪电图标,从数据源列表中选择一个数据源,然后单击"确定"。
数据源应包含文本信息。如果列表中没有出现任何数据源,或者可用的数据源不能满足用户的需要,请单击加号(＋)按钮以定义新的数据源。

7.2.10　动态预先选择 HTML 复选框

用户可以让服务器决定当表单在浏览器中显示时是否选中一个复选框。

在开始之前,用户必须在 ColdFusion、PHP 或 ASP 页中创建表单,而且必须为复选框定义记录集或其他动态内容源。理想情况下,该内容源应包含布尔数据,如 Yes/No 或 true/false。
(1)在页面上选择一个复选框表单对象。
(2)在属性检查器中,单击"动态"按钮。
(3)完成"动态复选框"对话框,然后单击"确定"。
• 单击"选择,如果:"框旁边的闪电图标,然后从数据源列表中选择该域。
数据源必须包含布尔数据,如 Yes 和 No,或 true 和 false。如果列表中没有出现任何数据源,或者可用的数据源不能满足用户的需要,请单击加号(＋)按钮以定义新的数据源。
• 在"等于"框中,输入要使复选框显示为选中状态该域必须具有的值。
例如,如果希望记录中的特定域的值为 Yes 时,该复选框显示为选中状态,请在"等于"框中输入 Yes。
注:在用户单击表单的"提交"按钮时,这个值也会返回给服务器。

7.2.11　动态预先选择 HTML 单选按钮

当浏览器中的 HTML 表单中显示记录时,动态预先选中某个 HTML 单选按钮。

　　在开始之前,必须在 ColdFusion、PHP 或 ASP 页中创建表单,并且插入至少一组 HTML单选按钮("插入">"表单">"单选按钮组")。而且必须为单选按钮定义记录集或其他动态内容源。理想情况下,该内容源应包含布尔数据,如 Yes/No 或 true/false。

　　(1)在"设计"视图中,在单选按钮组中选择一个单选按钮。

　　(2)在属性检查器中,单击"动态"按钮。

　　(3)完成"动态单选按钮组"对话框,然后单击"确定"。

　　1.设置动态单选按钮组对话框的选项

　　(1)在"单选按钮组"弹出菜单中,选择页面中的表单和单选按钮组。

　　"单选按钮值"框将显示该组内所有单选按钮的值。

　　(2)从值列表中选择要动态预先选中的值。该值显示在"值"框中。

　　(3)单击"选取值等于"框旁边的闪电图标,然后选择包含该组中单选按钮的可能选定值的记录集。

　　所选的记录集包含与单选按钮的选定值匹配的值。若要查看单选按钮的选定值,请选择每个单选按钮,然后打开其属性检查器("窗口">"属性")。

　　(4)单击"确定"。

　　2.设置动态单选按钮组对话框的选项(ColdFusion)

　　(1)从"单选按钮组"弹出菜单中选择单选按钮组和表单。

　　(2)单击"选取值等于"框旁边的闪电图标。

　　(3)完成"动态数据"对话框,然后单击"确定"。

　　①从数据源列表中选择一种数据源。

　　②(可选)为该文本选择一种数据格式。

　　③(可选)修改 Dreamweaver 插入到页面中以显示动态文本的代码。

　　④单击"确定"关闭"动态单选按钮组"对话框,并在"单选按钮组"中插入动态内容占位符。

7.2.12　验证 HTML 表单数据

　　Dreamweaver 可添加用于检查指定文本域中内容的 JavaScript 代码,以确保用户输入了正确的数据类型。

　　用户可以使用 Spry 表单 Widget 构建自己的表单,并验证指定表单元素的内容。有关详细信息,请参考下面列出的 Spry 主题。

　　用户还可以在 Dreamweaver 中建立用于验证指定域内容的 ColdFusion 表单。有关详细信息,请参考下面列出的 ColdFusion 章节。

　　(1)创建一个包含至少一个文本域及一个"提交"按钮的 HTML 表单。

　　确保要验证的每个文本域具有唯一名称。

　　(2)选择"提交"按钮。

　　(3)在"行为"面板("窗口">"行为")中,单击加号(＋)按钮,然后从列表中选择"验证表单"行为。

　　(4)设置每个文本域的验证规则,然后单击"确定"。

　　例如,用户可以指定用于输入人员年龄的文本域仅接受数字。

　　注:"验证表单"行为仅在文档中已插入了文本域的情况下可用。

第8章 样式表

8.1 了解层叠样式表

8.1.1 关于层叠样式表

层叠样式表(CSS)是一组格式设置规则,用于控制 Web 页内容的外观。通过使用 CSS 样式设置页面的格式,可将页面的内容与表示形式分离开。页面内容(即 HTML 代码)存放在 HTML 文件中,而用于定义代码表示形式的 CSS 规则存放在另一个文件(外部样式表)或 HTML 文档的另一部分(通常为文件头部分)中。将内容与表示形式分离可使得从一个位置集中维护站点的外观变得更加容易,因为进行更改时无需对每个页面上的每个属性都进行更新。将内容与表示形式分离还会可以得到更加简练的 HTML 代码,这样将缩短浏览器加载时间,并为存在访问障碍的人员(例如,使用屏幕阅读器的人员)简化导航过程。

使用 CSS 可以非常灵活并更好地控制页面的确切外观。使用 CSS 可以控制许多文本属性,包括特定字体和字的大小;粗体、斜体、下划线和文本阴影;文本颜色和背景颜色;链接颜色和链接下划线等。通过使用 CSS 控制字体,还可以确保在多个浏览器中以更一致的方式处理页面布局和外观。

除设置文本格式外,还可以使用 CSS 控制 Web 页面中块级元素的格式和定位。块级元素是一段独立的内容,在 HTML 中通常由一个新行分隔,并在视觉上设置为块的格式。例如,h1 标签、p 标签和 DIV 标签都在 Web 页面上产生块级元素。可以对块级元素执行以下操作:为它们设置边距和边框、将它们放置在特定位置、向它们添加背景颜色、在它们周围设置浮动文本等。对块级元素进行操作的方法实际上就是使用 CSS 进行页面布局设置的方法。

8.1.2 关于 CSS 规则

CSS 格式设置规则由两部分组成:选择器和声明(大多数情况下为包含多个声明的代码块)。选择器是标识已设置格式元素的术语(如 p、h1、类名称或 ID),而声明块则用于定义样式属性。在下面的示例中,h1 是选择器,介于大括号({})之间的所有内容都是声明块:

```
h1{
font-size: 16 pixels;
font-family: Helvetica;
font-weight: bold;
}
```

　　各个声明由两部分组成:属性(如 font-family)和值(如 Helvetica)。在前面的 CSS 规则中,已经为 h1 标签创建了特定样式:所有链接到此样式的 h1 标签的文本将为 16 像素大小的 Helvetica 粗体。

　　样式(由一个规则或一组规则决定)存放在与要设置格式的实际文本分离的位置(通常在外部样式表或 HTML 文档的文件头部分中)。因此,可以将 h1 标签的某个规则一次应用于许多标签(如果在外部样式表中,则可以将此规则一次应用于多个不同页面上的许多标签)。通过这种方式,CSS 可提供非常便利的更新功能。若在一个位置更新 CSS 规则,使用已定义样式的所有元素的格式设置将自动更新为新样式。如图 8-1 所示。

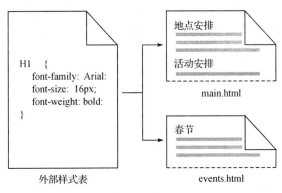

图 8-1　样式

　　在 Dreamweaver 中可以定义以下样式类型:
　　• 类样式可让用户将样式属性应用于页面上的任何元素。
　　• HTML 标签样式重新定义特定标签(如 h1)的格式。创建或更改 h1 标签的 CSS 样式时,所有用 h1 标签设置了格式的文本都会立即更新。
　　• 高级样式重新定义特定元素组合的格式,或其他 CSS 允许的选择器表单的格式(例如,每当 h2 标题出现在表格单元格内时,就会应用选择器 tdh2)。高级样式还可以重定义包含特定 id 属性的标签的格式(例如,由 ♯myStyle 定义的样式可以应用于所有包含属性/值对 id="myStyle"的标签)。
　　CSS 规则可以位于以下位置:
　　外部 CSS 样式表　存储在一个单独的外部 CSS(.css)文件(而非 HTML 文件)中的若干组 CSS 规则。此文件利用文档头部分的链接或@import 规则链接到网站中的一个或多个页面。
　　内部(或嵌入式)CSS 样式表　若干组包括在 HTML 文档头部分的 style 标签中的 CSS 规则。
　　内联样式　在整个 HTML 文档中的特定标签实例内定义。(不建议使用内联样式。)
　　Dreamweaver 可识别现有文档中定义的样式(只要这些样式符合 CSS 样式准则)。Dreamweaver 还会在"设计"视图中直接呈现大多数已应用的样式。(不过,在浏览器窗口中预览文档将使用户能够获得最准确的页面"动态"呈现。)有些 CSS 样式在 Microsoft Internet Explorer、Netscape、Opera、Apple Safari 或其他浏览器中呈现的外观不相同,而有些 CSS 样式目前不受任何浏览器支持。
　　若要显示 Dreamweaver 附带的 O'Reilly CSS 参考指南,请选择"帮助">"参考",然后从"参考"面板的弹出菜单中选择"O'Reilly CSS 参考"。

8.1.3　关于层叠样式

　　层叠是指浏览器最终为网页上的特定元素显示样式的方式。三种不同的源决定了网页上显示的样式：由页面的作者创建的样式表、用户的自定义样式选择（如果有）和浏览器本身的默认样式。以上主题说明作为网页及附加到该页的样式表的作者来创建网页的样式。但是，浏览器也具有它们自己的默认样式表来指定网页的呈现方式，除此之外，用户还可以通过选择来调整网页的显示对浏览器进行自定义。网页的最终外观是由所有这三种源的规则共同作用（或者"层叠"）的结果，最后以最佳方式呈现网页。

一个常见标签（段落标签，即<p>标签）可说明此概念。默认情况下，浏览器自带有为段落文本（即位于 HTML 代码中<p>标签之间的文本）定义字体和字体大小的样式表。例如在 Internet Explorer 中，包括段落文本在内的所有正文文本都默认显示为 Times New Roman 中等字体。

但是作为网页的作者，用户可以为段落字体和字体大小创建能覆盖浏览器默认样式的样式表。例如，用户可以在样式表中创建以下规则：

```
p{
font-family：Arial；
font-size：small；
}
```

当用户加载页面时，用户作为作者创建的段落字体和字体大小设置将覆盖浏览器的默认段落文本设置。

而用户可以选择以最佳方式自定义浏览器显示，以方便他们自己使用。例如在 Internet Explorer 中，如果用户认为页面字体太小，则他们可以选择"查看">"文字大小">"最大"将页面字体扩展到更易辨认的大小。最终（至少在这种情况下），用户的选择将覆盖段落字体大小的浏览器默认样式和网页作者创建的段落样式。

继承性是层叠的另一个重要部分。网页上大多数元素的属性都是继承而来的。例如，段落标签从 body 标签中继承某些属性，项目列表标签从段落标签中继承某些属性等等。因此，如果在样式表中创建以下规则：

```
body{
font-family：Arial；
font-style：italic；
}
```

网页上的所有段落文本（以及从段落标签继承属性的文本）都会是 Arial 斜体，因为段落标签从 body 标签中继承了这些属性。但是，用户可以使用用户的规则更具体，并创建一些能覆盖标准继承公式的样式。例如，如果在样式表中创建以下规则：

```
body{
font-family：Arial；
font-style：italic；
}
p{
font-family：Courier；
font-style：normal；
}
```

所有正文文本将是 Arial 斜体，但段落（及其继承的）文本除外，它们将显示为 Courier 常规（非斜体）。从技术上来说，段落标签首先继承为 body 标签设置的属性，但是随后将忽略这些属性，因为它具有本身已定义的属性。换句话说，虽然页面元素通常从上级继承属性，但是直接将属性应用于标签时始终会覆盖标准继承公式。

结合上述的所有因素，加上其他因素（如 CSS 具体程度，一种为特殊类型的 CSS 规则指定不同权重的体系）以及 CSS 规则的顺序，最终会创建一个复杂的层叠，其中优先级较高的项会覆盖优先级较低的属性。

8.1.4 关于文本格式设置和 CSS

默认情况下，Dreamweaver 使用层叠样式表（CSS）设置文本格式。用户使用"属性"检查器或菜单命令应用于文本的样式将创建 CSS 规则，这些规则嵌入在当前文档的头部。

还可以使用"CSS 样式"面板创建和编辑 CSS 规则和属性。"CSS 样式"面板是一个比属性检查器强大得多的编辑器，它显示为当前文档定义的所有 CSS 规则，而不管这些规则是嵌入在文档的头部还是在外部样式表中。Adobe 建议使用"CSS 样式"面板（而不是属性检查器）作为创建和编辑 CSS 的主要工具。这样，用户的代码将更清晰，更易于维护。

除了所创建的样式和样式表外，还可以使用 Dreamweaver 附带的样式表对文档应用样式。

8.1.5 关于速记 CSS 属性

CSS 规范支持使用称作速记 CSS 的简略语法创建样式。速记 CSS 使用户可以用一个声明指定多个属性的值。例如，font 属性可以使用户在同一行中设置 font-style、font-variant、font-weight、font-size、line-height 以及 font-family 属性。

使用速记 CSS 时需要注意的关键问题是速记 CSS 属性省略的值会被指定为属性的默认值。当两个或多个 CSS 规则指定给同一标签时，这可能会导致页面无法正确显示。

例如，下面显示的 h1 规则使用了普通的 CSS 语法。请注意，已经为 font-variant、font-stretch、font-size-adjust 和 font-style 属性分配了默认值。

```
h1{
font-weight: bold;
font-size: 16pt;
line-height: 18pt;
font-family: Arial;
font-variant: normal;
font-style: normal;
font-stretch: normal;
font-size-adjust: none
}
```

下面用一个速记属性重写这一规则，可能的形式为：

```
h1{font: bold 16pt/18pt Arial}
```

使用速记符号编写时，会自动将省略的值指定为它们的默认值。因此，上述速记示例省略了 font-variant、font-style、font-stretch 和 font-size-adjust 标签。

如果用户使用 CSS 语法的速记形式和普通形式在多个位置定义了样式（如在 HTML 页面中嵌入样式并从外部样式表中导入样式），则一定要注意，速记规则中省略的属性可能会覆盖（或层叠）其他规则中明确设置的属性。

因此，Dreamweaver 默认情况下使用 CSS 符号的普通形式。这样可以防止能够覆盖普通规则的速记规则所引起的潜在问题。

在 Dreamweaver 中打开使用速记 CSS 符号编写代码的网页时，请注意 Dreamweaver 将会使用普通形式创建任何新的 CSS 规则。通过更改"首选参数"对话框（选择"编辑">"首选参数"）中"CSS 样式"类别中的 CSS 编辑首选参数，用户可以指定 Dreamweaver 创建和编辑 CSS 规则的方式。

注："CSS 样式"面板仅使用普通符号创建规则。如果用户使用"CSS 样式"面板创建页面或 CSS 样式表，一定要知道对速记 CSS 规则进行手动编码可能会导致速记属性覆盖那些用普通形式创建的属性。因此，请使用普通的 CSS 符号创建用户的样式。

8.2 创建和管理 CSS

8.2.1 "CSS 样式"面板

使用"CSS 样式"面板（见图 8-2）可以跟踪影响当前所选页面元素的 CSS 规则和属性（"正在"模式），也可以跟踪文档可用的所有规则和属性（"全部"模式）。使用面板顶部的切换按钮可以在两种模式之间切换。使用"CSS 样式"面板还可以在"全部"和"正在"模式下修改 CSS 属性。

1. 当前模式下的"CSS 样式"面板

在"正在"模式下，"CSS 样式"面板将显示三个面板："所选内容的摘要"窗格，其中显示文档中当前所选内容的 CSS 属性；"规则"窗格，其中显示所选属性的位置（或所选标签的一组层叠的规则，具体取决于用户的选择）；以及"属性"窗格，它允许用户编辑应用于所选内容的规则的 CSS 属性。

"所选内容的摘要"窗格显示活动文档中当前所选项目的 CSS 属性的摘要以及它们的值。该摘要显示直接应用于所选内容的所有规则的属性。仅显示已设置的属性。

例如，下列规则创建一个类样式和一个标签（在此例中为段落）样式：

```
.foo{
color: green;
font-family: Arial;
}
p{
font-family: serif;
font-size: 12px;
}
```

当用户在"文档"窗口中选择带有类样式 .foo 的段落文本时,"所选内容的摘要"窗格将同时显示两个规则的相关属性,因为两个规则都应用于所选内容。在这种情况下,"所选内容的摘要"窗格将列出以下属性:

font-size:12px

font-family:Arial

color:green

"所选内容的摘要"窗格按逐级细化的顺序排列属性。在上面的示例中,标签样式定义字体大小,类样式定义字体(font-family)和颜色。(类样式定义的字体(font-family)属性覆盖标签样式定义的字体(font-family)属性,因为类选择器比标签选择器更为具体。)

"规则"窗格根据用户的选择显示两个不同视图:"关于"视图或"规则"视图。在"关于"视图(默认视图)中,此窗格显示定义所选 CSS 属性的规则的名称,以及包含该规则的文件的名称。在"规则"视图中,此窗格显示直接或间接应用于当前所选内容的所有规则的层叠(或层次结构)。(直接应用规则的标签显示在右列。)用户可以通过单击"规则"窗格右上角的"显示信息"和"显示层叠"按钮在两种视图之间切换。

在所有视图中,已设置的属性以蓝色显示;与选择无关的属性显示时伴有一条红色删除线。将鼠标指针置于无关规则上方时将显示一条消息解释该属性为何无关。通常,导致某个属性无关的原因是它被改写或者不是继承的属性。

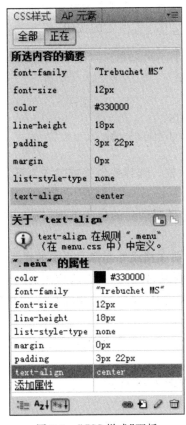

图 8-2　"CSS 样式"面板

图 8-3　所有模式下的"CSS 样式"面板

2.所有模式下的 CSS 样式面板

在"全部"模式下,"CSS 样式"面板显示两个窗格:"所有规则"窗格(顶部)和"属性"窗格(底部)。"所有规则"窗格显示当前文档中定义的规则以及附加到当前文档的样式表中定义的所有规则的列表。使用"属性"窗格可以编辑"所有规则"窗格中任何所选规则的 CSS 属性。如图 8-3 所示。

3.CSS 样式面板按钮和视图

在"全部"和"正在"模式下,"CSS 样式"面板都包含三个允许用户在"属性"窗格(底部窗格)中改变视图的按钮,如图 8-4 所示。

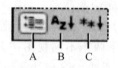

图 8-4　视图按钮

A."类别"视图;B."列表"视图;C."设置属性"视图

类别视图　将 Dreamweaver 支持的 CSS 属性分为八个类别:字体、背景、区块、边框、方框、列表、定位和扩展名。每个类别的属性都包含在一个列表中,用户可以单击类别名称旁边的加号(＋)按钮展开或折叠它。

列表视图　会按字母顺序显示 Dreamweaver 支持的所有 CSS 属性。

设置属性视图　仅显示那些已进行设置的属性。"设置属性"视图为默认视图。

在"全部"和"正在"模式下,"CSS 样式"面板还包含如图 8-5 所示的按钮。

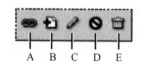

图 8-5　面板设置属性视图

A.附加样式表;B.新建 CSS 规则;C.编辑样式;D.禁用/启用 CSS 属性;E.删除

CSS 规则附加样式表　打开"链接外部样式表"对话框。选择要链接或导入当前文档中的外部样式表。

新建 CSS 规则　打开一个对话框,用户可在其中选择要创建的样式类型(例如,创建类样式、重新定义 HTML 标签或定义 CSS 选择器)。

编辑样式　打开一个对话框,用户可在其中编辑当前文档或外部样式表中的样式。

删除 CSS 规则　删除"CSS 样式"面板中的选定规则或属性,并从它所应用的所有元素中删除格式设置。(不过,它不会删除由该样式引用的类或 ID 属性)。"删除 CSS 规则"按钮还可以分离(或"取消链接")附加的 CSS 样式表。

右键单击"CSS 样式"面板,可打开包含用于处理 CSS 样式表命令的选项的上下文菜单。

4.打开 CSS 样式面板

用户可以使用"CSS 样式"面板查看、创建、编辑和删除 CSS 样式,并且可以将外部样式表附加到文档。

请执行下列操作之一:

• 选择"窗口"＞"CSS 样式"。

- 按 Shift＋F11。
- 单击属性检查器中的"CSS"按钮。

8.2.2　设置 CSS 样式首选参数

CSS 样式首选参数控制 Dreamweaver 编写用于定义 CSS 样式的代码的方式。CSS 样式可以以速记形式来编写,有些人觉得这种形式使用起来更容易。但某些较旧版本的浏览器不能正确解释速记。

(1)选择"编辑"＞"首选参数",然后从"类别"列表中选择"CSS 样式"。

(2)设置要应用的 CSS 样式选项:

当创建 CSS 规则时使用速记　使用户可以选择 Dreamweaver 以速记形式编写的 CSS 样式属性。

当编辑 CSS 规则时使用速记　控制 Dreamweaver 是否以速记形式重新编写现有样式。

选择"如果原来使用速记",以将所有样式保留原样。

选择"根据以上设置",将以速记形式为在"使用速记"中选择的属性重新编写样式。

当在 CSS 面板中双击时　使用户可以选择用于编辑 CSS 规则的工具。

(3)单击"确定"。

8.2.3　创建新的 CSS 规则

用户可以创建一个 CSS 规则来自动完成 HTML 标签的格式设置或者 class 或 ID 属性所标识的文本范围的格式设置。

(1)将插入点放在文档中,然后执行以下操作之一打开"新建 CSS 规则"对话框:

- 选择"格式"＞"CSS 样式"＞"新建"。
- 在"CSS 样式"面板("窗口"＞"CSS 样式")中,单击面板右下侧的"新建 CSS 规则"(＋)按钮。
- 在"文档"窗口中选择文本,从 CSS 属性检查器("窗口"＞"属性")的"目标规则"弹出菜单中选择"新建 CSS 规则",然后单击"编辑规则"按钮,或者从属性检查器中选择一个选项(例如单击"粗体"按钮)以启动一个新规则。

(2)在"新建 CSS 规则"对话框中,指定要创建的 CSS 规则的选择器类型:

- 若要创建一个可作为 class 属性应用于任何 HTML 元素的自定义样式,请从"选择器类型"弹出菜单中选择"类"选项,然后在"选择器名称"文本框中输入样式的名称。

注:类名称必须以句点开头,并且可以包含任何字母和数字组合(例如,.myhead1)。如果用户没有输入开头的句点,Dreamweaver 将自动为用户输入它。

- 若要定义包含特定 ID 属性的标签的格式,请从"选择器类型"弹出菜单中选择"ID"选项,然后在"选择器名称"文本框中输入唯一 ID(例如 containerDIV)。

注:ID 必须以井号(＃)开头,并且可以包含任何字母和数字组合(例如,＃myID1)。如果用户没有输入开头的井号,Dreamweaver 将自动为用户输入它。

- 若要重新定义特定 HTML 标签的默认格式,请从"选择器类型"弹出菜单中选择"标签"选项,然后在"选择器名称"文本框中输入 HTML 标签或从弹出菜单中选择一个标签。
- 若要定义同时影响两个或多个标签、类或 ID 的复合规则,请选择"复合内容"选项并输入用于复合规则的选择器。例如,如果用户输入 divp,则 DIV 标签内的所有 p 元素都将受此规则影响。说明文本区域准确说明用户添加或删除选择器时该规则将影响哪些元素。

（3）选择要定义规则的位置，然后单击"确定"：

• 若要将规则放置到已附加到文档的样式表中，请选择相应的样式表。

• 若要创建外部样式表，请选择"新建样式表文件"。

• 若要在当前文档中嵌入样式，请选择"仅对该文档"。

（4）在"CSS 规则定义"对话框中，选择要为新的 CSS 规则设置的样式选项。有关详细信息，请参阅下一节。

（5）完成对样式属性的设置后，单击"确定"。

注：在没有设置样式选项的情况下单击"确定"将产生一个新的空白规则。

8.2.4　设置 CSS 属性

可以定义 CSS 规则的属性，如文本字体、背景图像和颜色、间距和布局属性以及列表元素外观。首先创建新规则，然后设置下列任意属性。

使用"CSS 规则定义"对话框中的"类型"类别可以定义 CSS 样式的基本字体和类型设置。

（1）如果尚未打开"CSS 样式"面板，请打开该面板（Shift＋F11）。

（2）双击"CSS 样式"面板顶部窗格中的现有规则或属性。

（3）在"CSS 规则定义"对话框中，选择"类型"，然后设置样式属性。

（4）设置完这些选项后，在面板左侧选择另一个 CSS 类别以设置其他的样式属性，或单击"确定"。

CSS 属性有 8 种，下面详细介绍：

1. 类型属性

主要用来定义文字的字体、大小、样式、颜色等属性。下面以新建的类".word"为例，来说明如何设置类型属性。应用".word"样式的文字效果如图 8-6 所示。

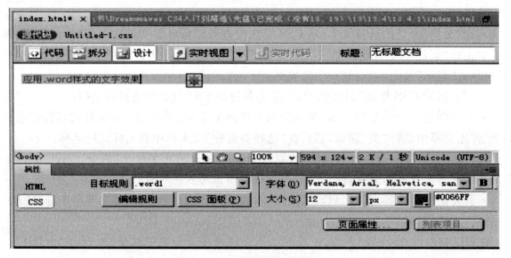

图 8-6　设置类型属性

Font-family　为样式设置字体系列（或多组字体系列）。浏览器使用用户系统上安装的字体系列中的第一种字体显示文本。为了与 Internet Explorer 3.0 兼容，首先列出 Windows 字体。

Font-size　定义文本大小。可以通过选择数字和度量单位选择特定的大小，也可以选择相对大小。使用像素作为单位可以有效地防止浏览器扭曲文本。

Font-style　指定"正常"、"斜体"或"偏斜体"作为字体样式。默认设置是"正常"。

Line-height　设置文本所在行的高度。习惯上将该设置称为行高。选择"正常"自动计算字体大小的行高，或输入一个确切的值并选择一种度量单位。

Text-decoration　向文本中添加下划线、上划线或删除线，或使文本闪烁。常规文本的默认设置是"无"。链接的默认设置是"下划线"。将链接设置设为无时，可以通过定义一个特殊的类去除链接中的下划线。

Font-weight　对字体应用特定或相对的粗体量。"正常"等于 400；"粗体"等于 700。

Font-variant　设置文本的小型大写字母变体。Dreamweaver 不在"文档"窗口中显示此属性。InternetExplorer 支持变体属性，但 Navigator 不支持。

Text-transform　将所选内容中的每个单词的首字母大写或将文本设置为全部大写或小写。

颜色　设置文本颜色。两种浏览器都支持颜色属性。

2.背景属性

使用"CSS 规则定义"对话框的"背景"类别可以定义 CSS 样式的背景设置（见图 8-7）。可以对网页中的任何元素应用背景属性。例如，创建一个样式，将背景颜色或背景图像添加到任何页面元素中，比如在文本、表格、页面等的后面。还可以设置背景图像的位置。

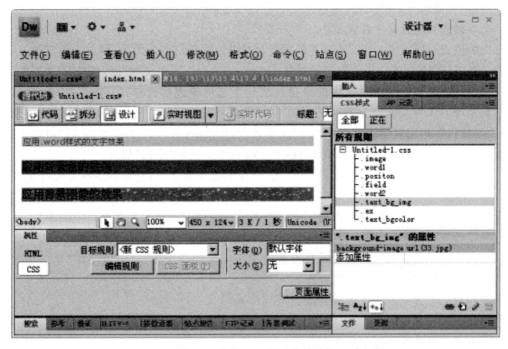

图 8-7　定义 CSS 样式背景属性

背景颜色　设置元素的背景颜色。

背景图像　设置元素的背景图像。

Background Repeat　确定是否以及如何重复背景图像。

• "不重复"只在元素开始处显示一次图像。

• "重复"在元素的后面水平和垂直平铺图像。

• "横向重复"和"纵向重复"分别显示图像的水平带区和垂直带区。图像被剪辑以适合元素的边界。

注：使用"重复"属性重定义 body 标签并设置不平铺、不重复的背景图像。

Background Attachment 确定背景图像是固定在其原始位置还是随内容一起滚动。注意，某些浏览器可能将"固定"选项视为"滚动"。Internet Explorer 支持该选项，但 Netscape Navigator 不支持。

Background Position(X) 和 **Background Position(Y)** 指定背景图像相对于元素的初始位置。这可用于将背景图像与页面中心垂直(Y)和水平(X)对齐。如果附件属性为"固定"，则位置相对于"文档"窗口而不是元素。

3. 区块属性

单词间距 设置字词的间距。若要设置特定的值，请在弹出菜单中选择"值"，然后输入一个数值。在第二个弹出菜单中，选择度量单位(例如像素、点等)。

注：可以指定负值，但显示方式取决于浏览器。Dreamweaver 不在"文档"窗口中显示此属性。

字母间距 增加或减小字母或字符的间距。若要减小字符间距，请指定一个负值(例如 —4)。字母间距设置覆盖对齐的文本设置。Internet Explorer 4 和更高版本以及 Netscape Navigator 6 支持"字母间距"属性。

垂直对齐 指定应用此属性的元素的垂直对齐方式。Dreamweaver 仅在将该属性应用于<img>标签时，才在"文档"窗口中显示它。

文本对齐 设置文本在元素内的对齐方式。

文字缩进 指定第一行文本缩进的程度。可以使用负值创建凸出，但显示方式取决于浏览器。仅当相应的标签应用于块级元素时，Dreamweaver 才会在"文档"窗口中显示此属性。

空格 确定如何处理元素中的空格。从三个选项中进行选择："正常"，收缩空白；"保留"，其处理方式与文本被括在 pre 标签中一样(即保留所有空白，包括空格、制表符和回车)；"不换行"，指定仅当遇到 br 标签时文本才换行。Dreamweaver 不在"文档"窗口中显示此属性。Netscape Navigator 和 Internet Explorer 5.5 支持"空白"属性。

显示指定是否以及如何显示元素。"无"指定到某个元素时，它将禁用该元素的显示。

4. 方框属性

使用"CSS 规则定义"对话框的"方框"类别可以为用于控制元素在页面上的放置方式的标签和属性定义设置(见图 8-8)。

可以在应用填充和边距设置时将设置应用于元素的各个边，也可以使用"全部相同"设置将相同的设置应用于元素的所有边。

宽和高 设置元素的宽度和高度。

浮动 设置其他元素(如文本、APDiv、表格等)在围绕元素的哪个边浮动。其他元素按通常的方式环绕在浮动元素的周围。

清除 定义不允许 AP 元素的边。如果清除边上出现 AP 元素，则带清除设置的元素将移到该元素的下方。

填充 指定元素内容与元素边框之间的间距(如果没有边框，则为边距)。取消选择"全部相同"选项可设置元素各个边的填充。

边距 指定一个元素的边框与另一个元素之间的间距(如果没有边框，则为填充)。仅当该属性应用于块级元素(段落、标题、列表等)时，Dreamweaver 才会在"文档"窗口中显示它。取消选择"全部相同"可设置元素各个边的边距。

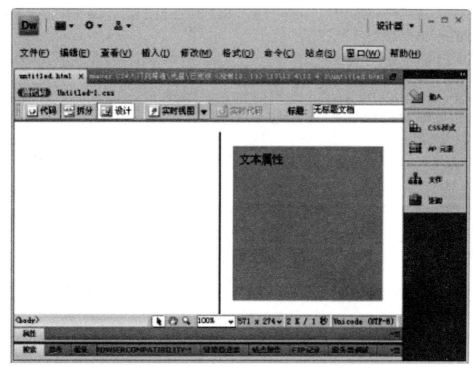

图 8-8 定义 CSS 样式方框属性

5. 边框属性

使用"CSS 规则定义"对话框的"边框"类别可以定义元素周围的边框的设置（如宽度、颜色和样式）。

应用边框属性样式的表格效果如图 8-9 所示，表格边框为 1 像素虚线。

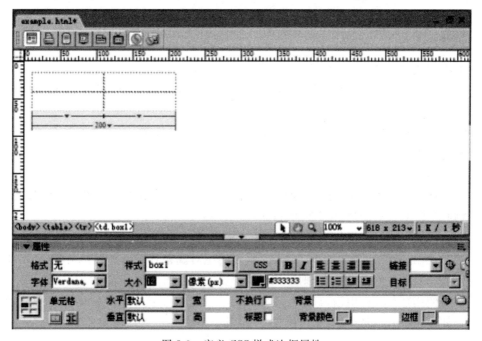

图 8-9 定义 CSS 样式边框属性

类型　设置边框的样式外观。样式的显示方式取决于浏览器。取消选择"全部相同"可设置元素各个边的边框样式。

宽度　设置元素边框的粗细。两种浏览器都支持"宽度"属性。取消选择"全部相同"可设置元素各个边的边框宽度。

颜色　设置边框的颜色。可以分别设置每条边的颜色，但显示方式取决于浏览器。取消选择"全部相同"可设置元素各个边的边框颜色。

6. 列表属性

"CSS 规则定义"对话框的"列表"类别为列表标签定义列表设置（如项目符号大小和类型）（见图 8-10）。

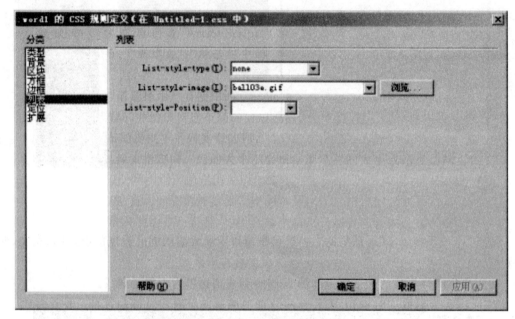

图 8-10　定义 CSS 样式列表属性

List style type　设置项目符号或编号的外观。

List style image　使用户可以为项目符号指定自定义图像。单击"浏览"通过浏览选择图像，或键入图像的路径。

List style position　设置列表项文本是否换行并缩进（外部）或者文本是否换行到左边距（内部）。

7. 定位属性

"定位"样式属性是确定与选定的 CSS 样式相关的内容在页面上的定位方式。使用"CSS 规则定义"对话框的"定位"类别可以设置所需的样式属性。

位置　确定浏览器应如何来定位选定的元素，如下所示：

•绝对使用"定位"框中输入的、相对于最近的绝对或相对定位上级元素的坐标（如果不存在绝对或相对定位的上级元素，则为相对于页面左上角的坐标）来放置内容。

•相对使用"定位"框中输入的、相对于区块在文档文本流中的位置的坐标来放置内容区块。例如，若为元素指定一个相对位置，并且其上坐标和左坐标均为 20px，则将元素从其在文本流中的正常位置向右和向下移动 20px。也可以在使用（或不使用）上坐标、左坐标、右坐标或下坐标的情况下对元素进行相对定位,以便为绝对定位的子元素创建一个上下文。

•固定使用"定位"框中输入的坐标(相对于浏览器的左上角)来放置内容。当用户滚动页面时,内容将在此位置保持固定。

•静态将内容放在其在文本流中的位置。这是所有可定位的 HTML 元素的默认位置。

可见性确定内容的初始显示条件。如果不指定可见性属性,则默认情况下内容将继承父级标签的值。body 标签的默认可见性是可见的。选择以下可见性选项之一:

•继承内容父级的可见性属性。

•可见将显示内容,而与父级的值无关。

•隐藏将隐藏内容,而与父级的值无关。

Z 轴　确定内容的堆叠顺序。Z 轴值较高的元素显示在 Z 轴值较低的元素(或根本没有 Z 轴值的元素)的上方。值可以为正,也可以为负。(如果已经对内容进行了绝对定位,则可以轻松使用"AP 元素"面板来更改堆叠顺序。)

溢出　确定当容器(如 DIV 或 P)的内容超出容器的显示范围时的处理方式。这些属性按以下方式控制扩展:

•可见将增加容器的大小,以使其所有内容都可见。容器将向右下方扩展。

•隐藏保持容器的大小并剪辑任何超出的内容。不提供任何滚动条。

•滚动将在容器中添加滚动条,而不论内容是否超出容器的大小。明确提供滚动条可避免滚动条在动态环境中出现和消失所引起的混乱。该选项不显示在"文档"窗口中。

•自动将使滚动条仅在容器的内容超出容器的边界时才出现。该选项不显示在"文档"窗口中。

位置　指定内容块的位置和大小。浏览器如何解释位置取决于"类型"设置。如果内容块的内容超出指定的大小,则将改写大小值。

位置和大小的默认单位是像素。还可以指定以下单位:pc(皮卡)、pt(点)、in(英寸)、mm(毫米)、cm(厘米)、em(全方)、(ex)或%(父级值的百分比)。缩写必须紧跟在值之后,中间不留空格。例如,3mm。

剪辑　定义内容的可见部分。如果指定了剪辑区域,可以通过脚本语言(如 JavaScript)访问它,并操作属性以创建像擦除这样的特殊效果。使用"改变属性"行为可以设置擦除效果。

应用定位属性的层如图 8-11 所示,"属性检查器"中列出了相应的属性,层宽 300 像素,高 200 像素,位置距离页面上边界 100 像素,距离页面左边界 50 像素,显示方式为可见。

8.扩展属性

"扩展"样式属性包括滤镜、分页和指针选项。

注:Dreamweaver 中提供了许多其他扩展属性,但是用户必须使用"CSS 样式"面板才能访问这些属性。用户可以轻松查看提供的扩展属性的列表,方法是:打开"CSS 样式"面板("窗口">"CSS 样式"),单击该面板底部的"显示类别视图"按钮,然后展开"扩展"类别。

Page break before　在打印期间在样式所控制的对象之前或者之后强行分页。在弹出菜单中选择要设置的选项。此选项不受任何 4.0 版本浏览器的支持,但可能受未来的浏览器的支持。

光标当指针位于样式所控制的对象上时改变指针图像。在弹出菜单中选择要设置的选项。Internet Explorer 4.0 和更高版本以及 Netscape Navigator 6 支持该属性。

过滤器　对样式所控制的对象应用特殊效果(包括模糊和反转)。从弹出菜单中选择一种效果。

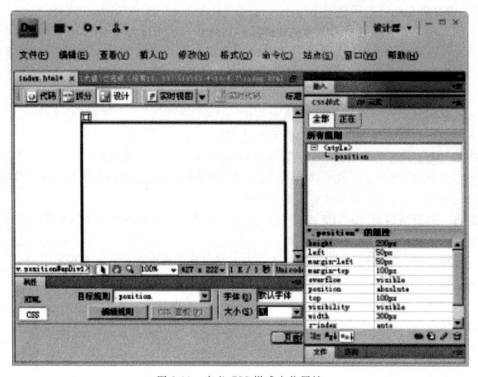

图 8-11　定义 CSS 样式定位属性

8.2.5　管理 CSS 规则

1.编辑 CSS 规则

编辑应用于文档的内部和外部规则都很容易。

对控制文档文本的 CSS 样式表进行编辑时,会立刻重新设置该 CSS 样式表控制的所有文本的格式。对外部样式表的编辑影响与它链接的所有文档。

可以设置一个用于编辑样式表的外部编辑器。

2.在 CSS 样式面板中编辑规则(当前模式)

(1)选择"窗口">"CSS 样式",以打开"CSS 样式"面板。

(2)单击"CSS 样式"面板顶部的"当前"按钮。

(3)选择当前页中的一个文本元素,以显示它的属性。

(4)请执行下列操作之一:

• 双击"所选内容的摘要"窗格中的某个属性,以显示"CSS 规则定义"对话框,然后进行更改。

• 在"所选内容的摘要"窗格中选择一个属性,然后在下面的"属性"窗格中编辑该属性。

• 在"规则"窗格中选择一条规则,然后在下面的"属性"窗格中编辑该规则的属性。

注:可以通过更改 Dreamweaver 首选参数来更改编辑 CSS 的双击行为以及其他行为。

3.在 CSS 样式面板中编辑规则(所有模式)

(1)选择"窗口">"CSS 样式",以打开"CSS 样式"面板。

（2）单击"CSS 样式"面板顶部的"全部"按钮。

（3）请执行下列操作之一：

- 在"所有规则"窗格中双击某条规则，以显示"CSS 规则定义"对话框，然后进行更改。
- 在"所有规则"窗格中选择一条规则，然后在下面的"属性"窗格中编辑该规则的属性。
- 在"所有规则"窗格中选择一条规则，然后单击"CSS 样式"面板右下角中的"编辑样式"按钮。

注：可以通过更改 Dreamweaver 首选参数来更改编辑 CSS 的双击行为以及其他行为。

4. 更改 CSS 选择器名称

（1）在"CSS 样式"面板（"全部"模式）中，选择要更改的选择器。

（2）再次单击该选择器，以使名称处于可编辑状态。

（3）进行更改，然后按 Enter。

5. 向规则添加属性

可以使用"CSS 样式"面板向规则添加属性。

（1）在"CSS 样式"面板（"窗口"＞"CSS 样式"）的"所有规则"窗格（"全部"模式）中选择一条规则，或者在"所选内容的摘要"窗格（"正在"模式）中选择一个属性。

（2）请执行下列操作之一：

- 如果在"属性"窗格中选择了"只显示设置属性"视图，请单击"添加属性"链接并添加属性。
- 如果在"属性"窗格中选择了"类别"视图或"列表"视图，则为要添加的属性填入一个值。

6. 应用、删除或重命名类样式

类样式是唯一可以应用于文档中任何文本（与哪些标签控制文本无关）的 CSS 样式类型。所有与当前文档关联的类样式都显示在"CSS 样式"面板中（其名称前带有句点［.］）以及文本属性检查器的"样式"弹出菜单中。

用户会看到大多数样式都立即更新了，但用户应在浏览器中预览页面，验证样式是否是按预期的方式应用的。将两个或更多的样式应用于相同的文本时，这些样式可能发生冲突并产生意外的结果。

当预览外部 CSS 样式表中定义的样式时，务必要保存该样式表以确保当用户在浏览器中预览该页面时会反映出所做的更改。

（1）应用 CSS 类样式

① 在文档中，选择要应用 CSS 样式的文本。

将插入点放在段落中以便将样式应用于整个段落。

如果在单个段落中选择一个文本范围，则 CSS 样式只影响所选范围。

若要指定要应用 CSS 样式的确切标签，请在位于"文档"窗口左下角的标签选择器中选择标签。

② 若要应用类样式，请执行下列操作之一：

- 在"CSS 样式"面板（"窗口"＞"CSS 样式"）中，选择"全部"模式，右键单击要应用的样式的名称，然后从上下文菜单选择"应用"。
- 在 HTML 属性检查器中，从"类"弹出菜单中选择要应用的类样式。
- 在"文档"窗口中，右键单击所选文本，在上下文菜单中选择"CSS 样式"，然后选择要应用的样式。

· 选择"格式">"CSS 样式",然后在子菜单中选择要应用的样式。

(2)从选定内容删除类样式

①选择要从中删除样式的对象或文本。

②在 HTML 属性检查器("窗口">"属性")中,从"类"弹出菜单中选择"无"。

(3)重命名类样式

①在"CSS 样式"面板中,右键单击要重命名的 CSS 类样式,然后选择"重命名类"。

还可以通过从"CSS 样式"面板选项菜单中选择"重命名类"来重命名类。

②在"重命名类"对话框中,确保要重命名的类是在"重命名类"弹出菜单中选择的类。

③在"新建名称"文本框中,输入新类的新名称,然后单击"确定"。

如果要重命名的类内置于当前文档头中,Dreamweaver 将更改类名称以及当前文档中该类名称的所有实例。如果要重命名的类位于外部 CSS 文件中,Dreamweaver 将打开,并在该文件中更改类名称。Dreamweaver 还启动一个站点范围的"查找和替换"对话框,以便用户可以在站点中搜索旧类名称的所有实例。

7.移动/导出 CSS 规则

Dreamweaver 中的 CSS 管理功能使用户可以轻松地将 CSS 规则移动或导出到不同位置。用户可以将规则在文档间移动、从文档头移动到外部样式表、在外部 CSS 文件间移动,等等。

注:如果用户尝试移动的规则与目标样式表中的规则冲突,Dreamweaver 会显示"存在同名规则"对话框。如果用户选择移动冲突的规则,Dreamweaver 会将移动的规则放在目标样式表中紧靠冲突规则的旁边。

(1)将 CSS 规则移动/导出至新的样式表

①请执行下列操作之一:

· 在"CSS 样式"面板中,选择要移动的一个或多个规则。然后右键单击选定内容,并从上下文菜单中选择"移动 CSS 规则"。若要选择多个规则,请按住 Ctrl 单击要选择的规则。

· 在"代码"视图中,选择要移动的一个或多个规则。然后右键单击选定内容,并从上下文菜单中选择"CSS 样式">"移动 CSS 规则"。

注:选择一部分规则会导致整个规则重定位。

②在"移至外部样式表"对话框中,选择新样式表选项,然后单击"确定"。

③在"保存样式表文件为"对话框中,输入新样式表的名称,然后单击"保存"。

当用户单击"保存"时,Dreamweaver 会使用用户选择的规则保存新样式表,并将其附加到当前文档。

用户还可以使用"编码"工具栏移动规则。只有"代码"视图中提供了"编码"工具栏。

(2)将 CSS 规则移动/导出至现有样式表

①请执行下列操作之一:

· 在"CSS 样式"面板中,选择要移动的一个或多个规则。然后右键单击选定内容,并从上下文菜单中选择"移动 CSS 规则"。若要选择多个规则,请按住 Ctrl 单击要选择的规则。

· 在"代码"视图中,选择要移动的一个或多个规则。然后右键单击选定内容,并从上下文菜单中选择"CSS 样式">"移动 CSS 规则"。

注:选择一部分规则会导致整个规则重定位。

②在"移至外部样式表"对话框中,从弹出菜单中选择现有样式表,或者浏览到现有样式

表,然后单击"确定"。

注:弹出菜单会显示所有链接到当前文档的样式表。

用户还可以使用"编码"工具栏移动规则。只有"代码"视图中提供了"编码"工具栏。

(3)通过拖动重新排列或移动 CSS 规则

在"CSS 样式"面板("全部"模式)中,选择规则,将其拖动到所需的位置。用户可以通过选择并拖动规则在样式表内对规则进行重新排序,也可以将规则移动到另一个样式表或文档头。

通过按住 Ctrl 单击选择多个规则,可以一次移动多个规则。

(4)移动多个规则之前要先进行选择

在"CSS 样式"面板中,按住 Ctrl 单击要选择的规则。

8.将内联 CSS 转换为 CSS 规则

内联样式不是推荐的最佳做法。若要使 CSS 更干净整齐,可以将内联样式转换为驻留在文档头或外部样式表中的 CSS 规则。

(1)在"代码"视图("视图">"代码")中,选择包含要转换的内联 CSS 的整个<style>标签。

(2)右键单击并选择"CSS 样式">"将内联 CSS 转换为规则"。

(3)在"转换内联 CSS"对话框中,输入新规则的类名称,然后执行下列操作之一:

• 指定要在其中放置新 CSS 规则的样式表,然后单击"确定"。

• 选择文档头作为放置新 CSS 规则的位置,然后单击"确定"。

用户还可以使用"编码"工具栏来转换规则。只有"代码"视图中提供了"编码"工具栏。

9.链接到外部 CSS 样式表

编辑外部 CSS 样式表时,链接到该 CSS 样式表的所有文档全部更新以反映所做的编辑。可以导出文档中包含的 CSS 样式以创建新的 CSS 样式表,然后附加或链接到外部样式表以应用那里所包含的样式。

用户可以将创建的或复制到站点中的任何样式表附加到页面。此外,Dreamweaver 附带了预置的样式表,这些样式表可以自动移入站点并附加到页面。

(1)执行下列操作之一打开"CSS 样式"面板:

• 选择"窗口">"CSS 样式"。

• 按 Shift+F11 键。

(2)在"CSS 样式"面板中,单击"附加样式表"按钮。(该按钮位于面板的右下角。)

(3)请执行下列操作之一:

• 单击"浏览",浏览到外部 CSS 样式表。

• 在"文件/URL"框中键入该样式表的路径。

(4)在"添加为"中选择其中的一个选项:

• 若要创建当前文档和外部样式表之间的链接,请选择"链接"。该选项在 HTML 代码中创建一个 linkhref 标签,并引用已发布的样式表所在的 URL。Microsoft Internet Explorer 和 Netscape Navigator 都支持此方法。

• 不能使用链接标签添加从一个外部样式表到另一个外部样式表的引用。如果要嵌套样式表,必须使用导入指令。大多数浏览器还能识别页面中(而不仅仅是样式表中)的导入指令。当在链接到页面与导入到页面的外部样式表中存在重叠的规则时,解决冲突属性的方式具有细微的差别。如果希望导入而不是链接到外部样式表,请选择"导入"。

(5)在"媒体"弹出菜单中,指定样式表的目标媒体。

有关与媒体相关的样式表的详细信息,请访问 WWW 联合会 Web 站点,网址为 www.w3.org/TR/CSS21/media.html。

(6)单击"预览"按钮,确认样式表是否将所需的样式应用于当前页面。

如果应用的样式没有达到预期效果,请单击"取消"删除该样式表。页面将回复到原来的外观。

(7)单击"确定"。

10.编辑 CSS 样式表

CSS 样式表通常包含一个或多个规则。可以使用"CSS 样式"面板编辑 CSS 样式表中的各个规则,如果用户喜欢,也可以直接在 CSS 样式表中操作。

(1)在"CSS 样式"面板("窗口">"CSS 样式")中,选择"全部"模式。

(2)在"所有规则"窗格中,双击要编辑的样式表的名称。

(3)在"文档"窗口中,根据需要修改样式表,然后保存样式表。

11.设置 CSS 代码格式

当使用 Dreamweaver 界面创建或编辑 CSS 规则时,可以设置用于控制 CSS 代码格式的首选参数。例如,可以设置首选参数,将所有 CSS 属性放在单独的行中,在 CSS 规则之间放置一个空行,等等。

当用户设置 CSS 代码格式设置首选参数时,所选的首选参数会自动应用于用户新建的所有 CSS 规则。不过,用户也可以将这些首选参数手动应用于单个文档。如果用户有需要进行格式设置的早期 HTML 或 CSS 文档,这一点可能非常有用。

注:CSS 代码格式设置首选参数仅应用于外部或嵌入样式表(而非内联样式)中的 CSS 规则

(1)设置 CSS 代码格式设置首选参数

①选择"编辑">"首选参数"。

②在"首选参数"对话框中,选择"代码格式"类别。

③在"高级格式设置"旁,单击"CSS"按钮。

④在"CSS 源格式选项"对话框中,选择要应用于 CSS 源代码的选项。在下面的"预览"窗口中,将显示 CSS 的预览,其外观取决于用户选择的选项。

启用缩进属性　设置规则中的属性的缩进值。可以指定制表符或空格。

每个属性位于单独的行上　将规则中的每个属性放在单独的行上。

左大括号位于单独的行上　将规则的左大括号与选择器分别放在不同的行中。

仅在多于一个属性时　才适用将单属性规则放在选择器所在的行上。

规则的所有选择器位于同一行上　将规则的所有选择器放在同一行上。

规则之间空行　在每个规则之间插入一个空行。

⑤单击"确定"。

注:CSS 代码格式设置还继承用户在"首选参数"对话框的"代码格式"类别中设置的"换行符类型"首选参数。

(2)手动设置 CSS 样式表中的 CSS 代码的格式

①打开 CSS 样式表。

②选择"命令">"应用源格式"。

用户在 CSS 代码格式设置首选参数中设置的格式设置选项将应用于整个文档。用户不能设置单个选定内容的格式。

(3)手动设置嵌入式 CSS 代码的格式

①打开一个包含嵌入到文档头中的 CSS 的 HTML 页面。

②选择 CSS 代码的任意部分。

③选择"命令">"将源格式应用于选定内容"。

用户在 CSS 代码格式设置首选参数中设置的格式设置选项仅应用于文档头中的所有 CSS 规则。

注:根据用户指定的代码格式设置首选参数,可以选择"命令">"应用源格式"来设置整个文档的格式。

12.禁用/启用 CSS

通过"禁用/启用 CSS 属性"功能,可从"CSS 样式"面板中注释掉部分 CSS,而不必直接在代码中做出更改。注释掉部分 CSS 后,即可看到特定属性和值在页面上具有的效果。

禁用某个 CSS 属性后,Dreamweaver 将向已禁用的 CSS 属性添加 CSS 注释标签和[已禁用]标签。然后,可以根据自己的偏好方便地重新启用或删除所禁用的 CSS 属性。

(1)在"CSS 样式"面板("窗口">"CSS 样式")的"属性"窗格中,选择要禁用的属性。

(2)单击"属性"窗格右下角的"禁用/启用 CSS 属性"图标。如果将鼠标悬停在属性自身的左侧,也会显示该图标。

单击"禁用/启用 CSS 属性"图标后,该属性的左侧将显示一个"已禁用"图标。要重新启用该属性,请单击"已禁用"图标,或右键单击该属性,然后选择"启用"。

(3)(可选)要在所选的规则中启用或删除所有禁用的属性,请右键单击从中禁用了属性的任何规则或属性,然后选择"启用选定规则中禁用的所有项"或"删除选定规则中禁用的所有项"。

13.在实时视图中检查 CSS

检查模式与实时视图一起使用有助于快速识别 HTML 元素及其关联的 CSS 样式。打开检查模式后,将鼠标悬停在页面上的元素上方即可查看任何块级元素的 CSS 盒模型属性。

注:有关 CSS 盒模型的详细信息,请参阅 CSS2.1 规范。

除了在检查模式下能见到盒模型的可视化表示形式外,将鼠标悬停在"文档"窗口中的元素上方时也可以使用"CSS 样式"面板。在当前模式下打开"CSS 样式"面板,并将鼠标悬停在页面上的元素上方时,"CSS 样式"面板中的规则和属性将自动更新,以显示该元素的规则和属性。此外,与用户将鼠标悬停其上的元素关联的任何视图或面板(例如代码视图、标签选择器、属性检查器等等)也会更新。

(1)在"文档"窗口中打开文档后,单击"检查"按钮("文档"工具栏中"实时视图"按钮旁)。

注:如果尚未进入实时视图,则检查模式将自动启用该视图。

(2)将鼠标悬停在页面上的元素上方以查看 CSS 盒模型。检查模式对边框、边距、填充和内容高亮显示不同颜色。

(3)(可选)按计算机键盘上的左箭头键,以高亮显示当前高亮显示的元素的父级。按右箭头键恢复对子元素进行高亮显示。

(4)(可选)单击某个元素以锁定高亮显示的部分。

注：单击某个元素以锁定高亮显示的部分将关闭检查模式。

14.检查跨浏览器呈现 CSS 是否有问题

"浏览器兼容性检查"(BCC)功能可以帮助用户定位在某些浏览器中有问题的 HTML 和 CSS 组合。当用户在打开的文件中运行 BCC 时，Dreamweaver 扫描文件，并在"结果"面板中报告所有潜在的 CSS 呈现问题。信任评级由四分之一、二分之一、四分之三或完全填充的圆表示，指示了错误发生的可能性（四分之一填充的圆表示可能发生，完全填充的圆表示非常可能发生）。对于它找到的每个潜在的错误，Dreamweaver 还提供了指向有关 Adobe CSS Advisor 错误的文档的直接链接、详述已知浏览器呈现错误的 Web 站点以及修复错误的解决方案。

默认情况下，BCC 功能对下列浏览器进行检查：Firefox 1.5、Internet Explorer (Windows)5.0 和 6.0、Internet Explorer(Macintosh)5.2、Netscape Navigator 7.0、Opera 7.0 和 8.0 以及 Safari 2.0。

此功能取代了以前的"目标浏览器检查"功能，但是保留该功能中的 CSS 功能部分。也就是说，新的 BCC 功能仍测试文档中的代码，以查看是否有目标浏览器不支持的任何 CSS 属性或值。

可能产生三个级别的潜在浏览器支持问题：

• 错误表示 CSS 代码可能在特定浏览器中导致严重的、可见的问题，例如导致页面的某些部分消失。（错误默认情况下表示存在浏览器支持问题，因此在某些情况下，具有未知作用的代码也会被标记为错误。）

• 警告表示一段 CSS 代码在特定浏览器中不受支持，但不会导致任何严重的显示问题。

• 告知性信息表示代码在特定浏览器中不受支持，但是没有可见的影响。

浏览器兼容性检查不会以任何方式更改用户的文档。

(1)运行浏览器兼容性检查

选择"文件">"检查页">"浏览器兼容性"。

(2)选择受发现的问题影响的元素

在"结果"面板中双击问题。

(3)跳到在代码中发现的下一个或上一个问题

从"文档"工具栏的"浏览器兼容性检查"菜单中选择"下一个问题"或"上一个问题"。

(4)选择 Dreamweaver 将进行检查的浏览器

①在"结果"面板（"窗口">"结果"）中，选择"浏览器兼容性检查"选项卡。

②单击"结果"面板左上角的绿色箭头，然后选择"设置"。

③选中每个用户要检查的每个浏览器旁边的复选框。

④对于每个选定的浏览器，从相应的弹出菜单中选择要检查的最低版本。

例如，若要查看 CSS 呈现错误是否会出现在 Internet Explorer 5.0 及更高版本和 Netscape Navigator 6.0 及更高版本中，请选中这些浏览器名称旁的复选框，并从 Internet Explorer 弹出菜单中选择 5.0，从 Netscape 弹出菜单中选择 6.0。

(5)排除浏览器兼容性检查中的问题

①运行浏览器兼容性检查。

②在"结果"面板中,右键单击要从将来的检查中排除的问题。

③从上下文菜单中选择"忽略问题"。

(6)编辑忽略的问题列表

①在"结果"面板("窗口">"结果")中,选择"浏览器兼容性检查"选项卡。

②单击"结果"面板左上角的绿色箭头,然后选择"编辑忽略的问题列表"。

③在 Exceptions.xml 文件中,找到要从"忽略的问题"列表中删除的问题,然后将其删除。

④保存并关闭 Exceptions.xml 文件。

(7)保存浏览器兼容性检查报告

①运行浏览器兼容性检查。

②单击"结果"面板左侧的"保存报告"按钮。

将鼠标光标悬停在"结果"面板中的按钮上可以查看按钮工具提示。

注:报告不自动保存,如果用户要保留报告的副本,则必须按照上面的过程来保存报告。

(8)在浏览器中查看浏览器兼容性检查报告

①运行浏览器兼容性检查。

②单击"结果"面板左侧的"浏览报告"按钮。

将鼠标光标悬停在"结果"面板中的按钮上可以查看按钮工具提示。

(9)打开 Adobe CSS Advisor Web 站点

①在"结果"面板("窗口">"结果")中,选择"浏览器兼容性检查"选项卡。

②单击面板右下方的链接文本。

15.使用设计时间样式表

设计时间样式表使用户在处理 Dreamweaver 文档时可以显示或隐藏 CSS 样式表所应用的设计。例如,可以使用此选项在设计页面时包括或排除只限于 Macintosh 或只限于 Windows 的样式表。

只有当用户正在处理文档时,设计时间样式表才能得到应用;当页面显示在浏览器窗口中时,只有实际附加或嵌入到文档中的样式才出现在浏览器中。

注:用户也可以使用样式呈现工具栏对整个页面启用或禁用样式。若要显示该工具栏,请选择"查看">"工具栏">"样式呈现"。切换 CSS 样式的显示按钮(最右边的按钮)可独立于工具栏上的其他媒体按钮工作。

若要使用设计时间样式表,请执行以下步骤。

(1)执行下列操作之一,打开"设计时间样式表"对话框:

• 在"CSS 样式"面板中右键单击,然后在上下文菜单中选择"设计时间"。

• 选择"格式">"CSS 样式">"设计时间"。

(2)在该对话框中,设置显示或隐藏所选样式表的选项:

• 若要在设计时显示 CSS 样式表,请单击"只在设计时显示"上方的加号(+)按钮,然后在"选择样式表"对话框中浏览到要显示的 CSS 样式表。

• 若要隐藏 CSS 样式表,请单击"设计时隐藏"上方的加号(+)按钮,然后在"选择样式表"对话框中浏览到要隐藏的 CSS 样式表。

• 若要从任一列表中删除样式表,请单击要删除的样式表,然后单击相应的减号(一)

按钮。

（3）单击"确定"关闭该对话框。

"CSS样式"面板使用所选样式表的名称以及一个指示器（"隐藏"或"设计"）进行更新，以反映样式表的状态。

16. 使用 Dreamweaver 示例样式表

Dreamweaver 提供示例样式表，用户可以将其应用于页面，也可以使用它们作为起点来开发自己的样式。

（1）执行下列操作之一打开"CSS样式"面板：

· 选择"窗口">"CSS样式"。

· 按 Shift+F11。

（2）在"CSS样式"面板中，单击"附加外部样式表"按钮。（该按钮位于面板的右下角。）

（3）在"附加外部样式表"对话框中，单击"示例样式表"。

（4）在"范例样式表"对话框中，从列表框中选择样式表。

在列表框中选择样式表的同时，"预览"窗格将显示所选样式表的文本和颜色格式。

（5）单击"预览"按钮应用样式表，并确认是否将所需的样式应用到当前页面中。

如果应用的样式没有达到预期效果，请从列表中选择其他样式表，然后单击"预览"以查看这些样式。

（6）默认情况下，Dreamweaver 将样式表保存在为页面定义的站点根下的名为"CSS"的文件夹中。如果该文件夹不存在，Dreamweaver 将创建它。用户可以单击"浏览"并浏览到其他文件夹，从而将文件保存在其他位置。

（7）找到其格式规则满足用户的设计标准的样式表后，请单击"确定"。

17. 更新 Contribute 站点中的 CSS 样式表

Adobe Contribute 用户不能更改 CSS 样式表。若要更改 Contribute 站点的样式表，请使用 Dreamweaver。

（1）使用 Dreamweaver 样式表编辑工具来编辑样式表。

（2）通知所有正在此站点工作的 Contribute 用户发布使用该样式表的页面，然后重新编辑这些页面以查看新样式表。

以下是更新 Contribute 站点的样式表时需要注意的重要事项：

· 如果当 Contribute 用户正在编辑使用样式表的页面时用户更改了此样式表，则用户在发布该页面之前不会看到对样式表所做的更改。

· 如果从样式表中删除了某个样式，此样式名称不会从使用该样式表的页面中删除，但因为此样式已不存在，所以它不会以 Contribute 用户可能期望的形式显示。因此，如果用户应用了某个特定样式后没有任何效果，那么问题可能在于此样式已从样式表中删除。

8.3 使用 CSS 对页面进行布局

8.3.1 关于 CSS 页面布局

CSS 页面布局使用层叠样式表格式（而不是传统的 HTML 表格或框架），用于组织网页上的内容。CSS 布局的基本构造块是 DIV 标签,它是一个 HTML 标签,在大多数情况下用作文本、图像或其他页面元素的容器。当用户创建 CSS 布局时,会将 DIV 标签放在页面上,向这些标签中添加内容,然后将它们放在不同的位置上。与表格单元格(被限制在表格行和列中的某个现有位置)不同,DIV 标签可以出现在 Web 页上的任何位置。用户可以用绝对方式(指定 x 和 y 坐标)或相对方式(指定与其他页面元素的距离)来定位 DIV 标签。还可通过指定浮动、填充和边距(当今 Web 标准的首选方法)放置 DIV 标签。

从头创建 CSS 布局可能非常困难,因为有很多种方法。可以通过设置几乎无数种浮动、边距、填充和其他 CSS 属性的组合来创建简单的两列 CSS 布局。另外,跨浏览器呈现的问题导致某些 CSS 布局在一些浏览器中可以正确显示,而在另一些浏览器中无法正确显示。Dreamweaver 通过提供 16 个可以在不同浏览器中工作的事先设计的布局,使用户可以轻松地用 CSS 布局构建页面。

使用随 Dreamweaver 提供的预设计 CSS 布局是使用 CSS 布局创建页面的最简便方法,但是,用户也可以使用 Dreamweaver 绝对定位元素(AP 元素)来创建 CSS 布局。Dreamweaver 中的 AP 元素是分配有绝对位置的 HTML 页面元素,具体地说,就是 DIV 标签或其他任何标签。不过,Dreamweaver AP 元素的局限性是:由于它们是绝对定位的,因此它们的位置永远无法根据浏览器窗口的大小在页面上进行调整。

如果用户是高级用户,还可以手动插入 DIV 标签,并将 CSS 定位样式应用于这些标签,以创建页面布局。

8.3.2 关于 CSS 页面布局结构

CSS 布局的基本构造块是 DIV 标签,它是一个 HTML 标签,在大多数情况下用作文本、图像或其他页面元素的容器。图 8-12 显示了一个 HTML 页面,其中包含三个单独的 DIV 标签:一个大的"容器"标签和该容器标签内的另外两个标签(侧栏标签和主内容标签)。

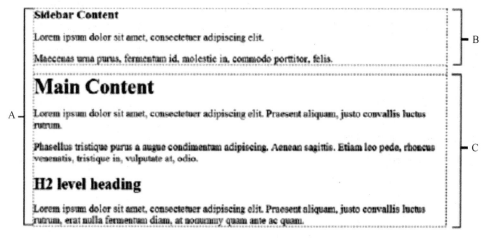

图 8-12 关于 CSS 页面布局结构
A. 容器 DIV;B. 侧栏 DIV;C. 主要内容 DIV

下面是 HTML 中全部三个 DIV 标签的代码:

```
<! —container DIV tag—>
<divid="container">
<! —sidebar DIV tag—>
<divid="sidebar">
<h3>Sidebar Content</h3>
<p>Lorem ipsum dolor sit amet, consectetuer adipiscing elit. </p>
<p>Maecenas urna purus, fermentum id, molestie in, commodo porttitor, felis. </p>
</DIV>
<! —mainContent DIV tag—>
<divid="mainContent">
<h1>Main Content</h1>
<p>Lorem ipsum dolor sit amet, consectetuer adipiscing elit. Praesent aliquam,
justo convallis luctus
rutrum. </p>
<p>Phasellus tristique purus a augue condimentum adipiscing. Aenean sagittis.
Etiam leo pede, rhoncus
venenatis, tristique in, vulputate at, odio. </p>
<h2>H2 level heading</h2>
<p>Lorem ipsum dolor sit amet, consectetuer adipiscing elit. Praesent aliquam,
justo convallis luctus
rutrum, erat nulla fermentum diam, at nonummy quam ante ac quam. </p>
</DIV>
</DIV>
```

在上例中,任何 DIV 标签都没有附加"式样"。如果未定义 CSS 规则,每个 DIV 标签及其内容将位于页面上的默认位置。不过,如果每个 DIV 标签都有唯一的 ID(如上例所示),那么用户就可以使用这些 ID 来创建在应用时更改 DIV 标签的样式和位置的 CSS 规则。

下面的 CSS 规则可以驻留在文档头或外部 CSS 文件中,用于为页面上的第一个 DIV 标签或"容器"DIV 标签创建样式规则:

```
# container{
width: 780px;
background: #FFFFFF;
margin: 0auto;
border: 1px solid #000000;
text—align: left;
}
```

#container 规则将容器 DIV 标签的样式定义为 780 像素宽、白色背景、无边距(距离页面左侧)、有一个 1 像素宽的黑色实线边框、文本左对齐。将该规则应用于容器 DIV 标签的结果如图 8-13 所示。

下一个 CSS 规则为侧栏 DIV 标签创建样式规则:

```
#sidebar{
float：left；
width：200px；
background：#EBEBEB；
padding：15px 10px 15px 20px；
}
```

　　#sidebar 规则将侧栏 DIV 标签的样式定义为 200 像素宽、灰色背景、顶部和底部填充为 15 像素、右侧填充为 10 像素、左侧填充为 20 像素。(默认的填充顺序为顶部-右侧-底部-左侧。)另外，该规则使用"浮动:左侧"属性定位侧栏 DIV 标签,该属性将侧栏 DIV 标签推到容器 DIV 标签的左侧。将该规则应用于侧栏 DIV 标签的结果如图 8-14 所示。

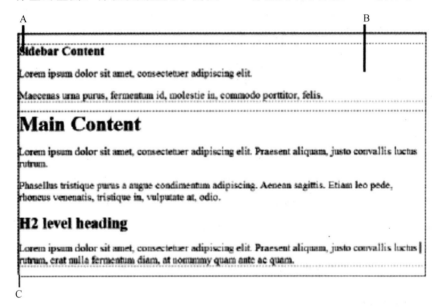

图 8-13　容器 DIV 标签,780 像素,无边距

A. 文本左对齐;B. 白色背景;C.1 像素宽黑色实线边框

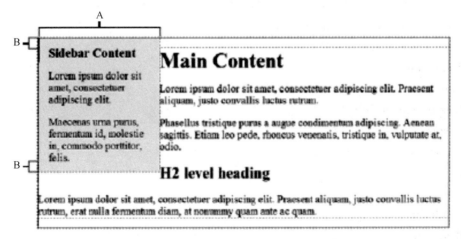

图 8-14　侧栏 DIV,向左浮动

A. 200 像素宽;B. 顶部和底部填充,15 像素

最后,主容器 DIV 标签的 CSS 规则完成布局:

```
#mainContent{
margin:0 0 0 250px;
padding:020px 20px 20px;
}
```

#mainContent 规则将主内容 DIV 的样式定义为左边距 250 像素,这意味着会在容器 DIV 左侧与主内容 DIV 左侧之间留出 250 像素的空间。另外,该规则在主内容 DIV 的右侧、底部和左侧各留出 20 像素的空间。将该规则应用于主内容 DIV 的结果如图 8-15 所示。

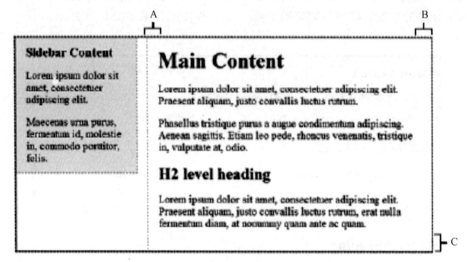

图 8-15　主要内容 DIV,左边距 250 像素
A.20 像素左侧填充;B.20 像素右侧填充;C.20 像素下方填充

完整代码如下所示:

```
<head>
<meta http-equiv="Content-Type"content="text/html;charset=iso-8859-1"/>
<title>Untitled Document</title>
<styletype="text/css">
#container{
width:780px;
background:#FFFFFF;
margin:0auto;
border:1pxsolid#000000;
text-align:left;
}
#sidebar{
float:left;
width:200px;
```

```
background：#EBEBEB；
padding：15px 10px 15px 20px；
}
#mainContent{
margin：0 0 0 250px；
padding：0 20px 20px 20px；
}
</style>
</head>
<body>
<！—container DIV tag—>
<divid＝"container">
<！—sidebar DIV tag—>
<divid＝"sidebar">
<h3>Sidebar Content</h3>
<p>Lorem ipsum dolor sit amet，consectetuer adipiscing elit.</p>
<p>Maecenas urna purus，fermentum id，molestie in，commodo porttitor，felis.</p>
</DIV>
<！—mainContent DIV tag—>
<divid＝"mainContent">
<h1>Main Content</h1>
<p>Lorem ipsum dolor sit amet，consectetuer adipiscing elit. Praesent aliquam，
justo convallis luctus
rutrum.</p>
<p>Phasellus tristique purus a augue condimentum adipiscing. Aenean sagittis.
Etiam leo pede，rhoncus
venenatis，tristique in，vulputate at，odio.</p>
<h2>H2 level heading</h2>
<p>Lorem ipsum dolor sit amet，consectetuer adipiscing elit. Praesent aliquam，
just oconvallis luctus
rutrum，erat nulla fermentum diam，at nonummy quam ante ac quam.</p>
</DIV>
</DIV>
</body>
```

注：上面的示例代码是当用户在使用随 Dreamweaver 提供的预设计布局创建新文档时创建两列固定左侧栏布局的代码的简化版本。

8.3.3　使用 CSS 布局创建页面

当使用 Dreamweaver 创建新页面时，可以创建一个已包含 CSS 布局的页面。

Dreamweaver 附带 16 个可供选择的不同 CSS 布局。另外,用户可以创建自己的 CSS 布局,并将它们添加到配置文件夹中,以便它们在"新建文档"对话框中显示为布局选项。

Dreamweaver CSS 布局可以在下列浏览器中正确呈现:Firefox(Windows 和 Macintosh)1.0、1.5、2.0 和 3.6;Internet Explorer(Windows)5.5、5.0、6.0 和 7.0;Opera(Windows 和 Macintosh)7.0、8.0 和 10.0;Safari 2.0、3.0 和 4.0;以及 Chrome 3.0。

1. 使用 CSS 布局创建页面

(1)选择"文件">"新建"。

(2)在"新建文档"对话框中,选择"空白页"类别。(它是默认选择。)

(3)对于"页面类型",请选择要创建的页面类型。

注:必须为布局选择 HTML 页面类型。例如,可以选择 HTML、ColdFusion、PHP 等等。不能使用 CSS 布局创建 ActionScript、CSS、库项目、JavaScript、XML、XSLT 或 ColdFusion 组件页面。"新建文档"对话框中的"其他"类别中的页面类型也不包括 CSS 页面布局。

(4)对于"布局",请选择用户要使用的 CSS 布局。可以从 16 个不同的布局中进行选择。"预览"窗口显示该布局,并给出所选布局的简短说明。

预设计的 CSS 布局提供了下列类型的列:

固定　列宽是以像素指定的。列的大小不会根据浏览器的大小或站点访问者的文本设置来调整。

液态　列宽是以站点访问者的浏览器宽度的百分比形式指定的。如果站点访问者将浏览器变宽或变窄,该设计将会进行调整,但不会基于站点访问者的文本设置来更改列宽度。

(5)从"文档类型"弹出菜单中选择文档类型。

(6)从"布局 CSS 位置"弹出菜单中选择布局 CSS 的位置。

添加到文档头　将布局的 CSS 添加到要创建的页面头中。

新建文件　将布局的 CSS 添加到新的外部 CSS 样式表,并将这一新样式表添加到用户要创建的页面。

链接到现有文件　可以通过此选项指定已包含布局所需的 CSS 规则的现有 CSS 文件。当用户希望在多个文档上使用相同的 CSS 布局(CSS 布局的 CSS 规则包含在一个文件中)时,此选项特别有用。

(7)请执行下列操作之一:

• 如果从"布局 CSS 位置"弹出菜单选择了"添加到文档头"(默认选项),请单击"创建"。

• 如果从"布局 CSS 位置"弹出菜单选择了"新建文件",请单击"创建",然后在"将样式表文件另存为"对话框中指定新外部文件的名称。

• 如果从"布局 CSS 位置"弹出菜单选择了"链接到现有文件",请将外部文件添加到"附加 CSS 文件"文本框中,方法是:单击"添加样式表"图标,完成"附加外部样式表"对话框,然后单击"确定"。完成之后,在"新建文档"对话框中单击"创建"。

注:当选择"链接到现有文件"选项时,用户指定的文件必须已经有其中包含的 CSS 文件的规则。

当用户将布局 CSS 放在新文件中或现有文件的链接中时,Dreamweaver 自动将文件链接到用户要创建的 HTML 页面。

注:Internet Explorer 条件注释(CC)可以帮助用户解决 IE 呈现问题,它一直嵌入在新

CSS 布局文档的头中,即使用户选择"新建外部文件"或"现有外部文件"作为布局 CSS 的位置也是如此。

(8)(可选)创建页面时,还可以将 CSS 样式表附加到新页面(与 CSS 布局无关)。为此,请单击"附加 CSS 文件"窗格上方的"附加样式表"图标并选择一个 CSS 样式表。

2.向选项列表添加自定义 CSS 布局

(1)创建一个 HTML 页面,该页面包含用户希望添加到"新建文档"对话框的选项列表中的 CSS 布局。该布局的 CSS 必须驻留在 HTML 页面的头部。

若要使用户的自定义 CSS 布局与随 Dreamweaver 提供的其他布局一致,应当使用 .htm 扩展名保存用户的 HTML 文件。

(2)将 HTML 页面添加到 Adobe Dreamweaver CS4\Configuration\BuiltIn\Layouts 文件夹中。

(3)(可选)将布局的预览图像(例如 .gif 或 .png 文件)添加到 Adobe Dreamweaver CS4\Configuration\BuiltIn\Layouts 文件夹中。随 Dreamweaver 提供的默认图像是 227 像素宽、193 像素高的 PNG 文件。

使用用户的 HTML 文件的文件名来命名预览图像,以便用户可以轻松跟踪该图像。例如,如果 HTML 文件的名称为 myCustomLayout.htm,则将预览图像命名为 myCustomLayout.png。

(4)(可选)为用户的自定义布局创建备注文件,方法是:打开 Adobe Dreamweaver CS4\Configuration\BuiltIn\Layouts_notes 文件夹,复制并粘贴该文件夹中的任意一个现有备注文件,然后针对用户的自定义布局重命名该副本。例如,可以复制 oneColElsCtr.htm.mno 文件,将它重命名为 myCustomLayout.htm.mno。

(5)(可选)在为自定义布局创建备注文件后,可以打开该文件,指定布局名称、说明和预览图像。还要确保所需的颜色在页面背景颜色上可见。

第 9 章 层

　　在网页中使用层可以在不影响整个网页中大部分元素的情况下处理其中一个元素。我们可以把图层想象成一张一张叠加起来的透明胶片,每张透明胶片上都有不同的画面,可以包含文本、图像、表单和插件,甚至还可以包含其他层。改变层的顺序和属性可以改变页面的显示效果。通过对层的操作,使用它的特殊功能可以创建很多复杂的网页特效。

　　层的分类:在 Dreamweaver 中,用户可以使用二种层来定位页面。

　　(1)级联样式表层:使用 DIV 和 SPAN 确定定位页面内容的位置。CSS 层的属性是由全球广域网协会 W3C(World Wide Web Consotium)的定义的 Positioning HTML Elements with Cascading Style Sheets(使用级联样式表确定 HTML 元素的位置)。

　　(2)Netscape 层:使用 Netscape 的 LAYER 和 ILAYER 确定定位页面内容的位置。Netscape 层的属性由 Netscape 的特有层格式定义。

　　Internet Explorer 4.0 和 Netscape Navigator 4.0 及更高版本的浏览器均支持使用 DIV 和 SPAN 标记建立的层,而 Navigator 还支持用 LAYER 和 ILAYER 标记建立的层。所以,最好都只用 DIV 和 SPAN 标记建立的层,从而避免浏览器的兼容问题。

9.1　使用 DIV 标签

9.1.1　关于 DIV 标签

　　用户可以通过手动插入 DIV 标签并对它们应用 CSS 定位样式来创建页面布局。DIV 标签是用来定义 Web 页面的内容中的逻辑区域的标签。可以使用 DIV 标签将内容块居中,创建列效果以及创建不同的颜色区域等。

　　如果用户对使用 DIV 标签和层叠样式表(CSS)创建 Web 页面不熟悉,则可以基于 Dreamweaver 附带的预设计布局之一来创建 CSS 布局。如果用户不习惯使用 CSS,但能够熟练使用表格,则也可以尝试使用表格。

　　注:Dreamweaver 将带有绝对位置的所有 DIV 标签视为 AP 元素(分配有绝对位置的元素),即使用户未使用 APDiv 绘制工具创建那些 DIV 标签也是如此。

9.1.2　插入 DIV 标签

　　可以使用 DIV 标签创建 CSS 布局块并在文档中对它们进行定位。如果将包含定位样式的现有 CSS 样式表附加到文档,这将很有用。Dreamweaver 使用户能够快速插入 DIV 标签并对它应用现有样式。如图 9-1 所示。

　　(1)在"文档"窗口中,将插入点放置在要显示 DIV 标签的位置。

（2）请执行下列操作之一：

- 选择"插入">"布局对象">"DIV 标签"。
- 在"插入"面板的"布局"类别中，单击"插入 DIV 标签"按钮图。

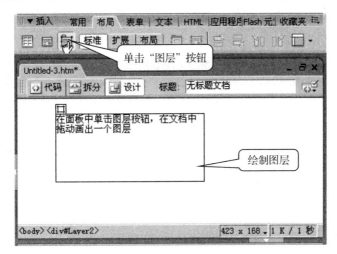

图 9-1 插入 DIV 标签

（3）设置以下任一选项：

插入 可用于选择 DIV 标签的位置以及标签名称（如果不是新标签的话）。

类 显示了当前应用于标签的类样式。如果附加了样式表，则该样式表中定义的类将出现在列表中。可以使用此弹出菜单选择要应用于标签的样式。

ID 可让用户更改用于标识 DIV 标签的名称。如果附加了样式表，则该样式表中定义的 ID 将出现在列表中。不会列出文档中已存在的块的 ID。

注：如果在文档中输入与其他标签相同的 ID，Dreamweaver 会提醒用户。

新建 CSS 规则 打开"新建 CSS 规则"对话框。

（4）单击"确定"。

DIV 标签以一个框的形式出现文档中，并带有占位符文本。当用户将指针移到该框的边缘上时，Dreamweaver 会高亮显示该框。

如果 DIV 标签已绝对定位，则它将变成 AP 元素。（用户可以编辑非绝对定位的 DIV 标签。）

9.1.3 编辑 DIV 标签

插入 DIV 标签之后，可以对它进行操作或向它添加内容。

注：已绝对定位的 DIV 标签将变成 AP 元素。

在为 DIV 标签分配边框时，或者在选定了"CSS 布局外框"时，它们便具有可视边框。（默认情况下，"查看">"可视化助理"菜单中选定"CSS 布局外框"。）将指针移到 DIV 标签上时，Dreamweaver 将高亮显示此标签。可以更改高亮颜色或禁用高亮显示。

在选择 DIV 标签时，可以在"CSS 样式"面板中查看和编辑它的规则。用户也可以向 DIV 标签中添加内容，方法是：将插入点放在 DIV 标签中，然后就像在页面中添加内容那样添加内容。

1.选择层

可以通过执行以下操作之一来选定一个层：

(1)在"层"面板中单击该层的名称。

(2)单击一个层的选择柄。如果选择柄不可见,请在该层中的任意位置单击以显示该选项柄。如图 9-2 所示。

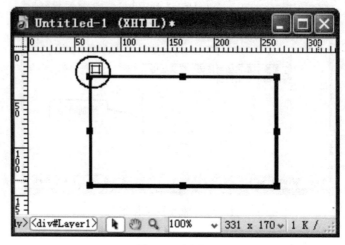

图 9-2　选择层

(3)单击一个层的边框。

(4)在一个层中按住"Ctrl＋Shift"键并单击。如果已选定多个层,此操作会取消选定其他所有层而只选择所单击的层。

2.选择单个层

如图 9-3 所示。

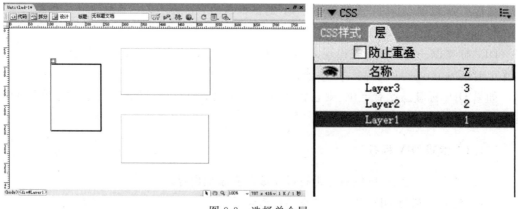

图 9-3　选择单个层

3.选择多个层

通过执行以下操作之一选择多个层：

(1)按住 Shift 键并单击"层"面板上的两个或更多个名称。

(2)在两个或更多个层的边框内(或边框上)按住 Shift 键并单击。当选定多个层时,最后选定层的大小调整柄将以黑色突出显示,其他层的大小调整柄则以白色显示。如图 9-4

和图 9-5 所示。

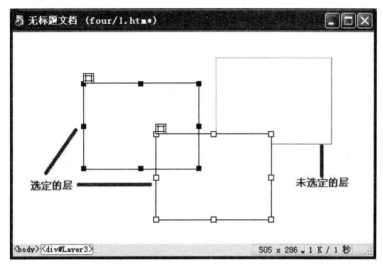

图 9-4　选中多个层

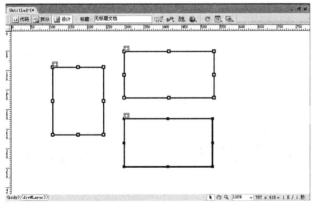

图 9-5　选择多个层

4.使用层属性面板

通过层属性面板定义属性　选定层后,其属性面板如图 9-6 和图 9-7 所示。

◆**层编号**　用于指定一个名称,用于识别不同的层。

◆**左和上**　指定层的左上角相对于页面(如果嵌套,则为父层)左上角的位置。

◆**宽和高**　指定层的宽度和高度。

◆**z 轴**　确定层的 z 轴顺序(即堆叠顺序)编号大的层在编号小的层上面。

◆**可见性**　指定该层最初是否为可见的,有 4 个选项:

　• **default"默认"**　不指定可见性属性,默认为"继承";

　• **inherit"继承"**　使用该层父级的可见性属性;

　• **visible"可见"**　显示这些层的内容;

　• **hidden"隐藏"**　隐藏这些层的内容。

◆**背景图像**　指定层的背景图像。

◆**背景颜色**　指定层的背景颜色。

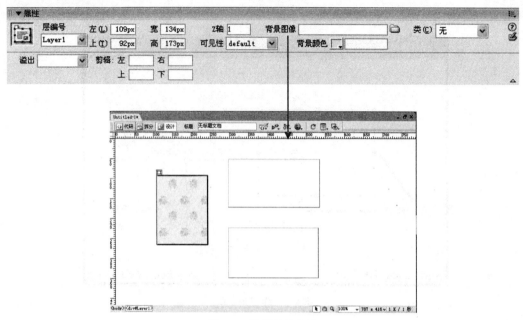

图 9-6　图层属性参数

◆**溢出**　控制当层的内容超过层的指定大小时如何在浏览器中显示层。

◆**选择 visible"可见"**　指示在层中显示额外的内容，即扩展层的大小使其所有内容均可见。

◆**选择 hidden"隐藏"**　指定不在浏览器中显示额外的内容，即保持层的大小裁掉所有超出层大小的内容。

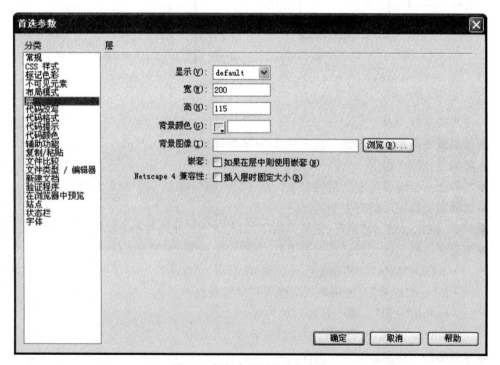

图 9-7　框架布局层的首选参数

◆**选择 scroll"滚动"**　指定浏览器应在层上添加滚动条,不管内容是否超过层的大小都提供滚动条。

◆**选择 auto"自动"**　使浏览器仅在需要时才显示层的滚动条,即只有在内容超出层的大小时才出现滚动条。

◆**剪辑**　定义层的可见区域。指定左侧、顶部、右侧和底边坐标可在层的坐标空间中定义一个矩形。层经过"剪辑"后,只有指定的矩形区域才是可见的。

5.相关参数

◆**可见属性**　设置新插入层的可见性,有 4 个选项同层的属性中可见性参数。

◆**层的尺寸**　设置层的宽和高,默认的值是 200 和 115。

◆**背景颜色**　默认的没有背景颜色即透明。

◆**背景图象**

◆**嵌套**　一般情况下嵌套层必须使用插入或拖放的方法,而使用绘制无法建立,如果选择了该选项,只要所绘制的层与已存在的层有重叠部分,那么新建立的层就嵌套在已存在的层的内部了。

◆**Netscape 4 兼容性**　选择该选项会自动插入一段 JavaScript 代码,防止出现错误。

6.改变层的大小

可通过执行以下操作之一来调整选定层的大小:

若要通过拖动来调整大小,则拖动该层的任一大小调整柄。

若要一次调整一个像素的大小,则在按箭头键时按住"Ctrl"键。箭头键移动层的右边框和下边框。对于此方法,不能使用上边框和左边框来调整大小。

若要按网格靠齐增量来调整大小,则在按箭头键时按住"Shift+Ctrl"键。

在属性检查器中输入宽度(W)和高度(H)的值。

在设计视图中选择两个或更多个层,可通过执行以下操作同时调整多个层的大小:

选择"修改">"对齐">"设成宽度相同"或"修改">"对齐">"设成高度相同"命令,选定的层符合最后一个选定层(黑色突出显示)的宽度或高度。如图 9-8 所示。

在属性检查器中的"多个层"下输入宽度和高度值,这些值将应用于所有选定层。

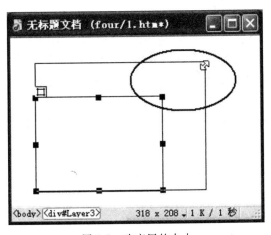

图 9-8　改变层的大小

7.改变层的位置

选定层后按住鼠标左键拖动层左上角的句柄图标,或者直接按键盘上的方向键进行移动,每按一次方向键可将选定的层沿相应的方向移动一个像素。按箭头键时按住 Shift 键可按当前网格靠齐增量来移动层。

8.对齐图层

可以使用对齐命令、显示标尺和显示网格来对齐图层。

使用层的对齐命令,可以对齐两个或者多个层,在对齐多个层时将使用最后一个被选定的层作为基准。

对齐层的操作步骤为:选定需要对齐的多个层>"修改"菜单>"对齐">从级联菜单中选择一种对齐方式。

9.1.4 查看和编辑应用于 DIV 标签的规则

(1)执行以下操作之一以选择 DIV 标签:

• 单击 DIV 标签的边框,查找高亮颜色以查看边框。

• 在 DIV 标签内单击,然后按两次"Ctrl＋A"。

• 在 DIV 标签内单击,然后从"文档"窗口底部的标签选择器中选择 DIV 标签。

(2)如果"CSS 样式"面板尚未打开,请选择"窗口">"CSS 样式"打开"CSS 样式"面板。应用于 DIV 标签的规则显示在面板中。

(3)根据需要进行编辑。

1.更改 DIV 标签中的占位符文本

选择该文本,然后在它上面键入内容或按 Delete 键。

注:就像在页面中添加内容那样,可以将内容添加到 DIV 标签中。

2.更改 DIV 标签的高亮颜色

在"设计"视图中将指针移到 DIV 标签的边缘上时,Dreamweaver 将高亮显示标签的边框。如果需要,可以启用或禁用高亮显示功能,或者在"首选参数"对话框中更改高亮颜色。

(1)选择"编辑">"首选参数"。

(2)从左侧的"分类"列表中选择"高亮颜色"。

(3)请进行以下的任一更改,然后单击"确定":

• 若要更改 DIV 标签的高亮颜色,请单击"鼠标滑过"颜色框并使用颜色选择器来选择一种高亮颜色(或在文本框中输入高亮颜色的十六进制值)。

• 若要对 DIV 标签启用或禁用高亮显示功能,请选中或取消选中"鼠标滑过"的"显示"复选框。

注:这些选项会影响当指针滑过时 Dreamweaver 会高亮显示的所有对象,例如表格。

9.2　CSS 布局块

9.2.1 可视化 CSS 布局块

在"设计"视图中工作时,可以使 CSS 布局块可视化。CSS 布局块是一个 HTML 页面

元素,用户可以将它定位在页面上的任意位置。更具体地说,CSS 布局块是不带 display:
inline 的 DIV 标签,或者是包括 display:block、position:absolute 或 position:relative CSS 声
明的任何其他页面元素。下面是几个在 Dreamweaver 中被视为 CSS 布局块的元素的示例:

- DIV 标签
- 指定了绝对或相对位置的图像
- 指定了 display:block 样式的 a 标签
- 指定了绝对或相对位置的段落

注:出于可视化呈现的目的,CSS 布局块不包含内联元素(也就是代码位于一行文本中
的元素)或段落之类的简单块元素。

Dreamweaver 提供了多个可视化助理,供用户查看 CSS 布局块。例如,在设计时可以
为 CSS 布局块启用外框、背景和框模型。

将鼠标指针移动到布局块上时,也可以查看显示有选定 CSS 布局块属性的工具提示。

下面的 CSS 布局块可视化助理列表描述 Dreamweaver 为每个助理呈现的可视化内容:

CSS 布局外框   显示页面上所有 CSS 布局块的外框。

CSS 布局背景   显示各个 CSS 布局块的临时指定背景颜色,并隐藏通常出现在页面上
的其他所有背景颜色或图像。

每次启用可视化助理查看 CSS 布局块背景时,Dreamweaver 都会自动为每个 CSS 布局
块分配一种不同的背景颜色。

(Dreamweaver 使用一个算法过程选择颜色——用户无法自行指定颜色。)指定的颜色
在视觉上与众不同,可帮助用户区分不同的 CSS 布局块。

CSS 布局框模型   显示所选 CSS 布局块的框模型(即填充和边距)。

9.2.2   查看 CSS 布局块

如果需要,可以启用或禁用 CSS 布局块可视化助理。

9.2.3   查看 CSS 布局块外框

选择"查看">"可视化助理">"CSS 布局外框"。

9.2.4   查看 CSS 布局块背景

选择"查看">"可视化助理">"CSS 布局背景"。

9.2.5   查看 CSS 布局块框模型

选择"查看">"可视化助理">"CSS 布局框模型"。

通过单击"文档"工具栏上的"可视化助理"按钮,也可以使用 CSS 布局块可视化助理
选项。

9.2.6   将可视化助理与非 CSS 布局块元素配合使用

可以使用设计时间样式表来显示通常未被视为 CSS 布局块的元素的背景、边框或框模
型。为此,必须首先创建设计时间样式表,此表会将 display:block 属性分配给相应页面
元素。

（1）创建外部 CSS 样式表,方法是:选择"文件">"新建",然后在"类别"列中选择"基本页",在"基本页"列中选择"CSS",然后单击"创建"。

（2）在新样式表中,创建规则,这些规则会将 display:block 属性分配给要显示为 CSS 布局块的页面元素。

例如,如果要显示段落和列表项目的背景颜色,可以创建具有以下规则的样式表:

```
p{
display：block；
}
li{
display：block；
}
```

（3）保存此文件。

（4）在"设计"视图中,打开要附加新样式的页面。

（5）选择"格式">"CSS 样式">"设计时间"。

（6）在"设计时间样式表"对话框中,单击"只在设计时显示"文本框上方的加号（＋）按钮,选择刚才创建的样式表,然后单击"确定"。

（7）单击"确定"以关闭"设计时间样式表"对话框。

样式表将附加到文档中。如果使用上面的示例创建了样式表,则会使用 display:block 属性对所有段落和列表项目进行格式设置,从而允许对段落和列表项目启用或禁用 CSS 布局块可视化助理。

第10章　行　为

10.1　使用 JavaScript 行为

10.1.1　关于 JavaScript 行为

Adobe Dreamweaver CS5 行为将 JavaScript 代码放置到文档中,这样访问者就可以通过多种方式更改 Web 页,或者启动某些任务。行为是某个事件和由该事件触发的动作的组合。在"行为"面板中,用户可以先指定一个动作,然后指定触发该动作的事件,以此将行为添加到页面中。

注:行为代码是客户端 JavaScript 代码;它运行在浏览器中,而不是服务器上。

实际上,事件是浏览器生成的消息,它指示该页的访问者已执行了某种操作。例如,当访问者将鼠标指针移到某个链接上时,浏览器将为该链接生成一个 onMouseOver 事件;然后浏览器检查是否应该调用某段 JavaScript 代码(在当前查看的页面中指定)进行响应。不同的页元素定义了不同的事件;例如,在大多数浏览器中,onMouseOver 和 onClick 是与链接关联的事件,而 onLoad 是与图像和文档的 body 部分关联的事件。

动作是一段预先编写的 JavaScript 代码,可用于执行诸如以下的任务:打开浏览器窗口、显示或隐藏 AP 元素、播放声音或停止播放 Adobe Shockwave 影片。Dreamweaver 所提供的动作提供了最大程度的跨浏览器兼容性。

在将行为附加到某个页面元素之后,每当该元素的某个事件发生时,行为即会调用与这一事件关联的动作(JavaScript 代码)。(可以用来触发给定动作的事件随浏览器的不同而有所不同。)例如,如果用户将"弹出消息"动作附加到一个链接上,并指定它将由 onMouseOver 事件触发,则只要某人将指针放在该链接上,就会弹出消息。

单个事件可以触发多个不同的动作,用户可以指定这些动作发生的顺序。

Dreamweaver 提供了 20 多个动作;用户可以在 Exchange Web 站点(www. adobe. com/go/dreamweaver_exchange_cn)以及第三方开发商的站点上找到更多的动作实例。如果精通 JavaScript,用户可以自己编写动作。

注:行为和动作属于 Dreamweaver 术语,而非 HTML 术语。从浏览器的角度看,动作与其他任何一段 JavaScript 代码没有什么不同。

10.1.2　行为面板概述

使用"行为"面板("窗口">"行为")可以将行为附加到页面元素(更具体地说是附加到标签),并可以修改以前所附加行为的参数。

已附加到当前所选页面元素的行为显示在行为列表中(面板的主区域),并按事件以字母顺序列出。如果针对同一个事件列有多个动作,则会按在列表中出现的顺序执行这些动作。如果行为列表中没有显示任何行为,则表示没有行为附加到当前所选的页面元素。如图 10-1 所示。

行为面板包含以下选项:

显示设置事件　仅显示附加到当前文档的那些事件。事件被分别划归到客户端或服务器端类别中。

每个类别的事件　都包含在可折叠的列表中。显示设置事件是默认的视图。

显示所有事件按字母顺序显示属于特定类别的所有事件。

添加行为(＋)　显示特定菜单,其中包含可以附加到当前选定元素的动作。当从该列表中选择一个动作时,将出现一个对话框,用户可以在此对话框中指定该动作的参数。如果菜单上的所有动作都处于灰显状态,则表示选定的元素无法生成任何事件。

删除事件(－)　从行为列表中删除所选的事件和动作。

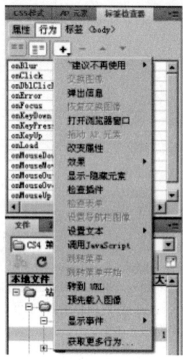

图 10-1　"行为"面板

向上箭头和向下箭头按钮　在行为列表中上下移动特定事件的选定动作。只能更改特定事件的动作顺序,例如,可以更改 onLoad 事件中发生的几个动作的顺序,但是所有 onLoad 动作在行为列表中都会放置在一起。对于不能在列表中上下移动的动作,箭头按钮将处于禁用状态。

事件　显示一个弹出菜单,其中包含可以触发该动作的所有事件,此菜单仅在选中某个事件时可见(当单击所选事件名称旁边的箭头按钮时显示此菜单)。根据所选对象的不同,显示的事件也有所不同。如果未显示预期的事件,请确保选择了正确的页面元素或标签。(若要选择特定的标签,请使用"文档"窗口左下角的标签选择器。)

注:括号中的事件名称只用于链接;选择其中的一个事件名称后将向所选的页面元素自动添加一个空链接,并将行为附加到该链接而不是元素本身。在 HTML 代码中,空链接以 href＝"javascript:;"表示。

10.1.3　关于事件

每个浏览器都提供一组事件,这些事件可以与"行为"面板的"动作"(＋)弹出菜单中列出的动作相关联。当网页的访问者与页面进行交互时(例如,单击某个图像),浏览器会生成事件;这些事件可用于调用执行动作的 JavaScript 函数。Dreamweaver 提供多个可通过这些事件触发的常用动作。

根据所选对象的不同,"事件"菜单中显示的事件也有所不同。若要查明对于给定的页面元素的浏览器支持哪些事件,请在用户的文档中插入该页面元素并向其附加一个行为,然后查看"行为"面板中的"事件"菜单。(默认情况下,事件是从 HTML4.01 事件列表中选取的,并受大多数新型浏览器支持。)如果页面中尚不存在相关的对象或所选的对象不能接收事件,则菜单中的事件将处于禁用状态(灰显)。如果未显示预期的事件,请确保选择了正确的对象。

如果要将行为附加到某个图像,则一些事件(例如 onMouseOver)显示在括号中。这些事件仅用于链接。当选择其中之一时,Dreamweaver 在图像周围使用<a>标签来定义一个空链接。在属性检查器的"链接"框中,该空链接表示为"javascript:;"。如果要将其变为一个指向另一页面的真正链接,用户可以更改链接值,但是如果删除了 JavaScript 链接而没有用另一个链接来替换它,则将删除该行为。

若要了解具体哪些标签可以在给定的浏览器中与给定的事件一起使用,请在 Dreamweaver/Configuration/Behaviors/Events 文件夹下的某个文件中搜索该事件。

在 Dreamweaver 中,可以将事件分为不同的种类。有的与鼠标有关,有的与键盘有关,如鼠标单击、键盘某个键按下。有的事件还和网页相关,如网页下载完毕,网页切换等。常用的事件如下:

OnBlur:当指定的元素停止从用户的交互动作上获得焦点时,触发该事件。例如,当用户在交互文本框中单击后,再在文本框之外单击,浏览器会针对该文本框产生一个 onBlur 事件。

OnClick:当用户在页面中单击使用行为的元素,如文本、按钮或图像时,就会触发该事件。

OnDblclick:在页面中双击使用行为的特定元素(文本、按钮或图像)时,就会触发该事件。

OnError:当浏览器下载页面或图像发生错误时触发该事件。

OnFocus:指定元素通过用户的交互动作获得焦点时触发该事件。例如在一个文本框中单击时,该文框就会产生一个"¡°onFocus¡±"事件。

OnKeydown:当用户在浏览网页时,按下一个键后且尚未释放该键时,就会触发该事件。该事件常与"¡°onKeydown¡±"与"¡°onKeyup¡±"事件组合使用。

OnKeyup:当用户浏览网页时,按下一个键后又释放该键时,就会触发该事件。

OnLoad:当网页或图像完全下载到用户浏览器后,就会触发该事件。

OnMouseDown:浏览网页时,单击网页中建立行为的元素且尚未释放鼠标之前,就会触发该事件。

OnMousemove:在浏览器中,当用户将光标在使用行为的元素上移动时,就会触发该事件。

OnMouseover:在浏览器中,当用户将鼠标指向一个使用行为的元素时,就会触发该事件。

OnMouseout:在浏览器中,当用户将光标从建立行为的元素移出后,就会触发该事件。

OnMouseup:在浏览器中,当用户在使用行为的元素上按下鼠标并释放后,就会触发该事件。

OnUnload:当用户离开当前网页(关闭浏览器或跳转到其他网页)时,就会触发该事件。

10.1.4 应用行为

Dreamweaver 内置了 20 多种行为,如弹出信息、打开浏览器窗口、播放声音、调用 Javascript、改变属性、检查表单、检查插件、检查浏览器、交换图像、控制 Flash、设置导航栏图像、设置文本、跳转菜单、拖动 AP 元素、显示/隐藏元素、转到 URL 等。

用户可以将行为附加到整个文档(即附加到<body>标签),还可以附加到链接、图像、表单元素和多种其他 HTML 元素。

所选择的目标浏览器将确定对于给定的元素支持哪些事件。

用户可以为每个事件指定多个动作。动作按照它们在"行为"面板的"动作"列中列出的顺序发生,不过,用户可以更改这个顺序。

(1)在页面上选择一个元素,例如一个图像或一个链接。

若要将行为附加到整个页,请在"文档"窗口左下角的标签选择器中单击＜body＞标签。

(2)选择"窗口"＞"行为"。

(3)单击加号(＋)按钮并从"添加行为"菜单中选择一个动作。

菜单中灰显的动作不可选择。它们灰显的原因可能是当前文档中缺少某个所需的对象。例如,如果文档不包含 Shockwave 或 SWF 文件,则"控制 Shockwave 或 SWF"动作将会变暗。

当用户选择某个动作时,将出现一个对话框,显示该动作的参数和说明。

(4)为该动作输入参数,然后单击"确定"。

Dreamweaver 中提供的所有动作都适用于新型浏览器。一些动作不适用于较旧的浏览器,但它们不会产生错误。

注:目标元素需要唯一的 ID。例如,如果要对图像应用"交换图像"行为,则此图像需要一个 ID。如果没有为元素指定一个 ID,Dreamweaver 将自动为用户指定一个。

(5)触发该动作的默认事件显示在"事件"列中。如果这不是所需的触发事件,请从"事件"弹出菜单中选择其他事件。(若要打开"事件"菜单,请在"行为"面板中选择一个事件或动作,然后单击显示在事件名称和动作名称之间的向下指向的黑色箭头。)

10.1.5 更改或删除行为

在附加了行为之后,用户可以更改触发动作的事件、添加或删除动作以及更改动作的参数。

(1)选择一个附加有行为的对象。

(2)选择"窗口"＞"行为"。

(3)进行更改:

• 若要编辑动作的参数,请双击动作的名称或将其选中并按 Enter;然后更改对话框中的参数并单击"确定"。

• 若要更改给定事件的多个动作的顺序,请选择某个动作然后单击上下箭头。或者选择该动作,将其剪切并粘贴到其他动作之间的合适位置。

• 若要删除某个行为,请将其选中然后单击减号(－)按钮或按 Delete。

10.2　应用内置 Dreamweaver 行为

10.2.1 使用内置行为

Dreamweaver 附带的行为已经过编写,可适用于新型浏览器。这些行为在较旧的浏览器中将失败,并且不会产生任何后果。

注:Dreamweaver 动作是经过精心编写的,以便适用于尽可能多的浏览器。如果用户从 Dreamweaver 动作中手工删除代码,或将其替换为自己编写的代码,则可能会失去跨浏览器

兼容性。

虽然 Dreamweaver 动作已经过编写以获得最大程度的跨浏览器兼容性,但是一些浏览器根本不支持 JavaScript,而且许多浏览 Web 的人员会在他们的浏览器中关闭 JavaScript。为了获得最佳的跨平台效果,可提供包括在＜noscript＞标签中的替换界面,以使没有 JavaScript 的访问者能够使用用户的站点。

10.2.2 应用调用 JavaScript 行为

"调用 JavaScript"行为在事件发生时执行自定义的函数或 JavaScript 代码。(用户可以自己编写 JavaScript,也可以使用 Web 上各种免费的 JavaScript 库中提供的代码。)

(1)选择一个对象,然后从"行为"面板的"添加行为"菜单中选择"调用 JavaScript"。

(2)准确键入要执行的 JavaScript,或键入函数的名称。

例如,若要创建一个"后退"按钮,用户可以键入 if(history. length＞0){history. back()}。如果用户已将代码封装在一个函数中,则只需键入该函数的名称(例如 hGoBack())。

(3)单击"确定",验证默认事件是否正确。

10.2.3 应用改变属性行为

使用"改变属性"行为可更改对象某个属性(例如 DIV 的背景颜色或表单的动作)的值。

注:只有在用户非常熟悉 HTML 和 JavaScript 的情况下才使用此行为。

(1)选择一个对象,然后从"行为"面板的"添加行为"菜单中选择"改变属性"。

(2)从"元素类型"菜单中选择某个元素类型,以显示该类型的所有标识的元素。

(3)从"元素 ID"菜单选择一个元素。

(4)从"属性"菜单中选择一个属性,或在框中输入该属性的名称。

(5)在"新的值"域中为新属性输入一个新值。

(6)单击"确定",验证默认事件是否正确。

10.2.4 应用检查插件行为

使用"检查插件"行为可根据访问者是否安装了指定的插件这一情况将他们转到不同的页面。例如,用户可能想让安装有 Shockwave 的访问者转到某一页,而让未安装该软件的访问者转到另一页。

注:不能使用 JavaScript 在 Internet Explorer 中检测特定的插件。但是,选择 Flash 或 Director 后会将相应的 VBScript 代码添加到用户的页上,以便在 Windows 的 Internet Explorer 中检测这些插件。MacOS 上的 Internet Explorer 中不能实现插件检测。

(1)选择一个对象,然后从"行为"面板的"添加行为"菜单中选择"检查插件"。

(2)从"插件"菜单中选择一个插件,或者单击"输入"并在相邻的框中键入插件的确切名称。用户必须使用 Netscape Navigator 的"关于插件"页上以粗体指定的确切插件名称。

(3)在"如果有,转到 URL"框中,为安装了该插件的访问者指定一个 URL。

如果指定的是远程 URL,则必须在地址中包括 http://前缀。如果保留该域为空,访问者将留在同一页面上。

(4)在"否则,转到 URL"框中,为没有安装该插件的访问者指定一个替代 URL。如果保留该域为空,访问者将留在同一页面上。

(5)指定无法检测插件时如何操作。默认情况下,当不能实现检测时,访问者被转到"否则"框中列出的 URL。若要改为将访问者转到第一个("如果有,转到 URL")URL,则选择"如果无法检测,总是转到第一个 URL"选项。选择此选项实际意味着"除非浏览器明确指示该插件不存在,否则即假定访问者安装了该插件"。一般而言,如果插件内容对页面来说是必需的,则选择此选项;否则,取消选择此选项。

注:此选项只适用于 Internet Explorer;Netscape Navigator 总是可以检测插件。

(6)单击"确定",验证默认事件是否正确。

10.2.5　应用拖动 AP 元素行为

"拖动 AP 元素"行为可让访问者拖动绝对定位的(AP)元素。使用此行为可创建拼板游戏、滑块控件和其他可移动的界面元素。

用户可以指定以下内容:访问者可以向哪个方向拖动 AP 元素(水平、垂直或任意方向),访问者应将 AP 元素拖动到的目标,当 AP 元素距离目标在一定数目的像素范围内时是否将 AP 元素靠齐到目标,当 AP 元素命中目标时应执行的操作,等等。

因为必须先调用"拖动 AP 元素"行为,访问者才能拖动 AP 元素,所以用户应将"拖动 AP 元素"附加到 body 对象(使用 onLoad 事件)。

(1)选择"插入">"布局对象">"APDiv"或单击"插入"面板上的"绘制 APDiv"按钮,并在"文档"窗口的"设计"视图中绘制一个 APDiv。

(2)单击"文档"窗口左下角的标签选择器中的<body>。

(3)从"行为"面板的"添加行为"菜单中选择"拖动 AP 元素"。

如果"拖动 AP 元素"不可用,则用户可能已选择了一个 AP 元素。

(4)在"AP 元素"弹出菜单中,选择此 AP 元素。

(5)从"移动"弹出菜单中选择"限制"或"不限制"。

不限制移动适用于拼板游戏和其他拖放游戏。对于滑块控件和可移动的布景(例如文件抽屉、窗帘和小百叶窗),请选择限制移动。

(6)对于限制移动,在"上"、"下"、"左"和"右"框中输入值(以像素为单位)。

这些值是相对于 AP 元素的起始位置的。如果限制在矩形区域中的移动,则在所有四个框中都输入正值。若要只允许垂直移动,则在"上"和"下"文本框中输入正值,在"左"和"右"文本框中输入 0。若要只允许水平移动,则在"左"和"右"文本框中输入正值,在"上"和"下"文本框中输入 0。

(7)在"左"和"上"框中为拖放目标输入值(以像素为单位)。

拖放目标是用户希望访问者将 AP 元素拖动到的点。当 AP 元素的左坐标和上坐标与用户在"左"和"上"框中输入的值匹配时,便认为 AP 元素已经到达拖放目标。这些值是与浏览器窗口左上角的相对值。单击"取得目前位置"可使用 AP 元素的当前位置自动填充这些文本框。

(8)在"靠齐距离"框中输入一个值(以像素为单位)以确定访问者必须将 AP 元素拖到距离拖放目标多近时,才能使 AP 元素靠齐到目标。

较大的值可以使访问者较容易找到拖放目标。

(9)对于简单的拼板游戏和布景处理,到此步骤为止即可。若要定义 AP 元素的拖动控制点、在拖动 AP 元素时跟踪其移动以及在放下 AP 元素时触发一个动作,请单击"高级"标签。

(10)若要指定访问者必须单击 AP 元素的特定区域才能拖动 AP 元素,请从"拖动控制点"菜单中选择"元素内的区域";然后输入左坐标和上坐标以及拖动控制点的宽度和高度。

此选项适用于 AP 元素中的图像包含提示拖动元素(例如一个标题栏或抽屉把手)的情况。如果希望访问者可以通过单击 AP 元素中的任意位置来拖动此 AP 元素,请不要设置此选项。

(11)选择任何要使用的"拖动时"选项:

• 如果 AP 元素在拖动时应该移动到堆叠顺序的最前面,则选择"将元素置于顶层"。如果选择此选项,请使用弹出菜单选择是将 AP 元素保留在最前面还是将其恢复到它在堆叠顺序中的原位置。

• 在"呼叫 JavaScript"框中输入 JavaScript 代码或函数名称(例如 monitorAPelement())以在拖动 AP 元素时反复执行该代码或函数。例如,用户可以编写一个函数,用于监视 AP 元素的坐标并在一个文本框中显示提示(如"用户正在接近目标"或"用户离拖放目标还很远")。

(12)在第二个"呼叫 JavaScript"框中输入 JavaScript 代码或函数名称(例如,evaluateAPelementPos())可以在放下 AP 元素时执行该代码或函数。如果只有在 AP 元素到达拖放目标时才执行 JavaScript,则选择"只有在靠齐时"。

(13)单击"确定",验证默认事件是否正确。

10.2.6 应用转到 URL 行为

"转到 URL"行为可在当前窗口或指定的框架中打开一个新页。此行为适用于通过一次单击更改两个或多个框架的内容。

(1)选择一个对象,然后从"行为"面板的"添加行为"菜单中选择"转到 URL"。

(2)从"打开在"列表中选择 URL 的目标。

打开在列表自动列出当前框架集中所有框架的名称以及主窗口。如果没有任何框架,则主窗口是唯一的选项。

注:如果存在名称为 top、blank、self 或 parent 的框架,则此行为可能产生意想不到的结果。浏览器有时会将这些名称误认为保留的目标名称。

(3)单击"浏览"选择要打开的文档,或在"URL"框中输入该文档的路径和文件名。

(4)重复第 2 步和第 3 步在其他框架中打开其他文档。

(5)单击"确定",验证默认事件是否正确。

10.2.7 应用跳转菜单行为

当用户使用"插入">"表单">"跳转菜单"创建跳转菜单时,Dreamweaver 创建一个菜单对象并向其附加一个"跳转菜单"(或"跳转菜单转到")行为。通常不需要手动将"跳转菜单"行为附加到对象。

用户可以通过以下两种方式中的任意一种编辑现有的跳转菜单:

• 可以通过在"行为"面板中双击现有的"跳转菜单"行为编辑和重新排列菜单项,更改要跳转到的文件,以及更改这些文件的打开窗口。

• 通过选择该菜单并使用"属性"检查器中的"列表值"按钮,用户可以在菜单中编辑这些项,就像在任何菜单中编辑项一样。

(1)如果用户的文档中尚无跳转菜单对象,则创建一个跳转菜单对象。

(2)选择对象,然后从"行为"面板的"添加行为"菜单中选择"跳转菜单"。

(3)在"跳转菜单"对话框中进行所需的更改,然后单击"确定"。

10.2.8 应用打开浏览器窗口行为

使用"打开浏览器窗口"行为可在一个新的窗口中打开页面。用户可以指定新窗口的属性(包括其大小)、特性(它是否可以调整大小、是否具有菜单栏等)和名称。例如,用户可以使用此行为在访问者单击缩略图时在一个单独的窗口中打开一个较大的图像;使用此行为,用户可以使新窗口与该图像恰好一样大。

如果不指定该窗口的任何属性,在打开时它的大小和属性与打开它的窗口相同。指定窗口的任何属性都将自动关闭所有其他未明确打开的属性。例如,如果用户不为窗口设置任何属性,它将以 1024×768 像素的大小打开,并具有导航条(显示"后退"、"前进"、"主页"和"重新加载"按钮)、地址工具栏(显示 URL)、状态栏(位于窗口底部,显示状态消息)和菜单栏(显示"文件"、"编辑"、"查看"和其他菜单)。如果用户将宽度明确设置为 640 像素、将高度设置为 480 像素,但不设置其他属性,则该窗口将以 640×480 像素的大小打开,并且不具有工具栏。

(1)选择一个对象,然后从"行为"面板的"添加行为"菜单中选择"打开浏览器窗口"。

(2)单击"浏览"选择一个文件,或输入要显示的 URL。

(3)设置相应选项,指定窗口的宽度和高度(以像素为单位)以及是否包括各种工具栏、滚动条、调整大小手柄等一类控件。

如果需要将该窗口用作链接的目标窗口,或者需要使用 JavaScript 对其进行控制,请指定窗口的名称(不使用空格或特殊字符)。

(4)单击"确定",验证默认事件是否正确。

10.2.9 应用弹出消息行为

"弹出消息"行为显示一个包含指定消息的 JavaScript 警告。因为 JavaScript 警告对话框只有一个按钮("确定"),所以使用此行为可以提供用户信息,但不能为用户提供选择操作。

使用弹出信息动作,在事件发生时弹出一个事先指定好的信息提示框,可以为浏览者提供信息,该提示框只有一个"确定"按钮。下面以网页中的按钮为例,单击按钮,弹出信息提示框,单击信息提示框的"确定"±按钮,信息提示框关闭,如图 10-2 所示。具体操作步骤如下:

图 10-2　"弹出消息"行为

(1)选择一个对象,然后从"行为"面板的"添加行为"菜单中选择"弹出消息"。

(2)在"消息"框中输入用户的消息。

用户可以在文本中嵌入任何有效的 JavaScript 函数调用、属性、全局变量或其他表达式。若要嵌入一个 JavaScript 表达式,请将其放置在大括号({})中。若要显示大括号,请在它前面加一个反斜杠(\{)。

示例:

> The URL for this page is{window. location}, and today is {new Date()}.

注:浏览器会控制警告消息的显示外观。如果用户希望对消息的外观进行更多的控制,可考虑使用"打开浏览器窗口"行为。

(3)单击"确定",验证默认事件是否正确。

10.2.10 应用设置容器的文本行为

"设置容器的文本"行为将页面上的现有容器(即,可以包含文本或其他元素的任何元素)的内容和格式替换为指定的内容。该内容可以包括任何有效的 HTML 源代码。

(1)选择一个对象,然后从"行为"面板的"添加行为"菜单中选择"设置文本">"设置容器的文本"。

(2)在"设置容器文本"对话框中,使用"容器"菜单选择目标元素。

(3)在"新建 HTML"框中输入新的文本或 HTML。

(4)单击"确定",验证默认事件是否正确。

10.2.11 应用设置状态栏文本行为

"设置状态栏文本"行为可在浏览器窗口左下角处的状态栏中显示消息。例如,用户可以使用此行为在状态栏中说明链接的目标,而不是显示与之关联的 URL。访问者常常会忽略或注意不到状态栏中的消息(而且并不是所有的浏览器都提供设置状态栏文本的完全支持);如果用户的消息非常重要,请考虑将其显示为弹出消息或 AP 元素文本。

注:如果在 Dreamweaver 中使用"设置状态栏文本"行为,则不能保证会更改浏览器中的状态栏的文本,因为一些浏览器在更改状态栏文本时需要进行特殊调整。例如,Firefox 需要用户更改"高级"选项以让 JavaScript 更改状态栏文本。有关详细信息,请参阅浏览器的文档。

(1)选择一个对象,然后从"行为"面板的"添加行为"菜单中选择"设置文本">"设置状态栏文本"。

(2)在"设置状态栏文本"对话框的"消息"框中键入用户的消息。

键入的消息应简明扼要。如果消息不能完全放在状态栏中,浏览器将截断消息。

(3)单击"确定",验证默认事件是否正确。

10.2.12 应用设置文本域文字行为

"设置文本域文字"行为可用用户指定的内容替换表单文本域的内容。

1. 创建命名的文本域

(1)选择"插入">"表单">"文本域"。

如果 Dreamweaver 提示用户添加一个表单标签,则单击"是"。

（2）在"属性"检查器中，为该文本域键入一个名称。确保该名称在页上是唯一的（不要对同一页上的多个元素使用相同的名称，即使它们在不同的表单上也应如此）。

2. 应用设置文本域文字

（1）选择一个文本域，然后从"行为"面板的"添加行为"菜单中选择"设置文本"＞"设置文本域文字"。

（2）从"文本域"菜单中选择目标文本，然后输入新文本。

（3）单击"确定"，验证默认事件是否正确。

10.2.13　应用显示-隐藏元素行为

"显示-隐藏元素"行为可显示、隐藏或恢复一个或多个页面元素的默认可见性。此行为用于在用户与页进行交互时显示信息。

例如，当用户将鼠标指针移到一个植物图像上时，可以显示一个页面元素，此元素给出有关该植物的生长季节和地区、需要多少阳光、可以长到多大等详细信息。此行为仅显示或隐藏相关元素——在元素已隐藏的情况下，它不会从页面流中实际上删除此元素。

（1）选择一个对象，然后从"行为"面板的"添加行为"菜单中选择"显示-隐藏元素"。

如果"显示-隐藏元素"不可用，则用户可能已选择了一个 AP 元素。因为 AP 元素不接受 4.0 版浏览器中的事件，所以用户必须选择另一个对象，例如＜body＞标签或某个链接（＜a＞）标签。

（2）从"元素"列表中选择要显示或隐藏的元素，然后单击"显示"、"隐藏"、"默认"（恢复默认可见性）。

（3）对其他所有要更改其可见性的元素重复第 2 步。（用户可以通过单个行为更改多个元素的可见性。）

（4）单击"确定"，验证默认事件是否正确。

10.2.14　应用交换图像行为

"交换图像"行为通过更改＜img＞标签的 src 属性将一个图像和另一个图像进行交换。使用此行为可创建鼠标经过按钮的效果以及其他图像效果（包括一次交换多个图像）。插入鼠标经过图像会自动将一个"交换图像"行为添加到用户的页中。

注：由于只有 src 属性会受到此行为的影响，用户应使用与原始尺寸（高度和宽度）相同的图像进行交换。否则，换入的图像显示时会被压缩或扩展，以使其适应原图像的尺寸。

还有一个"恢复交换图像"行为，可以将最后一组交换的图像恢复为它们以前的源文件。每次将"交换图像"行为附加到某个对象时都会自动添加"恢复交换图像"行为；如果用户在附加"交换图像"时选择了"恢复"选项，则用户就不再需要手动选择"恢复交换图像"行为。

（1）选择"插入"＞"图像"或单击"插入"面板上的"图像"按钮以插入一个图像。

（2）在"属性"检查器最左边的文本框中为该图像输入一个名称。

并不是一定要对图像指定名称；在将行为附加到对象时会自动对图像命名。但是，如果所有图像都预先命名，则在"交换图像"对话框中就更容易区分它们。

（3）重复第 1 步和第 2 步插入其他图像。

（4）选择一个对象（通常是用户将交换的图像），然后从"行为"面板的"添加行为"菜单中选择"交换图像"。

(5)从"图像"列表中,选择要更改其来源的图像。

(6)单击"浏览"选择新图像文件,或在"设定源文件为"框中输入新图像的路径和文件名。

(7)对所有要更改的其他图像重复第 5 步和第 6 步。同时对所有要更改的图像使用相同的"交换图像"动作;否则,相应的"恢复交换图像"动作就不能全部恢复它们。

(8)选择"预先载入图像"选项可在加载页面时对新图像进行缓存。

这样可防止当图像应该出现时由于下载而导致延迟。

(9)单击"确定",验证默认事件是否正确。

第11章　与其他网页设计软件的结合

Photoshop、Fireworks 和 Flash 是用于创建和管理图形与 SWF 文件的强大 Web 开发工具。用户可以将 Dreamweaver 与这些工具紧密集成在一起,从而简化 Web 设计工作流程。

注:也可以与一些其他的应用程序进行有限集成。例如,可以将一个 InDesign 文件以 XHTML 形式导出,然后在 Dreamweaver 中继续使用该文件。有关此工作流程的教程,请参阅 www.adobe.com/go/vid0202_cn。

用户可以在 Dreamweaver 文档中轻松插入使用 Adobe Flash 创建的图像和内容(SWF 和 FLV 文件)。将图像或 SWF 文件插入 Dreamweaver 文档之后,还可以在其原始编辑器中对其进行编辑。

注:若要将 Dreamweaver 与这些 Adobe 应用程序一起使用,必须在计算机上安装这些应用程序。

对于 Fireworks 和 Flash,产品集成是通过往返编辑实现的。往返编辑可以确保在 Dreamweaver 和这些其他应用程序之间正确传输代码更新(以达到保留鼠标经过行为或指向其他文件的链接等目的)。

Dreamweaver 还依赖设计备注来进行产品集成。"设计备注"是一些小文件,它能使 Dreamweaver 定位某个已导出图像或 SWF 文件的源文档。当用户从 Fireworks、Flash 或 Photoshop 中直接将文件导出到 Dreamweaver 定义的站点时,包含对原始 PSD、PNG 或 Flash 创作文件(FLA)的引用的设计备注将与可用于 Web 的文件(GIF、JPEG、PNG 或 SWF)一起自动导出到该站点。

除了位置信息之外,设计备注还包含与被导出文件有关的其他相关信息。例如,在导出 Fireworks 表格时,Fireworks 会为表格中每个导出的图像文件写入一个设计备注。如果导出的文件包含热点或鼠标经过行为,则设计备注将包含这些热点或行为的脚本的相关信息。

在导出过程中,Dreamweaver 会在导出的资源所在的同一文件夹中创建名为_notes 的文件夹。此文件夹包含 Dreamweaver 与 Photoshop、Flash 或 Fireworks 集成所需的设计备注。

注:为了使用设计备注,必须确保没有对 Dreamweaver 站点禁用设计备注。默认情况下会启用设计备注。但是,当用户插入 Photoshop 图像文件时,即使禁用了设计备注,Dreamweaver 也会创建设计备注以存储源 PSD 文件的位置。

11.1　Fireworks 和 Dreamweaver

11.1.1　插入 Fireworks 图像

Dreamweaver 和 Fireworks 能够识别并共享许多相同的文件编辑过程,包括对链接、图

像映射、表格切片等的更改。此外,两个应用程序均为编辑、优化和定位 HTML 页面中的
Web 图形提供了更加简洁高效的工作流程。

用户可以使用"插入图像"命令将 Fireworks 导出的图形直接放置在 Dreamweaver 文档
中,也可以通过 Dreamweaver 图像占位符创建新的 Fireworks 图形。

(1)在 Dreamweaver 文档中,将插入点放在希望图像出现的位置,然后执行下列操作
之一:

- 选择"插入">"图像"。
- 在"插入"面板的"常用"类别中,单击"图像"按钮或将其拖动到文档中。

(2)导航到所需的 Fireworks 导出文件,然后单击"确定"。

注:如果 Fireworks 文件不在当前 Dreamweaver 站点中,则会显示一条消息,询问是否
要将该文件复制到根文件夹。单击"是"。

11.1.2　在 Dreamweaver 中编辑 Fireworks 图像或表格

当用户打开和编辑某个图像或属于某个 Fireworks 表格的图像切片时,Dreamweaver
会启动 Fireworks,Fireworks 将打开从中导出图像或表格的 PNG 文件。

注:以上是假设将 Fireworks 设置为 PNG 文件的主外部图像编辑器的情况下。
Firework 在通常情况下是 JPEG 和 GIF 文件的默认编辑器,用户可能希望将 Photoshop 设
置为这些文件的默认编辑器。

如果图像是 Fireworks 表格的一部分,则可以打开整个 Fireworks 表格进行编辑,只要
HTML 代码中存在<！－fwtable－>注释。如果源 PNG 文件是从 Fireworks 导出到
Dreamweaver 站点的(使用 Dreamweaver 样式的 HTML 和图像设置),则会在 HTML 代码
中自动插入 Fireworks 表格注释。

(1)在 Dreamweaver 中,如果属性检查器尚未打开,请打开它("窗口">"属性")。

(2)单击图像或图像切片以选择它。

如果选择了从 Fireworks 导出的图像,则属性检查器会将所选项识别为 Fireworks 图像
或表格,并显示 PNG 源文件的名称。

(3)若要启动 Fireworks 进行编辑,请执行下列操作之一:

- 在属性检查器中单击"编辑"。
- 按住 Ctrl,同时双击选择的图像。
- 右键单击选择的图像,然后从上下文菜单中选择"使用 Fireworks 编辑"。

注:如果 Fireworks 找不到源文件,则会提示用户定位 PNG 源文件。在处理 Fireworks
源文件时,所做的更改同时保存在源文件和导出的文件中;否则,只有导出的文件会得
到更新。

(4)在 Fireworks 中,编辑源 PNG 文件并单击"完成"。

Fireworks 在 PNG 文件中保存更改,导出更新后的图像(或者同时导出 HTML 和图
像),然后将焦点返回到 Dreamweaver。在 Dreamweaver 中,将出现更新后的图像或表格。

11.1.3　在 Dreamweaver 中优化 Fireworks 图像

可以使用 Dreamweaver 对 Fireworks 图像和动画进行快速更改。在 Dreamweaver 中,
可以更改优化设置、动画设置以及所导出图像的大小和区域。

(1)在 Dreamweaver 中,选择所需的图像并执行下列操作之一:

- 选择"命令">"优化图像"
- 在属性检查器中单击"编辑图像设置"按钮。

(2)在"图像预览"对话框中进行编辑:

- 若要编辑优化设置,请单击"选项"选项卡。
- 若要编辑所导出图像的大小和区域,请单击"文件"选项卡。

(3)完成之后,单击"确定"。

11.1.4 使用 Fireworks 修改 Dreamweaver 图像占位符

可以首先在 Dreamweaver 文档中创建一个占位符图像,然后启动 Fireworks 设计一个图形图像或 Fireworks 表格来替换它。

若要从图像占位符创建新图像,用户的系统中必须同时安装有 Dreamweaver 和 Fireworks。

(1)确保用户已经将 Fireworks 设为 PNG 文件的图像编辑器。

(2)在"文档"窗口中,单击图像占位符以选择它。

(3)以"从 Dreamweaver 进行编辑"模式启动 Fireworks,方法是执行下列操作之一:

- 在属性检查器中单击"创建"。
- 按 Ctrl,然后双击图像占位符。
- 右键单击图像占位符,然后选择"在 Fireworks 中创建图像"。

(4)使用各种 Fireworks 选项设计图像。

Fireworks 可识别用户在 Dreamweaver 中使用图像占位符时可能设置的如下图像占位符设置:图像大小(这关系到 Fireworks 的画布大小)、图像 ID(Fireworks 用此作为用户所创建的源文件和导出文件的默认文档名称)以及文本对齐方式。此外,Fireworks 还可识别用户在 Dreamweaver 中工作时附加到图像占位符的链接和特定行为(如交换图像、弹出菜单和设置文本)。

注:虽然 Fireworks 不会显示已添加到图像占位符的链接,但它们的确会被保留。如果用户在 Fireworks 中绘制了热点并添加了链接,这并不会导致用户在 Dreamweaver 中添加到图像占位符的链接被删除;但是,如果用户在 Fireworks 里的新图像中切掉了一块切片,在用户替换图像占位符时,Fireworks 将删除 Dreamweaver 文档中的链接。

Fireworks 不识别以下图像占位符设置:图像对齐方式、颜色、垂直边距和水平边距以及映射。在图像占位符的属性检查器中,这些设置处于禁用状态。

(5)完成后,请单击"完成"以显示保存提示。

(6)在"保存位置"文本框中,选择定义为 Dreamweaver 本地站点文件夹的文件夹。

如果用户在 Dreamweaver 文档中插入图像占位符时对其进行了命名,Fireworks 会用该名称填充"文件名"框。可以更改此名称。

(7)单击"保存"保存 PNG 文件。

将出现"导出"对话框。使用此对话框将图像导出为 GIF 或 JPEG 文件;对于经过切片的图像,则可导出为 HTML 和图像。

(8)对于"保存位置",选择 Dreamweaver 本地站点文件夹。

"名称"框中会自动显示用于 PNG 文件的名称。可以更改此名称。

(9)对于"另存为类型",可选择要导出的文件的类型;例如,"仅图像"或"HTML 和图像"。

(10)单击"保存"保存导出的文件。

将保存文件,并将焦点返回到 Dreamweaver。在 Dreamweaver 文档中,导出的文件或 Fireworks 表格会替换掉图像占位符。

11.1.5 在 Dreamweaver 文档中插入 Fireworks HTML 代码

在 Fireworks 中,可以使用"导出"命令将优化后的图像和 HTML 文件导出并保存到 Dreamweaver 站点文件夹下的某个位置。然后,可以在 Dreamweaver 中插入该文件。Dreamweaver 允许用户将 Fireworks 生成的 HTML 代码连同相关图像、切片和 JavaScript 一起插入到文档中。

(1)在 Dreamweaver 文档中,将插入点放置在用户要插入 Fireworks HTML 代码的位置。

(2)请执行下列操作之一:

• 选择"插入">"图像对象">"Fireworks HTML"。

• 在"插入"面板的"常用"类别中,单击"图像"按钮,然后从弹出菜单中选择"插入 Fireworks HTML"。

(3)单击"浏览"选择一个 Fireworks HTML 文件。

(4)如果用户将来不需要再使用该文件,可选择"插入后删除文件"。选择此选项对于与 HTML 文件关联的源 PNG 文件没有任何影响。

注:如果该 HTML 文件位于某个网络驱动器上,它将被永久删除,而不会移动到回收站或垃圾桶。

(5)单击"确定"将 HTML 代码以及相关的图像、切片和 JavaScript 插入到 Dreamweaver 文档。

11.1.6 将 Fireworks HTML 代码粘贴到 Dreamweaver 中

有一种方法可快速将 Fireworks 生成的图像和表格放置到 Dreamweaver 中,即复制 Fireworks HTML 代码并将其直接粘贴到 Dreamweaver 文档中。

1.将 Fireworks HTML 代码复制和粘贴到 Dreamweaver 中

(1)在 Fireworks 中,选择"编辑">"复制 HTML 代码"。

(2)按照向导的指示操作,它将引导用户完成导出 HTML 和图像的设置工作。在接到提示时,将用户的 Dreamweaver 站点文件夹指定为所导出图像的目标位置。

向导将图像导出到指定目标位置并将 HTML 代码复制到剪贴板。

(3)在 Dreamweaver 文档中,将插入点放置在用户要粘贴 HTML 代码的位置,然后选择"编辑">"粘贴 Fireworks HTML"。

2.将 Fireworks HTML 代码导出并粘贴到 Dreamweaver 中

(1)在 Fireworks 中,选择"文件">"导出"。

(2)将用户的 Dreamweaver 站点文件夹指定为所导出图像的目标位置。

(3)在"导出"弹出菜单中,选择"HTML 和图像"。

(4)在"HTML"弹出菜单中,选择"复制到剪贴板",然后单击"导出"。

(5)在 Dreamweaver 文档中,将插入点放置在用户要粘贴所导出 HTML 代码的位置,然后选择"编辑">"粘贴 Fireworks HTML"。

11.1.7　更新放置在 Dreamweaver 中的 Fireworks HTML 代码

在 Fireworks 中,除了"启动和编辑"方法之外,还可以使用"文件">"更新 HTML"命令来更新放置在 Dreamweaver 中的 Fireworks 文件。利用"更新 HTML"命令,可以在 Fireworks 中编辑源 PNG 图像,然后自动更新任何放置在 Dreamweaver 文档中的已导出 HTML 代码和图像文件。用户可通过此命令更新 Dreamweaver 文件,即使在 Dreamweaver 没有运行的情况下也是如此。

(1)在 Fireworks 中,打开源 PNG 文件并且进行所需的编辑。

(2)选择"文件">"保存"。

(3)在 Fireworks 中,选择"文件">"更新 HTML"。

(4)导航到包含要更新的 HTML 的 Dreamweaver 文件,然后单击"打开"。

(5)导航到要放置更新后的图像文件的目标文件夹,然后单击"选择"。

Fireworks 将更新 Dreamweaver 文档中的 HTML 和 JavaScript 代码。此外,Fireworks 还会导出与 HTML 有关的已更新图像,并将这些图像放置在指定的目标文件夹中。

如果 Fireworks 不能找到匹配的待更新 HTML 代码,则会提供一个将新 HTML 代码插入到 Dreamweaver 文档中的选项。Fireworks 将新代码的 JavaScript 部分放在文档的开头处,将 HTML 表格或图像链接放在末尾处。

11.2　Photoshop 和 Dreamweaver

11.2.1　关于 Photoshop 集成

用户可以在 Dreamweaver 中将 Photoshop 图像文件(PSD 格式)插入到 Web 页上,然后让 Dreamweaver 将这些图像文件优化为可用于 Web 的图像(GIF、JPEG 和 PNG 格式)。执行此操作时,Dreamweaver 将图像作为智能对象插入,并维护与原始 PSD 文件的实时连接。

此外,还可以在 Dreamweaver 中将多层或多切片 Photoshop 图像整体或部分粘贴到网页上。但是,从 Photoshop 中复制和粘贴时,不会维护与原始文件的实时连接。若要更新图像,请在 Photoshop 中进行所需的更改,然后重新复制和粘贴。

注:如果用户经常使用此集成功能,则最好在 Dreamweaver 站点中存储 Photoshop 文件以方便访问。如果执行此操作,请确保遮盖这些 Photoshop 文件,以避免原始资源曝光,以及避免在本地站点和远程服务器之间进行不必要的传输。

11.2.2　关于智能对象和 Photoshop-Dreamweaver 工作流程

在 Dreamweaver 中处理 Photoshop 文件有两种主要的工作流程:智能对象工作流程和复制/粘贴工作流程。

1.主要工作流程

(1)智能对象工作流程

在使用完整的 Photoshop 文件时,Adobe 建议使用智能对象工作流程。Dreamweaver

中的智能对象是放置在网页上的一个图像资源,它与原始 Photoshop(PSD)文件之间具有实时连接。在 Dreamweaver 的"设计"视图中,智能对象用图像左上角处的图标表示。如图 11-1 所示。

图 11-1　智能对象

(2)复制/粘贴工作流程

使用复制/粘贴工作流程可以选择 Photoshop 文件中的切片和图层,然后使用 Dreamweaver 将其作为可用于 Web 的图像进行插入。但如果用户稍后想要更新其内容,则必须打开原始的 Photoshop 文件,进行更改,重新将切片或图层复制到剪贴板,然后将更新的切片或图层粘贴到 Dreamweaver 中。只有在网页上作为图像插入 Photoshop 文件的一部分(例如设计小样的一个部分)时才建议使用此工作流程。

在使用智能对象工作流程时,不需要打开 Photoshop 即可以更新 Web 图像。此外,在 Dreamweaver 中对智能对象所做的任何更新均不具有破坏性。也就是说,用户可以更改页面上 Web 版本的图像,同时使原始的 Photoshop 图像保持不变。

用户还可以在不选择"设计"视图中的 Web 图像的情况下更新智能对象。使用"资源"面板可以更新所有智能对象,包括可能无法在"文档"窗口中选择的图像(例如 CSS 背景图像)。

2.图像优化设置

对于复制/粘贴工作流程和智能对象工作流程,用户可以在"图像预览"对话框中指定其优化设置。使用此对话框可以设置如文件格式、图像品质等这样的设置。如果用户是首次复制切片或图层,或者是首次作为智能对象插入 Photoshop 文件,Dreamweaver 将会显示此对话框以便用户可以轻松地创建 Web 图像。

如果用户将更新复制并粘贴到一个特定的切片或图层,Dreameaver 会记住原始设置并使用这些设置重新创建 Web 图像。同样,在使用属性检查器更新某一智能对象时,Dreamweaver 将使用用户首次插入图像时所使用的相同设置。通过在"设计"视图中选择 Web 图像,然后在属性检查器中单击"编辑图像设置"按钮,用户可以随时更改图像的设置。

3. 存储 Photoshop 文件

如果用户已经插入了 Web 图像,并且尚未在用户的 Dreamweaver 站点存储原始 Photoshop 文件,Dreamweaver 会将原始文件的路径视为一个本地绝对文件路径。(复制/粘贴和智能对象工作流程均是如此。)例如,如果用户的 Dreamweaver 站点的路径为 C:\Sites\mySite,并且用户的 Photoshop 文件存储在 C:\Images\Photoshop 中,Dreameaver 不会将原始资源视为名为 mySite 的站点的一部分。如果用户想要与其他团队成员共享该 Photoshop 文件,这将导致问题,因为 Dreamweaver 会将该文件视为仅在特定的本地硬盘驱动器上可用。

但如果用户将该 Photoshop 文件存储在用户的站点内,Dreamweaver 将创建一个指向该文件的站点相对路径。假如用户还提供原始文件以供下载的话,则能够访问该站点的所有用户都可以建立指向该文件的正确路径。

11.2.3　智能对象工程流程

1. 创建智能对象

将 Photoshop 图像(PSD 文件)插入页面时,Dreamweaver 将创建智能对象。"智能对象"是可用于 Web 的图像,可维护与原始 Photoshop 图像的实时连接。每次更新 Photoshop 中的原始图像时,Dreamweaver 都会向用户提供一个选项,通过该选项,只需单击一次按钮即可在 Dreamweaver 中更新图像。

(1)在 Dreamweaver("设计"或"代码"视图)中,将插入点放置在页面上要插入图像的位置。

(2)选择"插入">"图像"。

如果用户将 Photoshop 文件存储在网站中,则也可以将 PSD 文件从"文件"面板拖到页面上。如果执行此操作,用户将跳过下一步。

(3)通过单击"浏览"按钮,然后浏览到 Photoshop PSD 图像文件,可以在"选择图像源文件"对话框中定位到该图像文件。

(4)在显示的"图像预览"对话框中,根据需要调整优化设置,然后单击"确定"。

(5)将可用于 Web 的图像文件保存在 Web 站点根文件夹中的一个位置。

Dreamweaver 将根据所选的优化设置创建智能对象,并将可用于 Web 的图像版本放置在用户的页面上。智能对象维护与原始图像的实时连接,并在两者不同步时通知用户。

注:如果稍后决定要更改放置在页面中的图像的优化设置,则可以选择该图像,单击属性检查器中的"编辑图像设置"按钮,再在"图像预览"对话框中进行所需的更改。在"图像预览"对话框中进行的更改是以不破坏图像的方式应用的。

Dreamweaver 从不修改原始 Photoshop 文件,并且经常根据原始数据重建 Web 图像。

2. 更新智能对象

如果用户更改智能对象链接的 Photoshop 文件,则 Dreamweaver 将通知用户可用于 Web 的图像与原始文件不同步。在 Dreamweaver 中,智能对象由图像左上角的图标表示。

当 Dreamweaver 中可用于 Web 的图像与原始 Photoshop 文件同步时,图标上的两个箭头都为绿色。当可用于 Web 的图像与原始 Photoshop 文件不同步时,图标的箭头之一会变为红色。

若要使用原始 Photoshop 文件的当前内容更新智能对象,请选择"文档"窗口中的智能对象,再单击属性检查器中的"从原始更新"按钮。

注:从 Dreamweaver 进行更新时不必安装 Photoshop。

3. 更新多个智能对象

使用"资源"面板可以一次更新多个智能对象。使用"资源"面板,用户还可以看到"文档"窗口中可能无法选择的智能对象(例如 CSS 背景图像)。

(1)在"文件"面板中,单击"资源"选项卡以查看站点资源。

(2)确保选择了"图像"视图。如果未选择该视图,请单击"图像"按钮。

(3)在"资源"面板中选择每个图像资源。当选择智能对象时,图像的左上角将显示智能对象图标。常规图像没有此图标。

(4)对于要更新的每个智能对象,右键单击文件名并选择"从原始更新"。用户还可以在按住 Control 的同时单击鼠标以选择多个文件名,并一次更新所有智能对象。

注:从 Dreamweaver 进行更新时不必安装 Photoshop。

4. 调整智能对象大小

可以像处理任何其他图像那样,在"文档"窗口中调整智能对象的大小。

(1)在"文档"窗口中选择智能对象,并拖动调整大小手柄以调整该图像的大小。拖动时,按住 Shift 键可以保持宽度和高度的比例。

(2)单击属性检查器中的"从源文件更新"按钮。

当更新智能对象时,Web 图像会根据原始文件的当前内容和原始优化设置以新大小、无损方式重新呈现。

5. 编辑智能对象的原始 Photoshop 文件

在 Dreamweaver 页面上创建智能对象后,可以在 Photoshop 中编辑原始 PSD 文件。在 Photoshop 中进行更改后,可以在 Dreamweaver 中轻松更新 Web 图像。

注:确保已将 Photoshop 设置为主外部图像编辑器。

(1)在"文档"窗口中选择智能对象。

(2)在属性检查器中单击"编辑"按钮。

(3)在 Photoshop 中进行更改并保存新的 PSD 文件。

(4)在 Dreamweaver 中,再次选择该智能对象并单击"从原始更新"按钮。

注:如果在 Photoshop 中更改了图像的大小,则需要在 Dreamweaver 中重置 Web 图像的大小。Dreamweaver 仅根据原始 Photoshop 文件的内容(而不是其大小)更新智能对象。若要使 Web 图像的大小和原始 Photoshop 文件的大小同步,请右键单击该图像并选择"重置为原始大小"。

11.2.4　复制/粘贴工程流程

用户可以复制整个或局部 Photoshop 图像,然后将选定内容作为可用于 Web 的图像粘贴到 Dreamweaver 页。用户可以复制选区图像的一层或多层,或者可以复制该图像的切片。但是,在执行此操作时,Dreamweaver 不会创建智能对象。

注:如果粘贴的图像无法使用"从原始更新"功能,那么用户仍然可以打开并编辑原始 Photoshop 文件,方法是:选择粘贴的图像并单击属性检查器中的"编辑"按钮。

1. 复制/粘贴 Photoshop 选区

(1)在 Photoshop 中,请执行下列操作之一:

• 通过使用选框工具选择要复制的部分,然后选择"编辑">"复制",复制整个一层或一层的局部。这种情况下只会将选区的活动层复制到剪贴板中。如果用户采用基于层的效果,则不会复制选择的部分。

• 通过使用选框工具选择要复制的部分,然后选择"编辑">"合并拷贝",复制并合并多层。这会拼合选区的所有活动层和较低层,然后将其复制到剪贴板中。如果用户将基于层的效果与这些层中的任何层相关联,则会复制选择的部分。

• 通过使用"切片选择"工具选择切片,然后选择"编辑">"复制",复制切片。这会拼合切片的所有活动层和较低层,然后将其复制到剪贴板中。

用户可以选择"选择">"全部"来快速选择要复制的整个图像。

(2)在 Dreamweaver("设计"或"代码"视图)中,将插入点放置在要插入图像的页面上。

(3)选择"编辑">"粘贴"。

(4)在"图像预览"对话框中,根据需要调整优化设置,然后单击"确定"。

(5)将可用于 Web 的图像文件保存在 Web 站点根文件夹中的一个位置。

Dreamweaver 会根据优化设置定义图像,然后将可用于 Web 版本的图像放置在页面中。设计备注中会保存关于图像的信息(如原始 PSD 源文件的位置),不管用户是否对站点启用了设计备注。通过设计备注,用户可以重新使用 Dreamweaver 来编辑原始 Photoshop 文件。

2. 编辑粘贴的图像

将 Photoshop 图像粘贴到 Dreamweaver 页面上后,可以在 Photoshop 中编辑原始 PSD 文件。使用复制/粘贴工作流程时,Adobe 建议用户要经常编辑原始 PSD 文件(而不是可用于 Web 的图像本身),然后重新粘贴以维护单个来源。

(1)在 Dreamweaver 中,选择最初在 Photoshop 中创建的可用于 Web 的图像,然后执行下列操作之一:

• 在图像属性检查器中单击"编辑"按钮。

• 按住 Ctrl 的同时双击文件。

• 右键单击的同时单击(Macintosh)图像,从上下文菜单中选择"原始文件编辑软件",再选择"Photoshop"。

注:以上是假设将 Photoshop 设置为 PSD 文件的主外部图像编辑器的情况下。此外,用户可能要将 Photoshop 设置为 JPEG、GIF 和 PNG 文件类型的默认编辑器。

(2)在 Photoshop 中编辑文件。

(3)返回 Dreamweaver 并将更新的图像或选定内容粘贴到用户的页面中。

如果用户想随时重新优化该图像,则可以选择该图像并单击属性检查器中的"编辑图像设置"按钮。

11.2.5 设置"图像预览"对话框选项

从 Photoshop 中创建智能对象或粘贴选定内容时,Dreamweaver 将显示"图像预览"对话框(在选择任何其他类别的图像并单击属性检查器中的"编辑图像设置"按钮时,Dreamweaver 也为这些图像显示此对话框)。使用此对话框,用户可以使用正确的颜色组合、压缩和质量来定义和预览可用于 Web 的图像的设置。如图 11-2 所示。

可用于 Web 的图像的特征是指在所有主流 Web 浏览器中都可以显示,且查看者使用任何系统或浏览时显示效果都相同。当插入 Photoshop 图像时,使用"图像预览"对话框可调整各种设置以优化 Web 上的出版物。通常,这些设置需要我们在品质和文件大小间进行权衡。

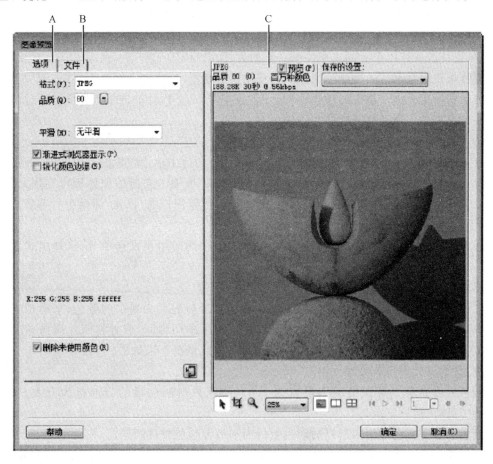

图 11-2　"图像预览"对话框

A."选项"选项卡;B."文件"选项卡;C."预览"面板

注:无论选择了什么设置都只影响图像文件的导出版本。通常不会影响原始 Photoshop PSD 或 Fireworks PNG 文件。

"图像预览"对话框包括三个区域:

(1)"选项"选项卡用于定义要使用的文件格式以及设置首选参数(例如颜色)。

(2)"文件"选项卡用于设置图像的缩放比例和目标文件大小。

(3)"预览"面板用于查看具有当前设置的图像的版本。

1.在"选项"选项卡设置文件格式

"选项"选项卡上提供了许多图像选项,这些选项根据用户选择的文件格式而变化。为方便起见,"保存的设置"弹出式菜单中提供了几组 JPEG 图像和 GIF 选项。

(1)JPEG 图像选项

通过设置 JPEG 图像的压缩选项和平滑选项,可以对其进行优化。用户不能编辑其调色板。

品质　使用该滑块可提高或降低图像品质。品质越高文件便越大。

平滑　使用户可以根据需要增加平滑。品质低的图像可能需要较高的值。

渐进式浏览器显示　最初按低分辨率显示图像,在下载过程中逐渐增加分辨率。默认情况下未选中。

锐化颜色边缘　用于获得较高品质的图像。

色版　允许用户设置图像的背景。通过单击"色版"对话框中的透明度图标,可以保持32bpc(每通道位数)PNG透明度。此外,还可以通过将色版颜色与目标背景匹配,使用"色版"消除直接展现在画布上的边缘模糊对象的失真。

删除未使用颜色　通过删除图像中未使用过的颜色,可减少文件大小。

优化到指定大小　指定图像大小,以KB为单位。对于8bpc图像,向导将通过调整颜色数或仿色来尝试达到所要求的文件大小。

(2)GIF和PNG图像选项

在"选项"选项卡上,可以设置GIF和8bpc PNG图像中单个颜色的透明度值,以使Web页的背景在这些颜色的区域中可见。通过调整"选项"选项卡左侧的调色板可实现此目的。采用32bpc格式的PNG图像自动包含透明度选项,尽管用户在"优化"面板中看不到适用于32bpc PNG的透明度选项。

调色板　默认情况下设置为"随样性"。如果要使用一组预设选项,请从弹出式菜单中选择一个已保存的调色板设置

损失　默认情况下设置为0。不适用于PNG图像。

仿色　通过更迭类似颜色的像素以使这些像素近似混合为缺少的颜色,来模拟当前调色板中不存在的颜色。当导出具有复杂混合色或梯度的图像时,或者将照片图像导出为8-bpc图形格式(如GIF)时,仿色尤其可提供帮助。默认情况下未选中。

注:仿色会大大增加文件大小。

颜色数目列表　默认情况下设置为256。颜色数与调色板的当前行为有关。例如,"Web216"调色板只显示216色。

颜色调板　颜色显示因选择的调色板行为和最大颜色数目而异。

调色板工具　单击调色板中的任何像素,然后单击这些图标,可更改、添加或删除颜色,或者使颜色透明、成为网页安全色,或者锁定颜色。

选择透明颜色图标　这些按钮用于选择、添加或删除调色板的颜色。例如,如果选择"选择透明颜色"选项,则可以单击调色板中的任何像素或单击"预览"面板中的一个色点,以呈现其透明度。

透明度　弹出菜单用于设置索引、alpha或无透明度。文档预览上的灰白棋盘表示了透明区域。若要查看用户的选择对图像的影响,请在图像预览中选择"双联"或"四联",再单击原始图像以外的一个图像。

索引　在导出包含透明区域的GIF图像时使用索引透明度。使用索引透明度时,可设置导出时要变为透明的特定颜色。索引透明度会让具有特定颜色值的像素变亮或变暗。

Alpha　在导出包含透明区域的8bpc PNG图像时使用alpha透明度。Alpha透明度允许使用梯度透明像素和半透明像素。

色版　允许用户设置图像的背景。通过单击"色版"对话框中的透明度图标,可以维护

32-bpc PNG 的透明度。此外,还可以通过将色版颜色与目标背景匹配,使用"色版"消除直接展现在画布上的边缘模糊对象的失真。

删除未使用颜色　通过删除图像中未使用过的颜色,可减少文件大小。

交错式浏览器隔行显示　最初按低分辨率隔行显示图像,在下载期间逐渐增加到全分辨率。默认情况下未选中。

优化到指定大小　可用于指定图像的大小,以 KB 为单位。对于 8-bpc 图像,向导将通过调整颜色数或仿色来尝试达到所要求的文件大小。

（3）保存的设置

Dreamweaver 提供了几个选项设置,以方便使用。根据用户选择的已保存设置,上述特定于文件类型的图像选项可能会有所变化。

GIF 网页 216　强迫所有颜色都成为网页安全色。该调色板最多包含 216 色。

GIF 接近网页 256 色　将网页不安全色转换为最接近的网页安全色。该调色板最多包含 256 色。

GIF 接近网页 128　色将网页不安全色转换为最接近的网页安全色。该调色板最多包含 128 色。

GIF 最合适 256　一种调色板,只包含图形中使用的真实颜色。该调色板最多包含 256 色。

JPEG-较高品质　用于将品质设置为 80,将平滑设置为 0,导致图形品质较高,但图形较大。

JPEG-较小文件　用于将品质设置为 60,将平滑设置为 2,导致图形大小变为不到"JPEG 较高品质"的一半,但品质下降。

2.（可选）在文件选项卡上更改图像的缩放或导出区域选项

（1）选择"文件"选项卡。

（2）按以下一种方式收缩或扩大图像：

• 指定缩放百分比。

• 输入宽度或高度的绝对像素值。

（3）选择"约束",在重新缩放图像时维持图像的原始比例。

（4）通过选择"导出区域"选项并执行下列操作之一更改放置图像的形状：

• 根据需要拖动预览图像四周的虚线边框。用户可以拖动边框内的图像,让隐藏区移入视图。

• 输入图像边界的像素坐标。

3.（可选）在预览面板上预览并调整图像

（1）如果要查看具有所选设置的图像的外观,请在"图像预览"对话框中选择"预览"选项。如果出现性能问题,最好取消选择此选项。

（2）如果要使用一组预设选项,请从"保存的设置"弹出式菜单中选择一个已保存的调色板设置。

（3）如果用户的图像大于预览区域,请使用指针工具抓住预览的图像并平移以查看不同的部分。

（4）使用裁剪工具减小图像大小。用户可能需要缩小图像才能查看整个图像。

（5）从"缩放"弹出菜单中选择一个值,以扩大或缩小预览图像的视图。此外,用户还可以选择"缩放"工具并单击以放大;或者按住 Alt 的同时单击以缩小。

（6）通过单击位于预览面板底部的"双联"或"四联"按钮,然后为每个窗格选择不同的调色板,用户可以预览两个或四个不同的优化图像。

注:对于 Photoshop 图像,通常禁用"图像预览"对话框中的动画控件。

11.3　Flash 和 Dreamweaver

使用 Flash 编辑 Dreamweaver 中的 SWF 文件

如果已安装 Flash 和 Dreamweaver,则可以在 Dreamweaver 文档中选择一个 SWF 文件,然后使用 Flash 编辑该文件。Flash 并不直接编辑 SWF 文件,而是编辑源文档（FLA 文件）并重新导出 SWF 文件。

（1）在 Dreamweaver 中,打开"属性"检查器（"窗口">"属性"）。

（2）在 Dreamweaver 文档中,执行下列操作之一:

- 单击 SWF 文件占位符以选中它,然后在"属性"检查器中单击"编辑"。
- 右键单击 SWF 文件的占位符,然后从上下文菜单中选择"使用 Flash 编辑"。

Dreamweaver 将焦点切换到 Flash,Flash 将尝试定位到所选的 SWF 文件的 Flash 创作文件（FLA）。如果 Flash 无法找到相应的 Flash 创作文件,则会提示用户定位到该文件。

注:如果 FLA 文件或 SWF 文件已被锁定,请在 Dreamweaver 中取出该文件。

（3）在 Flash 中,编辑该 FLA 文件。"Flash 文档"窗口指示用户正在 Dreamweaver 内修改文件。

（4）在完成编辑后,单击"完成"。

Flash 将更新 FLA 文件并将其重新导出为 SWF 文件,接着关闭该文件,然后将焦点返回到 Dreamweaver 文档。

注:若要更新 SWF 文件并保持 Flash 打开,请在 Flash 中选择"文件">"更新用于 Dreamweaver"。

（5）若要在文档中查看更新后的文件,请在 Dreamweaver 的"属性"检查器中单击"播放",或者按 F12 在浏览器窗口中预览页面。

第12章 生成动态页和站点发布

12.1 站点上传、测试和发布

测试之前,需要在 Window XP 系统下,需要安装 IIS

12.1.1 Window XP 系统安装 IIS

(1)插入 Windows XP 安装光盘,打开控制面板,然后打开其中的"添加/删除程序"。

(2)在添加或删除程序窗口左边点击"添加/删除 Windows 组建"。

(3)稍等片刻后系统会启动 Windows 组建向导,在 Internet 信息服务(IIS)前面选勾,点击下一步,如图 12-1 所示。

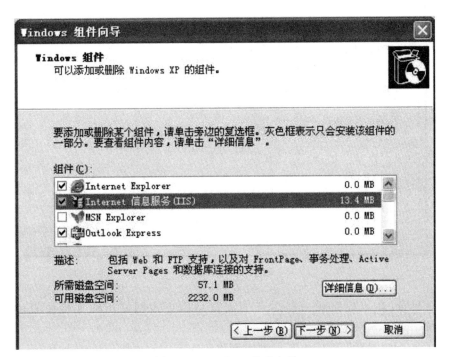

图 12-1 Windows 组建向导

系统安装成功,会自动在系统盘新建网站目录,默认目录为:C:\Inetpub\wwwroot

打开"控制面板"＞"性能和维护"＞"管理工具"＞"Internet 信息服务",如图 12-2 所示。

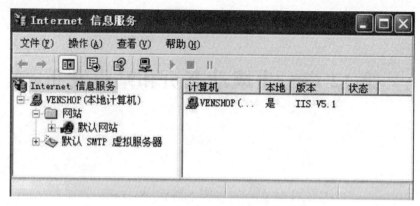

图 12-2　Internet 信息服务

在默认网站上点击右键,选择"属性",如图 12-3 所示。

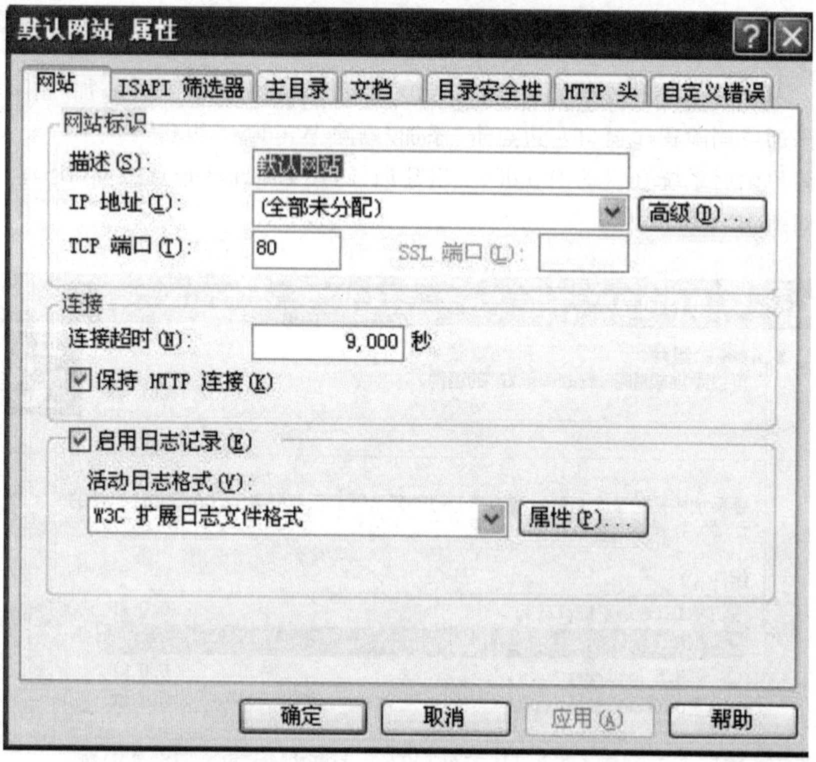

图 12-3　选择属性

点击主目录:在本地路输入框后点击浏览可以更改网站所在文件位置,默认目录为:C:\Inetpub\wwwroot。

点击文档:可以设置网站默认首页,推荐删除 iisstart. asp,添加 index. asp 和 index. htm。

点击目录安全性:点击编辑可以对服务器访问权限进行设置。

12.1.2　Win7 系统配置自己的 IIS

1.配置和运行 IIS

点击"开始">"控制面板">"程序和功能">"打开或关闭 Windows 功能"。

图 12-4　设置 Internet 管理服务下的 Web 管理工具

根据需要设置 Internet 管理服务下的 Web 管理工具（见图 12-4）和万维网服务（见图 12-5）。

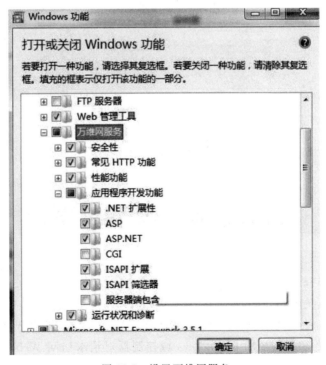

图 12-5　设置万维网服务

一般都是默认设置好的，如是在本机上测试的，就不用动其他什么的了，只需选上这几个："web 管理工具"（全选上）和"应用程序开发功能"（根据需要选）。

然后确定,等待安装。

选择"开始">"控制面板">"管理工具">"Internet 信息服务(IIS)管理器"(注意不是Internet 信息服务(IIS)5.0 管理器)。如图 12-6 所示。

图 12-6　IIS

点对话框最下面的内容视图,点击上面的 iisStart.html,会出现图 12-7 所示界面。

图 12-7　点击上面的 iisStart.html

(1)下一步选择程序和功能。

(2)选择打开或关闭 Windows 功能。

(3)找到 internet 信息服务 S2005 中,如果要调试站点的话,必须有"Windows 身份验证"。

(4)"摘要式身份验证"是使用 Windows 域控制器对请求访问 Web 服务器上内容的用户进行身份证。

(5)"基本身份验证"是要求用户提供有效的用户名和密码才能访问内容。

(6)要调试 ASP.net 就要安装 IIS 支持 ASP.net 的组件。选择好了后点击确定就等它安装好。如图 12-8 所示。

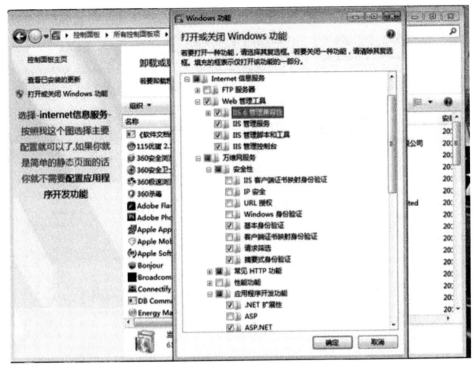

图 12-8　点击确定

（7）安装好组件后需要重启才能够正常工作。

（8）重启好后开始配置 IIS7——继续打开控制面板找到管理工具，如图 12-9 所示。

图 12-9　打开控制面板找到管理工具

(9)选择管理工具,如图 12-10 所示。

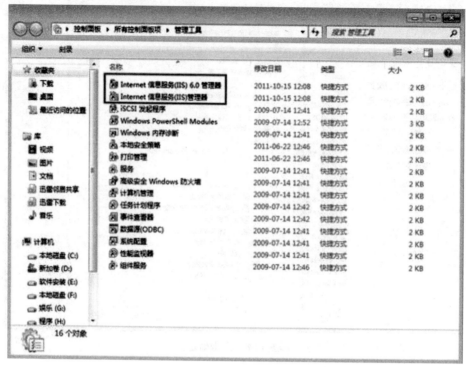

图 12-10　管理工具

(10)点击"Internet 信息服务(IIS)管理器",打开运行,如图 12-11 所示。

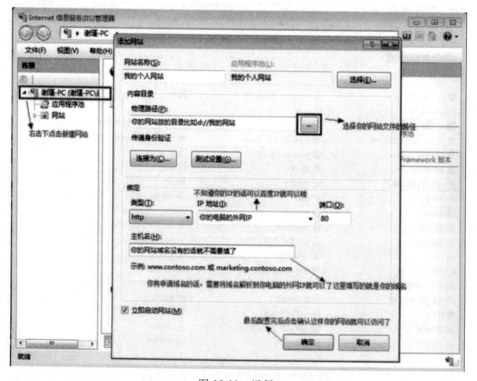

图 12-11　运行

2. 上传网站

（1）设置服务器信息

当网页的制作、测试后，应该如何将其送到远端的服务器或网站上呢？Dreamwaver 本身就有 FTP 的上传、下载功能，可以很方便地进行网站管理。

（2）上传网站

在 Dreamweaver 中完成"远程信息"的设置后，接下来的操作是将本地的网站上传到 Web 服务器中，实现真正的在互联网中"安居乐业"。

3. 优化网页

当一个网站创建完成后，首先要在本地对网站进行优化处理。所谓优化，实际上就是对 HTML 源代码的一种优化。

由于制作网页时除了使用 Dreamweaver 网页编辑器，还可能使用诸如 FrontPage 或 Word 2000 之类的工具，这样多种软织在一起所制作的主页，可能会生成无用的代码。这些类似于垃圾的代码，不仅增大了文档的容量，延长下载时间，在用浏览器浏览时还易出错，并且对浏览的速度也会产生较大的影响，甚至可能出现不可预料的错误。

利用 Dreamweaver 的优化 HTML 特性，可以最大限度地对这些代码进行优化，除去那些无用的垃圾、修复代码错误、提高代码质量。

（1）整理 HTML 格式

Dreamweaver 提供了将现有文档的代码以特定的、便于阅读理解的模式排版的功能（不改变实质代码的内容），如图 12-12 所示。

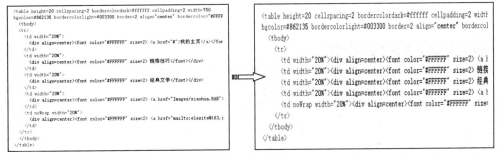

图 12-12　整理 HTML 格式

（2）优化文档使用 Dreamweaver 提供的"清理 HTML"命令，可以从文档中删除无用的空标记、多余嵌套的 font 标记等，以精炼代码量。

打开需要优化的文档。选择"命令"＞"清理 HTML"命令。打开设置"清理 HTML/ XHTML"的对话框，如图 12-13 所示。

4. 测试网站

网站制作完成后，在没有上传前，还要进行一项比较重要的工作，就是在本地对自己的网站进行测试，以免上传后出现这样或那样的错误，给修改带来不必要的麻烦。本地测试包括不同分辨率的测试、不同浏览器的测试、不同操作系统的测试和链接测试等。

（1）不同浏览器的测试

不同浏览器的测试，就是在不同的浏览器和不同的版本下，测试页面的运行和显示情况。这项测试在 Dreamweaver 显得更为简单，它能将测试出来的错误或可能出现的错误地方列出一个报告单，然后根据该报告单的提示进行修改和处理，解决有可能出现的问题，以

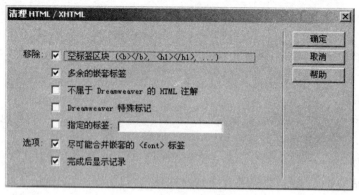

图 12-13   优化文档

免在浏览页面时出现错误,给别人留下不好的印象。

(2)不同操作系统/分辨率的测试

不同操作系统的测试和不同分辨率的测试基本相同,就是在不同操作系统的计算机中运行自己的网页,查看所出现的问题,并进行解决。

(3)链接测试

在 Dreamweaver 中可以使用【检查链接】或【检查整个站点的链接】这一功能,来检查一个文档或整个站点中的链接,看是否有孤立的链接或错误的链接等。

5. 申请网站空间和域名

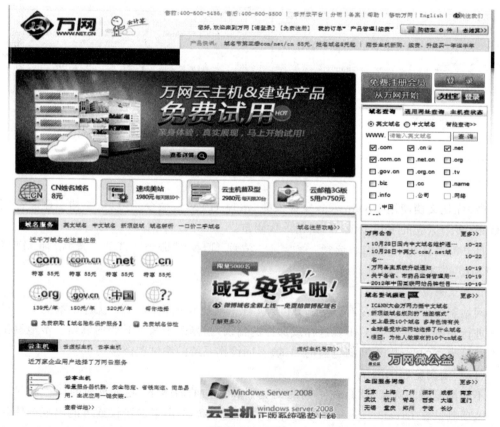

图 12-14   万网

设计好了网页文件之后,只能在本地计算机上用浏览器看到。要想成为网站就必须要放在因特网的 WEB 服务器上。目前,WEB 服务器共有以下三种类型:

(1)免费虚拟空间;

(2)付费虚拟空间、服务器;

(3)私人服务器。

对于一般的网页爱好者来说,使用免费的空间是比较好的办法。申请主页空间和域名时除了要考虑是否收费以外,还应该注意以下几点:

(1)最好支持网上直接申请;

(2)最好支持 FTP 管理方式;

(3)最好提供的免费空间比较大,比如强大的实力、速度和稳定性及其他附加服务。

一般国内用户,选择万网注册域名和申请空间,详见图 12-14。

12.2　生成动态页

用户可以创建动态页,以显示来自动态内容源(如数据库和会话变量)的信息。Adobe Dreamweaver CS5 支持 ColdFusion、ASP 和 PHP 服务器模型的动态页开发。

还可以使用基于 Ajax 的框架(称为 Spry)创建显示和处理 XML 数据的动态页面。使用预置的 Spry 表单元素构建不需要全页面刷新的动态页面。

12.2.1　为可视化开发优化工作区

1. 显示 Web 应用程序开发面板

从"插入"面板的"类别"弹出菜单中选择"数据"类别可显示一组按钮,使用这些按钮可以向页面中添加动态内容和服务器行为。

显示的按钮的数量和类型取决于在"文档"窗口中打开的文档类型。将鼠标指针移到图标上时,会显示工具提示,说明该按钮的功能。

"插入"面板中包括可将下列项添加到页面中的按钮:

• 记录集;

• 动态文本或表;

• 记录集导航条。

如果用户切换到"代码"视图("查看">"代码"),附加的面板可能会显示在各自的"插入"面板类别中,以允许用户在页面中插入代码。例如,如果用户在"代码"视图中查看 ColdFusion 页,CFML 面板将在"插入"面板的"CFML"类别中变为可用。

有多个面板提供了创建动态页的方法:

• 选择"绑定"面板("窗口">"绑定"),定义页面的动态内容来源,并将内容添加到页面中。

• 选择"服务器行为"面板("窗口">"服务器行为"),向动态页添加服务器端逻辑。

• 选择"数据库"面板("窗口">"数据库"),浏览数据库或创建数据库连接。

• 选择"组件"面板("窗口">"组件"),检查、添加或修改 ColdFusion 组件的代码。

注:"组件"面板仅在打开 ColdFusion 页时启用。

服务器行为是在设计时插入到动态页中的指令集,这些指令在运行时于服务器上执行。

2. 在 Dreamweaver 中查看数据库

在连接到数据库后,可在 Dreamweaver 中查看其结构与数据。

(1)打开"数据库"面板("窗口">"数据库")。

"数据库"面板显示用户为其创建了连接的所有数据库。如果用户正在开发 ColdFusion 站点,则该面板将显示在"ColdFusion 管理员"中定义了数据源的所有数据库。

注: Dreamweaver 会搜索用户为当前站点定义的 ColdFusion 服务器。

如果在该面板中没有显示任何数据库,则用户必须创建一个数据库链接。

(2)若要显示数据库中的表、预存过程和视图,请单击列表中连接旁的加号(+)。

(3)若要显示表中的列,请单击表。

列图标可反映数据类型并指示表的主键。

(4)若要查看表中的数据,请右键单击列表中的表名称,然后从弹出菜单中选择"查看数据"。

3. 在浏览器中预览动态页

Web 应用程序开发人员经常通过在 Web 浏览器中频繁地检查页来对页进行调试。用户可以在浏览器中快速查看动态页(按 F12),而无需先将其手动上传到服务器。

若要预览动态页,用户必须完成"站点定义"对话框的"测试服务器"类别。

可以指定 Dreamweaver 使用临时文件而不是原始文件。通过此选项,在将页显示于浏览器中之前,Dreamweaver 会在 Web 服务器上运行该页的临时副本。(Dreamweaver 随后将从服务器中删除该临时文件。)若要设置此选项,请选择"编辑">"首选参数">"在浏览器中预览"。

"在浏览器中预览"选项不会上传相关页(例如结果页或详细页)、相关文件(例如图像文件)或服务器端包含文件。若要上传缺少的文件,请选择"窗口">"站点"以打开"站点"面板,在"本地文件夹"下选择该文件,然后单击工具条上的蓝色向上箭头,将该文件复制到 Web 服务器文件夹中。

4. 限制显示在 Dreamweaver 中的数据库信息

大型数据库系统(如 Oracle)的高级用户应限制在设计时由 Dreamweaver 检索和显示的数据库项的数量。Oracle 数据库可能包含 Dreamweaver 在设计时无法处理的项。用户可在 Oracle 中创建一个架构,然后在 Dreamweaver 中使用它在设计时筛选掉不必要的项。

注: 在 Microsoft Access 中不能创建架构或目录。

限制在设计时 Dreamweaver 检索的信息数量后,其他用户可能会从中受益。有些数据库包含数十甚至数百个表,用户可能不喜欢在工作时将其全部列出。架构或目录可限制在设计时检索的数据库项的数量。

必须首先在数据库系统中创建架构或目录,然后才能在 Dreamweaver 中应用它。请查询数据库系统文档或向系统管理员咨询。

注: 如果用户正在开发 ColdFusion 应用程序或使用 Microsoft Access,则无法在 Dreamweaver 中应用架构或目录。

(1)在 Dreamweaver 中打开动态页,然后打开"数据库"面板("窗口">"数据库")。

• 如果存在数据库连接,请右键单击列表中的该链接,然后从弹出菜单中选择"编辑链接"。

- 如果不存在连接,请单击面板顶部的加号(+)按钮,然后创建连接。

(2)在该连接的对话框中,单击"高级"。

(3)指定架构或目录,然后单击"确定"。

5.为 ColdFusion 预存过程和 ASP 命令设置属性检查器

修改选定的预存过程。可用选项因服务器技术而异。

编辑所有选项。在检查器中选择了新选项之后,Dreamweaver 会更新页面。

输入名称选项:当 Dreamweaver 遇到不可识别的输入类型时,出现此属性检查器。通常由于出现键入错误或其他数据输入错误,才会出现这种情况。

如果在属性检查器中将该域类型更改为 Dreamweaver 可识别的值,例如在更正了拼写错误后,属性检查器将进行更新以显示该可识别类型的属性。在属性检查器中设置以下任一选项:

输入名称　为该域指定一个名称。此框是必需的,而且名称必须唯一。

类型设置　该域的输入类型。此框的内容反映 HTML 源代码中当前出现的输入类型值。

值　设置该域的值。

参数　打开"参数"对话框,以便可查看域的当前属性以及添加或移除属性。

12.2.2　设计动态页

请执行以下常规步骤,成功地设计和创建一个动态 Web 站点。

1.设计页面

在设计任何 Web 站点(无论是静态还是动态的)时的一个关键步骤是页面视觉效果的设计。当向网页中添加动态元素时,页面的设计对于其可用性至关重要。请仔细考虑用户将如何既与各个页面又与整个 Web 站点进行交互。

将动态内容合并到 Web 页的常用方法是创建一个显示内容的表格,然后将动态内容导入该表格的一个或多个单元格中。利用此方法,可以用一种结构化的格式来表示各种类型的信息。

2.创建动态内容源

动态 Web 站点需要一个内容源,在将数据显示在网页上之前,动态 Web 站点需要从该内容源提取这些数据。能在 Web 页中使用内容源之前,必须执行以下操作:

(1)创建动态内容源(如数据库)与处理该页面的应用程序服务器之间的连接。使用"绑定"面板创建数据源,然后可以选择数据源并将其插入到页面中。

(2)通过创建记录集指定要显示数据库中的什么信息,或指定希望在该页面中包括什么变量。还可以在"记录集"对话框内测试查询,并可以进行任何必要的调整,然后再将其添加到"绑定"面板。

(3)选择动态内容元素并将其插入到选定页面。

3.向 Web 页添加动态内容

定义记录集或其他数据源并将其添加到"绑定"面板后,可以将该记录集所代表的动态内容插入到页面中。Dreamweaver 的菜单驱动型界面使得添加动态内容元素非常简单,只需从"绑定"面板中选择动态内容源,然后将其插入到当前页面内的相应文本、图像或表单对象中即可。

将动态内容元素或其他服务器行为插入到页面中时,Dreamweaver 会将一段服务器端脚本插入到该页面的源代码中。该脚本指示服务器从定义的数据源中检索数据,然后将数据呈现在该网页中。若要在网页中放置动态内容,请执行以下操作之一:

- 将其放在"代码"视图或"设计"视图中的插入点处。
- 替换文本字符串或其他占位符。

将其插入到 HTML 属性中。例如,动态内容可以定义图像的 src 属性或表单域的 value 属性。

4. 向页面添加服务器行为

除了添加动态内容外,用户还可以通过使用服务器行为将复杂的应用程序逻辑结合到 Web 页中。服务器行为是预定义的服务器端代码片段,这些代码向网页添加应用程序逻辑,从而提供更强的交互性能和功能。

Dreamweaver 服务器行为使用户可以向 Web 站点添加应用程序逻辑,而不必由用户亲自编写代码。随 Dreamweaver 提供的服务器行为支持 ColdFusion、ASP 和 PHP 文档类型。服务器行为经过精心编写和仔细测试,以达到快速、安全和可靠的目的。内置服务器行为支持跨平台 Web 页,适用于所有浏览器。

Dreamweaver 提供指向并单击(point-and-click)界面,这种界面使得将动态内容和复杂行为应用到页面就像插入文本元素和设计元素一样简单。可使用的服务器行为如下所述:

- 定义来自现有数据库的记录集。所定义的记录集随后存储在"绑定"面板中。
- 在一个页面上显示多条记录。可以选择整个表、包含动态内容的各个单元格或各行,并指定要在每个页面视图中显示的记录数。
- 创建动态表并将其插入到页面中,然后将该表与记录集相关联。以后可以分别使用属性检查器和重复区域服务器行为来修改表的外观和重复区域。
- 在页面中插入动态文本对象。插入的文本对象是来自预定义记录集的项,可以对其应用任何数据格式。
- 创建记录导航和状态控件、主/详细页面以及用于更新数据库中信息的表单。
- 显示来自数据库记录的多条记录。
- 创建记录集导航链接,这种链接允许用户查看来自数据库记录的前面或后面的记录。
- 添加记录计数器,以帮助用户跟踪返回了多少条记录以及它们在返回结果中所处的位置。

还可以通过编写用户自己的服务器行为或者安装由第三方编写的服务器行为来扩展 Dreamweaver 服务器行为。

5. 测试和调试页面

在将动态页或整个 Web 站点发布到 Web 上之前,应首先测试其功能;还应考虑用户的应用程序功能将会对残障人士造成何种影响。

12.2.3　动态内容源概述

1. 关于动态内容源

动态内容源是一个可从中检索并显示在 Web 页中使用的动态内容的信息存储区。动态内容源不仅包括存储在数据库中的信息,还包括通过 HTML 表单提交的值、服务器对象中包含的值以及其他内容源。

Dreamweaver 使用户可以更轻松地连接到数据库并创建从中提取动态内容的记录集。

记录集是数据库查询的结果。它提取请求的特定信息，并允许在指定页面内显示该信息。根据包含在数据库中的信息和要显示的内容来定义记录集。

不同的技术供应商可能使用不同的术语来表示记录集。在 ASP 和 ColdFusion 中，记录集被定义为查询。如果使用的是其他数据源，例如用户输入或服务器变量，则 Dreamweaver 中定义的数据源名称与数据源名称本身相同。

动态 Web 站点要求有一个可从中检索和显示动态内容的数据源。Dreamweaver 允许使用数据库、请求变量、URL 变量、服务器变量、表单变量、预存过程以及其他动态内容源。根据数据源的不同，用户可检索新内容以满足某个请求，也可修改页面以满足用户需要。

在 Dreamweaver 中定义的任何内容源都被添加到"绑定"面板的内容源列表中。随后用户可以将内容源插入当前选定的页面。

2. 关于记录集

Web 页不能直接访问数据库中存储的数据。而是需要与记录集进行交互。记录集是通过数据库查询从数据库中提取的信息（记录）的子集。查询是一种专门用于从数据库中查找和提取特定信息的搜索语句。

将数据库用作动态网页的内容源时，必须首先创建一个要在其中存储检索数据的记录集。记录集在存储内容的数据库和生成页面的应用程序服务器之间起一种桥梁作用。记录集临时存储在应用程序服务器的内存中以实现更快的数据检索。当服务器不再需要记录集时，就会将其丢弃。

查询可以生成只包括某些列、只包括某些记录，或者既包括列也包括记录的记录集。记录集也可以包括数据库表中所有的记录和列。但由于应用程序很少要用到数据库中的每个数据片段，所以应该努力使记录集尽可能的小。由于 Web 服务器会将记录集临时放在内存中，所以使用较小的记录集将占用较少内存，并可以潜在地改善服务器的性能。

数据库查询是用结构化查询语言（SQL，读作"sequel"）编写的。而 SQL 是一种简单的、可用来在数据库中检索、添加和删除数据的语言。使用 Dreamweaver 附带的 SQL 生成器，用户可以在无需了解 SQL 的情况下创建简单查询。但是，如果用户要创建复杂的 SQL 查询，则需要对此语言有基本了解，这样才能创建更高级的查询以及更加灵活地设计动态页面。

定义用于 Dreamweaver 的记录集之前，必须先创建数据库连接，并在数据库中输入数据（如果数据库中还没有数据的话）。如果尚未定义站点的数据库连接，请参考数据库连接一章中有关用户正在针对其进行开发的服务器技术的内容，并按照创建数据库连接的说明进行操作。

3. 关于 URL 参数和表单参数

URL 参数存储用户输入的检索信息。若要定义 URL 参数，请创建使用 GET 方法提交数据的表单或超文本链接。信息附加到所请求页面的 URL 后面并传送到服务器。使用 URL 变量时，查询字符串包含一个或多个与表单域相关联的名称/值对。这些名称/值对附加在 URL 后面。

表单参数存储包含在网页的 HTTP 请求中的检索信息。如果创建使用 POST 方法的表单，则通过该表单提交的数据将传递到服务器。开始之前，请确保将表单参数传递到服务器。

4. 关于会话变量

使用会话变量可以存储和显示在用户访问(或会话)期间保持的信息。服务器为每个用户创建不同的阶段对象并保持一段固定时间,或直至该对象被明确终止。

因为会话变量在整个用户会话期间持续,并且当用户从 Web 站点内的一个页面移到另一页面时仍持续存在,所以这些变量非常适于存储用户首选参数。会话变量还可用于在页面的 HTML 代码中插入值,给本地变量赋值或提供计算条件表达式所需的值。

定义页面的会话变量之前,必须先在源代码中创建它们。在 Web 应用程序的源代码中创建会话变量后,即可使用 Dreamweaver 检索变量值并将其用于 Web 页中。

5. ASP 和 ColdFusion 应用程序变量

在 ASP 和 ColdFusion 中,可以使用应用程序变量来存储和显示某些信息,这些信息在应用程序的生存期内被保持并且在用户改变时仍持续存在。应用程序的生存期是指从第一个用户在该应用程序中请求页面到 Web 服务器停止工作之间的这段时间。(应用程序被定义为一个虚拟目录及其子目录中的所有文件)。

因为应用程序变量在应用程序的整个生存期内存在,并且在用户改变时仍持续存在,所以它们非常适合于存储所有用户都需要的信息,如当前时间和日期。应用程序变量的值在应用程序代码中定义。

6. ASP 服务器变量

可以将以下 ASP 服务器变量定义为动态内容源:Request. Cookie,Request. QueryString,Request. Form,Request. ServerVariables 和 Request. ClientCertificates。

7. ColdFusion 服务器变量

可以定义下列 ColdFusion 服务器变量:

客户端变量　使数据与特定的客户端相关联。当用户在应用程序中从一个页面移动到另一个页面或从一个会话移动到另一个会话时,客户端变量将保持应用程序的状态。"保持状态"指的是将信息从一个页面(或会话)保留到下一个页面(或会话),以便应用程序"记住"用户和用户以前的选择和首选参数。

Cookie 变量　访问由浏览器传递给服务器的 Cookie。

CGI 变量　提供有关运行 ColdFusion 的服务器的信息、请求页面的浏览器的信息以及其他有关处理环境的信息。

服务器变量　可以由服务器上的所有客户端和应用程序访问。它们将一直持续到服务器被停止。

本地变量　此类变量是在 ColdFusion 页面中用 CFSET 标签或 CFPARAM 标签创建的。

12.2.4　动态内容面板

1. 绑定面板

使用"绑定"面板可定义和编辑动态内容源,向页面添加动态内容以及将数据格式应用于动态文本。

用户可以使用此面板执行以下任务:

(1)"定义动态内容源";

(2)"向页面添加动态内容";

(3)"更改或删除内容源";

(4)"使用预定义的数据格式";

(5)"附加 XML 数据源";

(6)"在 XSLT 页面中显示 XML 数据";

(7)"URL 参数";

(8)"定义会话变量";

(9)"定义用于 ASP 和 ColdFusion 的应用程序变量";

(10)"定义服务器变量";

(11)"缓存内容源";

(12)"将记录集从一个页面复制到另一个页面";

(13)"将 HTML 属性动态化"。

2．服务器行为面板

使用"服务器行为"面板可将 Dreamweaver 服务器行为添加到页面，编辑服务器行为以及创建服务器行为。

用户可以使用此面板执行以下任务：

(1)"显示数据库记录";

(2)"定义动态内容源";

(3)"在一次操作中生成主页和详细页";

(4)"生成搜索页和结果页";

(5)"生成记录插入页面";

(6)"生成更新记录的页面";

(7)"生成删除记录的页面";

(8)"生成只有授权用户才能访问的页";

(9)"生成注册页";

(10)"生成登录页";

(11)"生成只有授权用户才能访问的页";

(12)"添加预存过程(ColdFusion)";

(13)"删除动态内容";

(14)"添加自定义服务器行为"。

3．数据库面板

使用"数据库"面板可创建数据库连接，检查数据库以及将数据库相关代码插入到页中。

可以使用此面板查看数据库和连接到数据库：

(1)"在 Dreamweaver 中查看数据库";

(2)"ColdFusion 开发人员的数据库连接";

(3)"ASP 开发人员的数据库连接";

(4)"适用于 PHP 开发人员的数据库连接"。

4．组件面板

使用"组件"面板可创建和检查组件，以及将组件代码插入到页中。

注：该面板不能在"设计"视图中工作。

用户可以使用此面板执行"使用 ColdFusion 组件"任务。

12.2.5 定义动态内容源

1. 不通过编写 SQL 来定义记录集

用户不需要手动输入 SQL 语句就可以创建记录集。

(1)在"文档"窗口中打开要使用记录集的页面。

(2)选择"窗口">"绑定"以显示"绑定"面板。

(3)在"绑定"面板中,单击加号(＋)按钮并从弹出菜单中选择"记录集(查询)"。

出现简单的"记录集"对话框。如果开发的是 ColdFusion 站点,则该"记录集"对话框略有不同。(如果出现的是高级的"记录集"对话框,请单击"简单"按钮切换到简单的"记录集"对话框。)

(4)针对用户的文档类型完成"记录集"对话框。

有关说明,请参见下列主题。

(5)单击"测试"按钮执行查询,并确保该查询检索到自己想要的信息。

如果定义了使用用户输入的参数的过滤器,则在"测试值"框中输入一个值,然后单击"确定"。记录集实例成功创建时,将出现一个显示从该记录集中提取的数据的表格。

(6)单击"确定"将该记录集添加到"绑定"面板的可用内容源列表中。

2. 简单记录集对话框选项(PHP、ASP)

(1)在"名称"框中,输入记录集的名称。

通常的做法是在记录集名称前添加前缀 rs,以将其与代码中的其他对象名称区分开,例如:rsPressReleases。

记录集名称只能包含字母、数字和下划线(_)。不能使用特殊字符或空格。

(2)从"连接"弹出菜单中选择一个连接。

如果列表中未出现连接,请单击"定义"创建连接。

(3)在"表"弹出菜单中,选择为记录集提供数据的数据库表。

弹出菜单显示指定数据库中的所有表。

(4)若要在记录集中包含表列的子集,请单击"已选定",然后按住 Ctrl 单击表中的列,以选择所需列。

(5)若要进一步限制从表中返回的记录,请完成"过滤器"部分:

• 在第一个弹出菜单中,选择数据库表中的列,以将其与定义的测试值进行比较。

• 从第二个弹出菜单中选择一个条件表达式,以便将每个记录中的选定值与测试值进行比较。

• 在第三个弹出菜单中选择"输入的值"。

• 在框中输入测试值。

如果记录中的指定值符合筛选条件,则将该记录包括在记录集中。

(6)(可选)若要对记录进行排序,请选择要作为排序依据的列,然后指定是按升序(1、2、3…或 A、B、C…)还是按降序对记录进行排序。

(7)单击"测试"连接到数据库并创建数据源实例,然后单击"确定"关闭数据源。

出现显示返回数据的表格。每行包含一条记录,而每列表示该记录中的一个域。

(8)单击"确定"。新定义的记录集即会出现在"绑定"面板中。

3. 简单记录集对话框选项(ColdFusion)

将用于 ColdFusion 文档类型的记录集定义为动态内容源,而无须手动编写 SQL 语句代码。

(1)在"名称"框中,输入记录集的名称。

通常的做法是在记录集名称前添加前缀 rs,以将其与代码中的其他对象名称区分开。例如:rsPressReleases

记录集名称只能包含字母、数字和下划线(_)。不能使用特殊字符或空格。

(2)如果要定义用于 ColdFusion 组件的记录集(即,如果当前在 Dreamweaver 中打开 CFC 文件),请从"函数"弹出菜单中选择一个现有的 CFC 函数,或单击"新函数"按钮来创建一个新函数。

注:仅在当前文档为 CFC 文件且用户有权访问运行 ColdFusionMX7 或更高版本的计算机时,才可以使用"函数"弹出菜单。

记录集是在函数中定义的。

(3)从"数据源"弹出菜单中选择数据源。

如果弹出菜单中未出现数据源,则必须创建 ColdFusion 数据源。

(4)如果需要,在"用户名"和"密码"框中,输入 ColdFusion 应用程序服务器的用户名和密码。

访问 ColdFusion 中的数据源时可能需要用户名和密码。如果用户没有访问 ColdFusion 中的数据源所需的用户名和密码,请与组织的 ColdFusion 管理员联系。

(5)在"表"弹出菜单中,选择为记录集提供数据的数据库表。

"表"弹出菜单显示指定数据库中的所有表。

(6)若要在记录集中包含表列的子集,请单击"已选定",然后按住 Ctrl 单击表中的列,以选择所需列。

(7)若要进一步限制从表中返回的记录,请完成"过滤器"部分:

• 在第一个弹出菜单中,选择数据库表中的列,以将其与定义的测试值进行比较。

• 从第二个弹出菜单中选择一个条件表达式,以便将每个记录中的选定值与测试值进行比较。

• 在第三个弹出菜单中选择"输入的值"。

• 在框中输入测试值。

如果记录中的指定值符合筛选条件,则该记录将包括在记录集中。

(8)(可选)若要对记录进行排序,请选择要作为排序依据的列,然后指定是按升序(1、2、3…或 A、B、C…)还是按降序对记录进行排序。

(9)单击"测试"连接到数据库并创建数据源实例。

出现显示返回数据的表格。每行包含一条记录,而每列表示该记录中的一个域。单击"确定"关闭测试记录集。

(10)单击"确定"。新定义的 ColdFusion 记录集即会出现在"绑定"面板中。

4. 通过编写 SQL 来定义高级记录集

使用高级"记录集"对话框编写自己的 SQL 语句,或使用图形化"数据库项"树来创建 SQL 语句。

(1)在"文档"窗口中打开要使用记录集的页面。

(2)选择"窗口">"绑定"以显示"绑定"面板。

(3)在"绑定"面板中,单击加号(+)按钮并从弹出菜单中选择"记录集(查询)"。

出现高级"记录集"对话框。如果开发的是 ColdFusion 站点,则该"记录集"对话框略有不同。(如果出现的是简单"记录集"对话框,则请通过单击"高级"按钮切换到高级"记录集"对话框。)

(4)完成高级"记录集"对话框。

有关说明,请参见下列主题。

(5)单击"测试"按钮执行查询,并确保该查询检索到自己想要的信息。

如果定义了使用用户输入的参数的过滤器,则单击"测试"按钮时将显示"测试值"对话框。在"测试值"框中输入一个值,然后单击"确定"。记录集实例成功创建时,将出现一个显示该记录集中数据的表格。

(6)单击"确定"将该记录集添加到"绑定"面板的可用内容源列表中。

5.使用数据库项树创建 SQL 查询

可以使用"数据库项"的指向并单击界面创建复杂的 SQL 查询,而不必在 SQL 框中手动键入 SQL 语句。"数据库项"树使用户可以选择数据库对象,并使用 SQL SELECT、WHERE 和 ORDER BY 子句链接它们。创建 SQL 查询后,即可使用对话框的"变量"区域定义任何变量。

以下两个示例描述了两个 SQL 语句以及使用高级"记录集"对话框的"数据库项"树创建它们的步骤。

(1)示例:选择表

本例选择 Employees 表的全部内容。定义查询的 SQL 语句如下所示:

SELECT * FROM Employees

若要创建此查询,请执行以下步骤。

①展开 Tables 分支以显示所选数据库中的全部表。

②选择 Employees 表。

③单击"Select"按钮。

④单击"确定"将记录集添加到"绑定"面板中。

(2)示例:从表中选择特定行并对结果进行排序

下例从 Employees 表中选择两行,并使用必须定义的变量选择职业类型。然后,按雇员姓名对结果进行排序。

SELECT emplNo,emplName

FROM Employees

WHERE emplJob='varJob'

ORDER BY emplName

①展开 Tables 分支以显示所选数据库中的所有表,然后展开 Employees 表以显示单独的表行。

②按下列步骤生成 SQL 语句:

• 选取 emplNo 并单击"Select"按钮。

• 选取 emplName 并单击"Select"按钮。

• 选取 emplJob,并单击"Where"按钮。

• 选取 emplName 并单击"OrderBy"按钮。

③将插入点放在 SQL 文本区域中的 WHERE emplJob 后面,然后键入='varJob'(包括等号)。

④定义变量'varJob',方法为单击"变量"区域中的加号(+)按钮,然后在"名称"、"默认

值"和"运行时值"列中分别输入下列值:varJob、CLERK 和 Request("job")。

⑤单击"确定"将记录集添加到"绑定"面板中。

6.定义 URL 参数

URL 参数存储用户输入的检索信息。开始之前,请确保将表单或 URL 参数传递到服务器。定义 URL 变量后,即可在当前所选页面中使用其值。

(1)在"文档"窗口中打开要使用该变量的页面。

(2)选择"窗口">"绑定"以显示"绑定"面板。

(3)在"绑定"面板中单击加号(+)按钮,然后从弹出菜单中选择表 12-1 所示的选项之一。

表 12-1　"绑定"面板选项

文档类型	绑定面板中用于 URL 变量的菜单项
ASP	请求变量>Request. QueryString
ColdFusion	URL 变量
PHP	URL 变量

(4)在"URL 变量"对话框的框中输入 URL 变量的名称,并单击"确定"。

URL 变量的名称通常是用于获得变量值的 HTML 表单域或对象的名称。

(5)URL 变量即会出现在"绑定"面板中。

7.定义表单参数

表单参数存储包含在网页的 HTTP 请求中的检索信息。如果创建使用 POST 方法的表单,则通过该表单提交的数据将传递到服务器。开始之前,请确保将表单参数传递到服务器。将表单参数定义为内容源后,即可在页面中使用其值。

(1)在"文档"窗口中打开要使用该变量的页面。

(2)选择"窗口">"绑定"以显示"绑定"面板。

(3)在"绑定"面板中单击加号(+)按钮,然后从弹出菜单中选择表 12-2 所示的选项之一。

表 12-2　"绑定"面板选项

文档类型	绑定面板中用于表单变量的菜单项
ASP	请求变量>Request. Form
ColdFusion	表单变量
PHP	表单变量

(4)在"表单变量"对话框中,输入该表单变量的名称,并单击"确定"。表单参数的名称通常是用于获得其值的 HTML 表单域或对象的名称。

表单参数即会出现在"绑定"面板中,如图 12-15 所示。

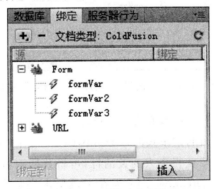

图 12-15　"绑定"面板

8.定义会话变量

可以使用会话变量来存储和显示在用户访问（或会话）期间保持的信息。服务器为每个用户创建不同的阶段对象并保持一段固定时间，或直至该对象被明确终止。

定义页面的会话变量之前，必须先在源代码中创建它们。在 Web 应用程序的源代码中创建会话变量后，即可使用 Dreamweaver 检索变量值并将其用于 Web 页中。

(1)在源代码中创建一个会话变量并为其指定值。

例如，下面的 ColdFusion 示例实例化一个名为 username 的会话，并为其指定值 Cornelius：

<CFSETsession. username＝Cornelius>

(2)选择"窗口"＞"绑定"显示"绑定"面板。

(3)单击加号(＋)按钮并从弹出菜单中选择"会话变量"。

(4)输入应用程序源代码中定义的变量名称，并单击"确定"。

9.定义用于 ASP 和 ColdFusion 的应用程序变量

在 ASP 和 ColdFusion 中，可以使用应用程序变量来存储和显示某些信息，这些信息在应用程序的生存期内被保持并且在用户改变时仍持续存在。定义了应用程序变量后，就可以在页面中使用它的值。

注:PHP 中没有应用程序变量对象。

(1)在"文档"窗口中打开动态文档类型。

(2)选择"窗口"＞"绑定"显示"绑定"面板。

(3)单击加号(＋)按钮并从弹出菜单中选择"应用程序变量"。

(4)输入应用程序源代码中定义的变量名称，并单击"确定"。

应用程序变量即会出现在"应用程序"图标下的"绑定"面板中，如图 12-16 所示。

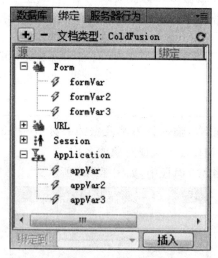

图 12-16 "应用程序"图标下的"绑定"面板

10.使用变量作为 ColdFusion 记录集的数据源

在"绑定"面板中定义页面的记录集时，Dreamweaver 将在页面上的 cfquery 标签中输入 ColdFusion 数据源的名称。要获得更大的灵活性，可将数据源名称存储在一个变量中，并在 cfquery 标签中使用该变量。Dreamweaver 为在记录集中指定类似变量提供了一种可视化方法。

（1）确保 ColdFusion 页在"文档"窗口中处于活动状态。

（2）在"绑定"面板中，单击加号（＋）按钮并从弹出菜单中选择"数据源名称变量"。
出现"数据源名称变量"对话框。

（3）定义一个变量，然后单击"确定"。

（4）定义记录集时，请选择该变量作为记录集的数据源。

在"记录集"对话框中，该变量与服务器上的 ColdFusion 数据源一起出现在"数据源"弹出菜单中。

（5）完成"记录集"对话框设置，然后单击"确定"。

（6）初始化变量。

Dreamweaver 不会为用户初始化变量，这样，用户便可以按自己的需要对其进行初始化。用户可以在页面代码中（cfquery 标签之前）、包含文件中或在某些其他文件中将该变量初始化为会话变量或应用程序变量。

11．定义服务器变量

用户可以将服务器变量定义为动态内容源，以便在 Web 应用程序中使用。服务器变量因文档类型而异，其中包括表单变量、URL 变量、会话变量和应用程序变量。

所有访问该服务器的客户端以及在该服务器上运行的任何应用程序都可以访问服务器变量。这些变量将一直持续到服务器停止工作。

（1）定义 ColdFusion 服务器变量

①打开"绑定"面板（"窗口"＞"绑定"）。在"服务器变量"对话框中，输入服务器变量的名称，并单击"确定"。

②单击加号（＋）按钮并从弹出菜单中选择服务器变量。

③输入变量的名称，并单击"确定"。ColdFusion 服务器变量即会出现在"绑定"面板中。

表 12-3 列出了内置的 ColdFusion 服务器变量。

表 12-3　内置的 ColdFusion 服务器变量

变量	说明
Server. ColdFusion. ProductName	ColdFusion 产品名。
Server. ColdFusion. ProductVersion	ColdFusion 版本号。
Server. ColdFusion. ProductLevel	ColdFusion 版本（企业版、专业版）。
Server. ColdFusion. SerialNumber	当前安装的 ColdFusion 版本的序列号。
Server. OS. Name	服务器上运行的操作系统的名称（Windows XP、Windows 2000、Linux）。
Server. OS. AdditionalInformation	有关已安装的操作系统的附加信息（服务包、更新）。
Server. OS. Version	已安装的操作系统的版本。
Server. OS. BuildNumber	已安装的操作系统的版本号。

（2）定义 ColdFusion 本地变量

本地变量是在 ColdFusion 页面中用 CFSET 标签或 CFPARAM 标签创建的。定义的本地变量即会出现在"绑定"面板中。

在"本地变量"对话框中，输入本地变量的名称，并单击"确定"。

（3）定义 ASP 服务器变量

可以将以下 ASP 服务器变量定义为动态内容源：Request. Cookie、Request. QueryString、

Request. Form、Request. ServerVariables 和 Request. ClientCertificates。

　①打开"绑定"面板（"窗口"＞"绑定"）。

　②单击加号（＋）按钮并从弹出菜单中选择"请求变量"。

　③在"请求变量"对话框中，从"类型"弹出菜单中选择以下请求集合之一：

QueryString 集合　检索附加到发送页面的 URL 中的信息（例如，当该页面包含使用 GET 方法的 HTML 表单时）。查询字符串由一个或多个名称/值对（例如 last＝Smith、first ＝Winston)组成,这些名称/值对使用一个问号（?）. 如果查询字符串包含多个名称/值对,则使用（&.）符号将它们合并在一起。

Form 集合　检索表单信息,这些信息包含在使用 POST 方法的 HTML 表单所发送的 HTTP 请求的正文中。

ServerVariables 集合　检索预定义环境变量的值。该集合含有一个很长的变量列表,包括 CONTENT_LENGTH（HTTP 请求中所提交内容的长度,可以用它查看表单是否为空）和 HTTP_USER_AGENT（提供有关用户浏览器的信息）。

　例如，Request. ServerVariables（"HTTP_USER_AGENT"）包含有关提交信息的浏览器的信息，如 Mozilla/4.07[en]（WinNT；I），表示浏览器为 NetscapeNavigator4.07 浏览器。

　有关 ASP 服务器环境变量的完整列表,请参阅与 MicrosoftPersonalWebServer（PWS）或 InternetInformationServer（IIS）一起安装的在线文档。

Cookies 集合　检索在 HTTP 请求中发送的 Cookie 的值。例如,假设页面读取用户系统上的一个名为"readMe"的 Cookie。

　在服务器上，该 Cookie 的值保存在变量 Request. Cookies（"readMe"）中。

ClientCertificate 集合　从浏览器发送的 HTTP 请求中检索认证域。X.509 标准中指定了认证域。

　④指定集合中用户要访问的变量,并单击"确定"。

　例如,如果要访问 Request. ServerVariables（"HTTP_USER_AGENT"）变量中的信息,请输入 HTTP_USER_AGENT。如果要访问 Request. Form（"lastname"）变量中的信息,请输入参数 lastname。

　请求变量即会出现在"绑定"面板中。

　（4）定义 PHP 服务器变量

　将服务器变量定义为 PHP 页的动态内容源。PHP 服务器变量即会出现在"绑定"面板中。

　①打开"绑定"面板（"窗口"＞"绑定"）。

　②单击加号（＋）按钮并从弹出菜单中选择该变量。

　③在"请求变量"对话框中，输入变量的名称（例如 REQUEST_METHOD），并单击"确定"。

　（5）定义 ColdFusion 客户端变量

　将 ColdFusion 客户端变量定义为页面的动态内容源。新定义的 ColdFusion 客户端变量即会出现在"绑定"面板中。

　在"客户端变量"对话框中,输入变量的名称,并单击"确定"。

　例如,要访问 Client. LastVisit ColdFusion 变量中的信息,请输入 LastVisit。

　客户端变量是在代码中创建的、用于将数据和特定客户端关联的变量。当用户在应用程序中从一个页面移动到另一个页面或从一个会话移动到另一个会话时,客户端变量将会保持应用程序的状态。

客户端变量可以是用户定义的也可以是内置的。表 12-4 列出了内置的 ColdFusion 客户端变量。

表 12-4　内置的 ColdFusion 客户端变量

变量	说明
SERVER_SOFTWARE	回复请求(以及运行网关)的信息服务器软件的名称和版本。格式:name/version.
SERVER_NAME	服务器的主机名、DNS 别名或出现在自引用的 URL 中的 IP 地址。
GATEWAY_INTERFACE	该服务器遵守的 CGI 规范的修订版。格式:CGI/修订版。
SERVER_PROTOCOL	此请求附带的信息协议的名称和修订版。格式:协议/修订版。
SERVER_PORT	该请求发送到的端口号。
REQUEST_METHOD	发送该请求时使用的方法。对于 HTTP,即为 Get、Head、Post 等。
PATH_INFO	客户端提供的额外路径信息。可以通过后跟客外信息的虚拟路径名访问脚本。额外信息作为 PATH_INFO 发送。
PATH_TRANSLATED	服务器提供 PATH_INFO 的转换版本,它采用该路径并对其执行任何虚-物理映射。
SCRIPT_NAME	所执行脚本的虚拟路径;用于自引用的 URL。
QUERY_STRING	引用此脚本的 URL 中问号(?)后面的查询信息。
REMOTE_HOST	发送请求的主机名。如果服务器没有该项信息,它将设置 REMOTE_ADDR,但不设置 REMOTE_HOST。
REMOTE_ADDR	发送请求的远程主机的 IP 地址。
AUTH_TYPE	如果服务器支持用户身份验证,并且脚本是受保护的,则此变量是用于验证用户的、协议待定的身份验证方法。
REMOTE _ USER AUTH _USER	如果服务器支持用户身份验证,并且脚本是受保护的,则此变量为已验证有效的用户名。(也可用作 AUTH_USER。)
Client. CFID	每个连接到服务器的客户端的递增 ID。
Client. CFTOKEN	随机生成的用于唯一标识待定客户端的编号。
Client. URLToken	不使用 Cookie 时,在模板之间传递的 CFID 和 CFTOKEN 的组合。
Client. LasVisit	记录客户端所进行的最后一次访问的时间戳。
Client. HitCount	每个客户端的页面请求数(使用 CFID 和 CFTOKEN 跟踪。)
Client. TimeCreated	记录第一次为待定客户端创建 CFID 和 CFTOKEN 时的时间戳。

(6)定义 ColdFusionCookie 变量

Cookie 变量即会在代码中创建,并访问由浏览器传递给服务器的 Cookie 中包含的信息。定义的 Cookie 变量即会出现在"绑定"面板中。

在"Cookie 变量"对话框中,输入 Cookie 变量的名称,并单击"确定"。

(7)定义 ColdFusion CGI 变量

定义的 CGI 变量即会出现在"绑定"面板中。

在"CGI 变量"对话框中,输入变量的名称,并单击"确定"。

例如,如果要访问 CGI. HTTP_REFERER 变量中的信息,请输入 HTTP_REFERER。

表 12-5 列出了在服务器中创建的最常见的 ColdFusionCGI 变量。

表 12-5　在服务器中创建的最常见的 ColdFusion CGI 变量

变量	说明
REMOTE_IDENT	如果 HTTP 服务器支持 RFC 931 标识,此变量将设置为从服务器检查到的远程用户名。此变量仅用于日志记录。
CONTENT_TYPE	对于含有附加信息的查询(如 HTTP POST 和 PUT),此变量为数据的内容类型。
CONTENT_LENGTH	客户端提供的内容的长度。

表 12-6 列出了由浏览器创建并传递给服务器的最常见的 CGI 变量。

表 12-6　由浏览器创建并传递给服务器的最常见的 CGI 变量

变量	说明
HTTP_REFERER	引用文档。它指的是链接到或提交表彰数据的文档。
HTTP_USER_AGENT	客户端当前用于发送请求的浏览器。格式:软件/版本库/版本。
HTTP_IF_MODIFIED_SINCE	最后一次修改页面的时间。浏览器负责发送此变量,通常是响应已发送 LAST_MODIFIED HTTP 标题的服务器。此变量可用于利用浏览器端的缓存。

12.缓存内容源

可以在"设计备注"中缓存或存储动态内容源。这样,即使用户无法访问存储动态内容源的数据库或应用程序服务器,也可以在站点中工作。通过消除对数据库和应用程序服务器的网络重复访问,缓存还可能会加快开发速度。

单击"绑定"面板右上角的箭头按钮,并在弹出菜单中切换"缓存"。

如果对其中一个内容源进行了更改,可以单击"绑定"面板右上角的"刷新"按钮(圆形箭头图标)刷新缓存。(如果看不到该按钮,请展开面板。)

13.更改或删除内容源

可以更改或删除任何现有的动态内容源,即"绑定"面板中列出的任何内容源。

在"绑定"面板中更改或删除内容源不会更改或删除页面中该内容的任何实例。而只是将它作为可能的页面内容源进行更改或删除。

(1)在绑定面板中更改内容源

①在"绑定"面板("窗口">"绑定")中,双击要编辑的内容源的名称。

②在出现的对话框中进行更改。

③如果对所做的工作感到满意,请单击"确定"。

(2)从绑定面板中删除内容源

①在"绑定"面板("窗口">"绑定")中,从列表中选择内容源。

②单击减号(－)按钮。

14.将记录集从一个页面复制到另一个页面

在定义的站点内,可以将记录集从一个页面复制到另一个页面。

①在"绑定"面板或"服务器行为"面板中选择记录集。

②右键单击该记录集并从弹出菜单中选择"复制"。

③打开用户想要向其复制记录集的页面。

④右键单击"绑定"面板或"服务器行为"工具栏,并从弹出菜单中选择"粘贴"。

12.2.6　向页面添加动态内容

1. 关于添加动态内容

定义一个或多个动态内容源后，可以使用这些源向页面中添加动态内容。内容源可以包括记录集中的列、HTML 表单提交的值、服务器对象中包含的值或其他数据。

在 Dreamweaver 中，几乎可以将动态内容放在 Web 页或其 HTML 源代码的任何地方。可以将动态内容放在插入点、替换文本字符串，或作为 HTML 属性插入。例如，动态内容可以定义图像的 src 属性或表单域的 value 属性。

通过在"绑定"面板中选择内容源，可以向页面中添加动态内容。Dreamweaver 在页面的代码中插入一个服务器端脚本，以指示服务器在浏览器请求该页面时，将内容源中的数据传输到页面的 HTML 代码中。

通常有多种将给定的页面元素动态化的方法。例如，若要将图像动态化，可以使用"绑定"面板、属性检查器或"插入"菜单中的"图像"命令。

默认情况下，一个 HTML 页面一次只能显示一条记录。若要显示记录集中的其他记录，可以添加一个链接以便逐条显示记录，也可以创建重复区域以便在单个页面上显示多条记录。

2. 关于动态文本

动态文本采用应用于现有文本或插入点的任何文本格式。例如，如果堆叠样式表(CSS)样式影响所选的文本，则替换该文本的动态内容也将受到这种样式的影响。可以使用任何一种 Dreamweaver 文本格式设置工具添加或更改动态内容的文本格式。

还可以将数据格式应用于动态文本。例如，如果数据中含有日期，则可以指定一种特定的日期格式，如适用于美国访问者的 04/17/00 或适用于加拿大访问者的 17/04/00。

3. 将文本动态化

可以用动态文本替换现有文本，也可以将动态文本放置在页面的某个给定插入点处。

(1) 添加动态文本

①在"设计"视图中，选择页面上的文本，或者单击用户要添加动态文本的位置。

②在"绑定"面板("窗口">"绑定")中，从列表中选择内容源。如果选择记录集，请在记录集中指定所需的列。

内容源应包含纯文本(ASCII 文本)。纯文本包括 HTML。如果列表中没有内容源，或者可用的内容源不能满足用户的需要，请单击加号(＋)按钮以定义新的内容源。

③(可选)为该文本选择一种数据格式。

④单击"插入"，或将内容源拖到页面上。

此时将显示动态内容的占位符。(如果选择了页面上的文本，则占位符会替换所选文本)。表示记录集内容的占位符使用下面的语法{RecordsetName. ColumnName}，其中 Recordset 是记录集的名称，而 ColumnName 是从该记录集中选择的列的名称。

有时，代表动态文本的占位符的长度会破坏"文档"窗口中的页面布局。可通过使用空的大括号作为占位符来解决这个问题，如下面的主题所述。

(2) 显示表示动态文本的占位符

①选择"编辑">"首选参数">"不可见元素"。

②在"显示动态文本于"弹出菜单中选择{}，然后单击"确定"。

4.将图像动态化

可以将页面上的图像动态化。例如,假设用户要设计一个页面,上面显示将要在慈善拍卖会上拍卖的物品。每个页面都将包含描述性文本和一件物品的一张照片。虽然每项的页面总体布局都一样,但照片(和描述性文本)会有所不同。

(1)在"设计"视图("查看">"设计")中打开页面,将插入点放置在页面上用户希望图像出现的位置。

(2)选择"插入">"图像"。

出现"选择图像源"对话框。

(3)单击"数据源"选项。

出现内容源列表。

(4)从列表中选择一个内容源并单击"确定"。

内容源应是一个包含图像文件路径的记录集。根据站点的文件结构的不同,这些路径可以是绝对路径、文档相对路径或根目录相对路径。

注:Dreamweaver 目前还不支持存储在数据库中的二进制图像。

如果列表中没有出现任何记录集,或者可用的记录集不能满足用户的需要,请定义新的记录集。

5.将 HTML 属性动态化

通过将 HTML 属性绑定到数据可以动态地更改页面的外观。例如,通过将表格的 background 属性绑定到记录集中的域,可以更改表格的背景图像。

可以使用"绑定"面板或属性检查器绑定 HTML 属性。

(1)使用绑定面板将 HTML 属性动态化

①通过选择"窗口">"绑定"打开"绑定"面板。

②确保"绑定"面板列出了用户要使用的数据源。

内容源应包含与用户要绑定的 HTML 属性相适合的数据。如果列表中没有出现任何内容源,或者可用的内容源不能满足用户的需要,请单击加号(+)按钮以定义新的数据源。

③在"设计"视图中选择 HTML 对象。

例如,若要选择 HTML 表格,请在表格内单击,然后在位于"文档"窗口左下方的标签选择器内单击<table>标签。

④在"绑定"面板中,从列表中选择一种内容源。

⑤在"绑定到"框中,从弹出菜单中选择一种 HTML 属性。

⑥单击"绑定"。

当该页面下次在应用程序服务器中运行时,数据源的值将会赋给该 HTML 属性。

(2)使用属性检查器将 HTML 属性动态化

①在"设计"视图中选择一个 HTML 对象,然后打开属性检查器("窗口">"属性")。

例如,若要选择 HTML 表格,请在表格内单击,然后在位于"文档"窗口左下方的标签选择器内单击<table>标签。

②将动态内容源绑定到 HTML 属性的方式取决于该内容源所在的位置。

• 如果在属性检查器中用户要绑定的属性旁有一个文件夹图标,则单击该文件夹图标以打开一个文件选择对话框;然后单击"数据源"选项来显示数据源列表。

• 如果用户要绑定的属性旁边没有文件夹图标,请单击检查器左侧的"列表"标签(两个标签中位置较低的那个)。

属性检查器的"列表"视图随即出现。

• 如果"列表"视图中未列出用户要绑定的属性,请单击加号(＋)按钮,然后输入属性的名称,或者单击小箭头按钮并从弹出菜单中选择该属性。

③若要将属性值动态化,请单击该属性,然后单击位于该属性行末端的闪电图标或文件夹图标。

如果单击了闪电图标,则将会出现一个数据源列表。

如果单击了文件夹图标,则将会出现一个文件选择对话框。选择"数据源"选项以显示内容源列表。

④从内容源列表中选择一种内容源,然后单击"确定"。

该内容源应包含与用户要绑定的 HTML 属性相适合的数据。如果列表中没有出现任何内容源,或者可用的内容源不能满足用户的需要,请定义新的内容源。

当该页面下次在应用程序服务器中运行时,数据源的值将会赋给该 HTML 属性。

6. 将 ActiveX、Flash 和其他对象参数动态化

可以将 Java 小程序和插件的参数动态化,也可以将 ActiveX、Flash、Shockwave、Director 和 Generator 对象的参数动态化。

开始之前,请确保记录集中的字段包含与用户要绑定的对象参数相适合的数据。

(1)在"设计"视图中,选择页面上的一个对象,然后打开属性检查器("窗口"＞"属性")。

(2)单击"参数"按钮。

(3)如果列表中没有出现用户需要的参数,请单击加号(＋)按钮然后在"参数"列中输入参数名称。

(4)单击参数的"值"列,然后单击闪电图标以指定一个动态值。

将出现数据源列表。

(5)从列表中选择一个数据源并单击"确定"。

该数据源应包含与用户要绑定的对象参数相适合的数据。如果列表中没有显示任何数据源,或者可用的数据源不能满足用户的需要,请定义新的数据源。

12.2.7　更改动态内容

1. 关于动态内容

通过对提供内容的服务器行为进行编辑,可以更改页面上的动态内容。例如,用户可以编辑记录集服务器行为,以便向页面提供更多的记录。

在"服务器行为"面板中列出了页面上的动态内容。例如,如果向页面中添加了某记录集,则"服务器行为"面板以如下方式将其列出:

Recordset(myRecordset)

如果向页面中添加另一个记录集,则"服务器行为"面板以如下方式列出这两个记录集:

Recordset(mySecondRecordset)Recordset(myRecordset)

2. 编辑动态内容

(1)打开"服务器行为"面板("窗口"＞"服务器行为")。

(2)单击加号(＋)按钮以显示服务器行为,然后双击面板中的服务器行为。

出现用于定义原始数据源的对话框。

(3)在该对话框中进行更改,然后单击"确定"。

3.删除动态内容

在页面中添加动态内容之后,可以用以下方式之一将其删除:

- 选择页面上的动态内容并按 Delete。
- 在"服务器行为"面板中选择动态内容,然后单击减号(—)按钮。

注:此操作移除页面中从数据库检索该动态内容的服务器端脚本。它并不删除数据库中的数据。

4.测试动态内容

用户可以使用"实时"视图预览和编辑动态内容。

显示动态内容时,可以执行下列任务:

- 使用页面设计工具调整页面的布局
- 添加、编辑或删除动态内容
- 添加、编辑或删除服务器行为

(1)单击"实时"视图按钮以显示动态内容。

(2)对页面进行必要的更改。用户将需要在"实时"视图和"设计"或"代码"视图之间切换,以进行更改和查看更改如何生效。

5.允许 Adobe Contribute 用户编辑动态内容

当 Contribute 用户编辑包含动态内容或不可见元素(例如脚本和注释)的页面时,Contribute 会将动态内容和不可见元素显示为黄色标记。默认情况下,Contribute 用户无法选择或删除这些标记。

如果希望 Contribute 用户能够选择和删除页面中的动态内容和其他不可见元素,可更改权限组设置以允许如此操作。通常,Contribute 用户在任何情况下都不可以编辑动态内容,甚至当用户允许他们选择动态内容时也不可以。

注:利用某些服务器技术,用户可使用服务器标签或函数来显示静态文本。若要允许 Contribute 用户编辑使用此类服务器技术的动态页中的静态文本,请将静态文本放在服务器标签之外。有关详细信息,请参阅管理 Adobe Contribute。

(1)选择"站点">"在 Contribute 管理站点"。

(2)如果某些 Contribute 兼容性功能要求的选项没有启用,则会出现一个对话框,询问是否要启用这些选项。单击"确定"启用这些选项和 Contribute 的兼容性功能。

(3)如果出现提示,请输入管理员密码,然后单击"确定"。

随即出现"管理网站"对话框。

(4)在"用户和角色"类别中,选择角色,然后单击"编辑角色设置"按钮。

(5)选择"编辑"类别,然后取消选择保护脚本和表单的选项。

(6)单击"确定"关闭"编辑设置"对话框。

(7)单击"关闭"关闭"管理 Web 站点"对话框。

6.使用属性检查器修改记录集

属性检查器用于修改选定的记录集。可用选项因服务器模型而异。

(1)打开属性检查器("窗口">"属性"),然后在"服务器行为"面板("窗口">"服务器行为")中选择该记录集。

(2)编辑所有选项。在检查器中选择了新选项之后,Dreamweaver 会更新页面。

12.2.8　显示数据库记录

1. 关于数据库记录

显示数据库记录涉及检索储存在数据库或其他内容源中的信息，以及将这些信息呈现到网页上。Dreamweaver 提供了许多显示动态内容的方法，并提供了若干内置的服务器行为，使用户可以增强动态内容的表现方式，并使用户能够更轻松地查找和导航从数据库返回的信息。

数据库和其他动态内容源为用户搜索、排序和查看大量存储的信息提供了更多功能和灵活性。如果需要存储大量信息然后有目的地检索并显示这些信息，那么使用数据库存储 Web 站点的内容将是一个不错的方法。Dreamweaver 为用户提供了多种工具和预置行为，帮助用户有效检索和显示存储在数据库中的信息。

2. 服务器行为和格式元素

Dreamweaver 提供了下列服务器行为和格式元素，使用户可以增强动态数据的显示效果：

格式　使用户可以将不同类型的数字、货币、日期和时间以及百分比值应用于动态文本。

例如，如果记录集中某项的价格显示为 10.989，则选择 Dreamweaver 的"货币-用 2 位小数表示"格式后，该价格在页面上显示为 $10.99。这种格式使用两个小数位显示数字。如果数字具有两位以上的小数位，该数据格式会将数字四舍五入到最接近的数。如果数字不带小数位，该数据格式会添加一个小数点和两个零。

重复区域　服务器行为使用户可以显示多个从数据库查询返回的项，还可指定每页显示的记录数。

记录集导航　服务器行为使用户可以插入导航元素，使用户能够移动到从记录集返回的下一组或前一组记录。例如，如果使用"重复区域"服务器对象选择每页显示 10 条记录，并且记录集返回 40 条记录，则一次可以浏览 10 条记录。

记录集状态栏　服务器行为使用户可以包括计数器，向用户显示他们在记录集中相对于返回的总记录数的位置。

显示区域　服务器行为使用户可以根据当前所显示记录的相关性，选择显示或隐藏页面上的项目。例如，如果用户已导航到记录集中的最后一条记录，用户可以隐藏"下一个"链接，而只显示"前一个"记录链接。

3. 将印刷和页面布局元素应用于动态数据

Dreamweaver 的强大功能体现在它可以在结构化页面中显示动态数据，并通过 HTML 和 CSS 应用文字格式。若要将格式应用于 Dreamweaver 中的动态数据，请使用 Dreamweaver 的格式设置工具设置动态数据的表格和占位符的格式。当数据从数据源插入时，它会自动采用用户指定的字体、段落和表格格式设置。

4. 数据库记录集结果导航

记录集导航链接使用户可以从一个记录移到下一个，或者从一组记录移到下一组。例如，在设计了每次显示五条记录的页面后，用户可能想要添加诸如"下一页"或"上一页"这类使用户可以显示后五条或前五条记录的链接。

可以创建四类浏览记录集的导航链接：第一个、前一个、下一个和最后一个。一个页面可以包含任意数量的上述链接，只要它们都使用单一记录集。在同一页中无法添加浏览另一个记录集的链接。

记录集导航链接需要下列动态元素：

- 要导航的记录集
- 页面上用来显示记录的动态内容
- 页面上用作可单击导航条的文本或图像
- 用于浏览记录集的一组"移动到记录"服务器行为

后两个元素可以通过"记录导航条"服务器对象添加,或者分别通过设计工具和"服务器行为"面板添加。

5.创建记录集导航条

使用"记录集导航条"服务器行为,只需一个操作就可以创建记录集导航条。服务器对象在页面上添加以下构造块:

- 包含文本或图像链接的 HTML 表格
- 一组"移到"服务器行为
- 一组"显示区域"服务器行为

"记录集导航条"的文本如图 12-17 所示。

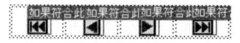

图 12-17 "记录集导航条"的文本版本

"记录集导航条"的图像如图 12-18 所示。

图 12-18 "记录集导航条"的图像版本

在将导航条放到页面上之前,请确保页面包含要导航的记录集和用于显示记录的页面布局。

在将导航条放到页面上之后,可以按照自己的喜好使用设计工具来自定义它。还可以编辑"移到"和"显示区域"服务器行为,方法是在"服务器行为"面板中双击它们。

Dreamweaver 将创建一个包含文本或图像链接的表格。用户可以通过单击这些链接浏览所选记录集。当显示记录集中的第一条记录时,会隐藏第一个和前一个链接或图像。当显示记录集中的最后一条记录时,会隐藏下一个和最后一个链接或图像。

使用设计工具和"服务器行为"面板可以自定义导航条的布局。

(1)在"设计"视图中,将插入点放在页面上用户希望显示导航条的位置。

(2)显示"记录集导航条"对话框("插入">"数据对象">"记录集分页">"记录集导航条")。

(3)从"记录集"弹出菜单中选择要导航的记录集。

(4)从"显示方式"部分中选择用以在页面上显示导航链接的格式,然后单击"确定"。

文本 在页面上放置文本链接。

图像 包含作为链接的图形图像。Dreamweaver 使用它自己的图像文件。在将导航条放到页面上之后,用户可以用自己的图像文件替换这些图像。

6.自定义记录集导航条

用户可以创建自己的记录集导航条,使用比"记录集导航条"服务器对象所创建的简单表格提供的布局和格式样式更为复杂的布局和格式样式。

若要创建用户自己的记录集导航条,必须:

• 以文本或图像的形式创建导航链接

• 将链接放在"设计"视图中的页面中

• 为每个导航链接分别指定服务器行为

此部分说明如何将各服务器行为指定给导航链接。

(1)创建服务器行为并将其分配给导航链接

①在"设计"视图中,选择页面上用户希望用作记录导航链接的文本字符串或图像。

②打开"服务器行为"面板("窗口"＞"服务器行为"),然后单击加号(＋)按钮。

③从弹出菜单中选择"记录集分页",然后从列出的服务器行为中选择适合于该链接的服务器行为。

如果记录集中包含大量记录,则当用户单击"移至最后一条记录"链接时,可能要花费较长时间来运行该服务器行为。

④在"记录集"弹出菜单中,选择包含该记录的记录集,然后单击确定。

该服务器行为即指定给了导航链接。

(2)设置移到(服务器行为)对话框选项

添加使用户可以浏览记录集中记录的链接。

①如果在页面上没有选择任何内容,请从弹出菜单中选择一个链接。

②选择包含要分页浏览的记录的记录集,然后单击"确定"。

注:如果记录集中包含大量记录,则当用户单击"移至最后一条记录"链接时,可能要花费较长时间来运行该服务器行为。

7.导航条设计任务

创建自定义导航条时,首先要使用 Dreamweaver 的网页设计工具创建它的视觉外观。用户不必为文本字符串或图像创建链接,Dreamweaver 会为用户创建相应链接。

为其创建导航条的页面中必须包含要导航的记录集。简单的记录集导航条可能如图12-19 所示,它包含用图像创建的链接按钮或其他内容元素。

图 12-19　简单的记录集导航条

在将记录集添加到页面,并且创建了导航条之后,应该将单独的服务器行为应用于每个导航元素。例如,在典型的记录集导航条中,包含如表 12-7 所示的与适当行为匹配的链接。

表 12-7　在典型的记录集导航条中与适当行为匹配的链接方式

导航链接	服务器行为
转到第一页	移到第一页
转到前一页	移到前一页
转到下一页	移到下一页
转到最后一页	移到最后一页

8.基于记录集结果显示和隐藏区域

还可以基于记录集是否为空来指定是显示区域还是隐藏区域。如果记录集为空(例如,在未找到与查询相匹配的记录时),可以显示一条消息通知用户没有记录返回。这在创建依靠用户输入的搜索词来运行查询的搜索页时尤其有用。同样,如果在连接到数据库时遇到问题,或者当用户的用户名和密码与服务器识别的不匹配时,可以显示错误消息。

"显示区域"服务器行为有：

- 如果记录集为空则显示；
- 如果记录集非空则显示；
- 如果是第一页则显示；
- 如果不是第一页则显示；
- 如果是最后一页则显示；
- 如果不是最后一页则显示。

(1)在"设计"视图中，选择页面上要显示或要隐藏的区域。

(2)在"服务器行为"面板（"窗口"＞"服务器行为"）中，单击加号（＋）按钮。

(3)从弹出菜单中选择"显示区域"，然后选择一个列出的服务器行为并单击"确定"。

9.显示多个记录集结果

"重复区域"服务器行为允许在页面中显示记录集中的多条记录。任何动态数据选择都可以转变为重复区域。但最常见的区域是表格、表格行或一系列表格行。

(1)在"设计"视图中，选择包含动态内容的区域。

可以选定任意内容，包括表格、表格行甚至一段文本。

若要精确选择页面上的区域，可以使用文档窗口左边角上的标签选择器。例如，如果区域为表行，则在页面上的该行内单击，然后单击标签选择器最右侧的＜tr＞标签以选择该表行。

(2)选择"窗口"＞"服务器行为"以显示"服务器行为"面板。

(3)单击加号（＋）按钮，并选择"重复区域"。

(4)从弹出菜单中选择要使用的记录集的名称。

(5)选择每页显示的记录数，然后单击"确定"。

在"文档"窗口中，重复区域周围会出现一个灰色的选项卡式细轮廓。

(1)在属性检查器中修改重复区域

通过更改以下任意选项来修改所选重复区域：

- 重复区域的名称。
- 为重复区域提供记录的记录集。
- 显示的记录数

选择了新的选项之后，Dreamweaver 会更新页面。

(2)创建和添加重复区域以在页面中显示多条记录

①指定要在重复区域中显示的数据所在的记录集。

②指定每页显示的记录数，然后单击"确定"。

如果指定的每页记录数是有限的，并且所请求的记录数可能超过此数目，则添加记录导航链接以使用户能够显示其他记录。

(3)创建动态表格

下例说明了如何将"重复区域"服务器行为应用于表格行，它指定每页显示 9 条记录。行本身显示四种不同的记录：市/县、省/自治区、街道地址和邮政编码。

若要创建像上例这样的表格，必须创建包含动态内容的表格，并将"重复区域"服务器行为应用于包含动态内容的表格行。应用程序服务器处理页面时，会根据"重复区域"服务器对象中指定的次数重复该行，并在每一个新行中插入不同的记录。

(1)执行下列操作之一，插入动态表格：

- 选择"插入">"数据对象">"动态数据">"动态表格"以显示"动态表格"对话框。
- 在"插入"面板的"数据"类别中,单击"动态数据"按钮,然后从弹出菜单中选择"动态表格"图标。

(2)从"记录集"弹出菜单中选择记录集。

(3)选择每页显示的记录数。

(4)(可选)输入表格边框、单元格边距和单元格间距的值。

"动态表格"对话框会保留用户为表格边框、单元格边距和单元格间距输入的值。

注:如果用户处理的项目需要若干具有相同外观的动态表格,则输入表格布局值,这样会进一步简化页面开发。在插入表格后,可以通过表格的属性检查器调整这些值。

(5)单击"确定"。

一个表格和在相关记录集中定义的动态内容的占位符随即插入到页面中。

在本例中,记录集包含四列:AUTHORID、FIRSTNAME、LASTNAME 和 BIO。该表的标题行由各列的名称填充。可以使用任何描述性文本对标题进行编辑,或者用具有代表性的图像替换它们。

10.创建记录计数器

记录计数器为用户提供了遍历一组记录时的参考信息。通常情况下,记录计数器显示返回的记录总数以及正在查看的当前记录。例如,如果记录集返回 40 条单独的记录,并且每页显示 8 条记录,则位于首页上的记录计数器将显示"Displayingrecords 1－8 of 40"(总共 40 条记录,当前显示 1－8 条)。

在为页面创建记录计数器之前,必须首先创建该页的记录集、要包含动态内容的适当页面布局以及记录集导航条。

(1)创建简单的记录计数器

记录计数器使用户可以了解相对于返回的记录总数,他们位于给定的一组记录中的位置。由于这个原因,记录计数器是一个有用的行为,可以显著增加网页的可用性。

使用"记录集导航状态"服务器对象创建简单的记录计数器。此服务器对象在页面上创建显示当前记录状态的文本项。可以使用 Dreamweaver 页面设计工具自定义记录计数器。

①将插入点放在想要插入记录计数器的地方。

②选择"插入">"数据对象">"显示记录计数">"记录集导航状态",接下来从"记录集"弹出菜单中选择记录集,然后单击"确定"。

"记录集导航状态"服务器对象随即插入一个类似于以下的文本记录计数器:

记录{Employees_first}至{Employees_last},共{Employees_total}条

在"实时"视图中查看计数器时,它的外观类似于下例:

记录 1 至 1,共 22 条

(2)创建记录计数器并将它添加到页面

在"插入记录集导航状态"对话框中,选择要跟踪的记录集,并单击"确定"。

(3)创建自定义记录计数器

可以使用单独的记录计数行为来创建自定义记录计数器。创建自定义记录计数器使用户可以创建比"记录集导航状态"服务器对象所插入的简单表格(仅有一行)要复杂的记录计数器。可以通过多种巧妙方式排列设计元素,并将适当的服务器行为应用于每个元素。

"记录计数"服务器行为有:

- 显示起始记录编号；
- 显示结束记录编号；
- 显示总记录数。

在为页面创建自定义记录计数器之前，必须首先创建该页的记录集、要包含动态内容的适当页面布局以及记录集导航条。

本例创建的记录计数器看起来类似于"简单的记录计数器"中的示例。本例中，用 sans-serif 字体表示的文本代表将要插入到页面中的记录计数器占位符。本例中的记录计数器显示如下：

显示 RecordSet. RecordCount 中从 StartRow 到 EndRow 的记录。

①在"设计"视图中，在页面上输入计数器的文本。该文本可以是用户想要的任何内容，例如：

Displaying records thru of.

②将插入点放在文本字符串的最后。

③打开"服务器行为"面板（"窗口">"服务器行为"）。

④单击左上角的加号（＋）按钮，然后单击"显示记录计数"。在这个子菜单中，选择"显示总记录数"。"显示总记录数"行为随即插入到页面中，而且一个占位符插入到插入点所在的位置。文本字符串现在显示如下：

Displaying records thru of {Recordset1. RecordCount}.

⑤将插入点放在单词 records 之后，然后从"服务器行为">加号（＋）按钮>"记录计数"面板中选择"显示起始记录编号"。文本字符串现在显示如下：

Displaying records {StartRow_Recordset1} thru of {Recordset1. RecordCount}.

⑥将插入点放在单词 thru 和 of 之间，然后从"服务器行为">加号（＋）按钮>"记录计数"面板中选择"显示开始记录计数号"。文本字符串现在显示如下：

Displaying records {StartRow_Recordset1} thru {EndRow_Recordset1} of {Recordset1. RecordCount}.

⑦确认计数器是否能正常运行，方法是在"实时"视图中查看页面。计数器的外观类似于下例：

Displaying records 1 thru 8 of 40.

如果结果页面中存在转移到下一组记录的导航链接，则单击该链接时，记录计数器的显示将更新为：

Showing records 9 thru 16 of 40.

11. 使用预定义的数据格式

Dreamweaver 包含若干预定义的数据格式，可应用于动态数据元素。数据格式的样式包括日期和时间、货币、数字以及百分比格式。

（1）将数据格式应用于动态内容

①在"文档"窗口中，选择动态内容的占位符。

②选择"窗口">"绑定"显示"绑定"面板。

③单击"格式"列中的向下箭头按钮。

如果未看见向下箭头，请展开面板。

④从"格式"弹出菜单中选择所需的数据格式类别。

确保选择的数据格式适合要设置格式的数据类型。例如，"货币"格式仅在动态数据是由数字数据构成时才有效。注意,对于同一数据不能应用多个格式。

⑤验证是否正确应用了格式,方法是在"实时"视图中预览页面。

(2)自定义数据格式

①在"设计"视图中打开包含动态数据的页面。

②选择要自定义其格式的动态数据。

已选定其动态文本的绑定数据项将在"绑定"面板中高亮显示("窗口">"绑定")。面板将为选定项显示两列,即"绑定"和"格式"。如果看不到"格式"列,可以将"绑定"面板加宽以显示它。

③在"绑定"面板中,单击"格式"列中的向下箭头,展开可用数据格式的弹出菜单。

如果看不到向下箭头,则再将"绑定"面板进一步加宽。

④从弹出菜单中选择"编辑格式列表"。

⑤完成对话框设置,然后单击"确定"。

- 从列表中选择格式,然后单击"编辑"。
- 更改"货币"、"数字"或"百分比"对话框中的任何参数,然后单击"确定"。
- 若要删除数据格式,请在列表中单击该格式,然后单击减号(一)按钮。

(3)创建数据格式(仅 ASP)

①在"设计"视图中打开包含动态数据的页面。

②选择要为其创建自定义格式的动态数据。

③选择"窗口">"绑定"显示"绑定"面板,然后单击"格式"列中的向下箭头。如果未看见向下箭头,请展开面板。

④从弹出菜单中选择"编辑格式列表"。

⑤单击加号(+)按钮并选择一种格式类型。

⑥定义格式,然后单击"确定"。

⑦在"名称"列中输入新格式的名称,然后单击"确定"。

注:虽然 Dreamweaver 仅支持为 ASP 页创建数据格式,ColdFusion 和 PHP 用户可以下载其他开发人员创建的格式,还可以创建服务器格式并将它们发布到 Dreamweaver Exchange。有关服务器格式 API 的详细信息,请参见《扩展 Dreamweaver》("帮助">"扩展 Dreamweaver">"服务器格式")。

12.3　以可视化方式生成应用程序

在 Adobe Dreamweaver CS5 中,可以使用 Adobe ColdFusion、PHP 或 ASP 生成可让用户搜索、插入、删除和更新数据库记录、显示主/详细信息以及限制某些用户进行访问的页面。

12.3.1　生成主页和详细页

1.关于主页和详细页

主页和详细页是用于组织和显示记录集数据的页面集。这些页面为用户的站点的访问者提供了概要视图和详细视图。主页中列出了所有记录并包含指向详细页的链接(见图12-20),而详细页则显示每条记录的附加信息(见图12-21)。

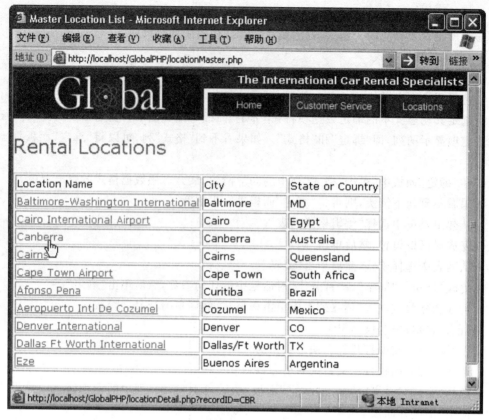

图 12-20　主页

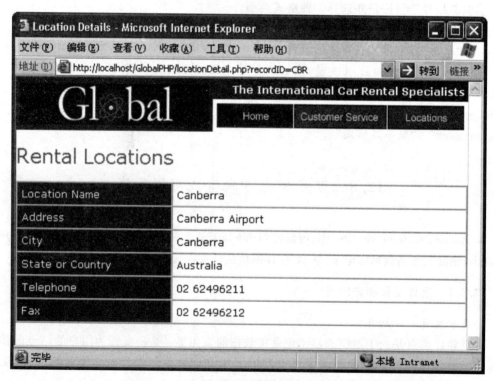

图 12-21　详细页

可以通过插入数据对象在一个操作中生成主页和详细页,也可以通过使用服务器行为以更加个性化的方式来生成主页和详细页。使用服务器行为生成主页和详细页时,首先创建列出记录的主页,然后添加从列表到详细页的链接。

2. 生成主页

在开始前,请确保为站点定义了一个数据库连接。

(1)若要创建空白页,请选择"文件">"新建">"空白页",选择一种页面类型,然后单击"创建"。该页将成为主页。

(2)定义记录集。

在"绑定"面板("窗口">"绑定")中,单击加号(＋)按钮,选择"记录集",然后选择各个选项。如果要编写自己的 SQL 语句,请单击"高级"。如图 12-22 所示。

确保记录集包含创建主页所需的所有表列。记录集还必须包含含有每条记录的唯一键的表格列,即记录 ID 列。在下面的示例中,CODE 列包含了每条记录的唯一键。

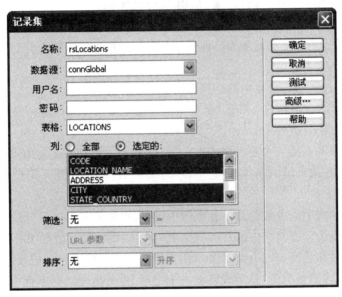

图 12-22　记录集

通常,主页上的记录集提取数据库表中的少数几列,而详细页上的记录集提取同一表格中的更多列以提供额外的详细信息。

用户可以在运行时定义记录集。

(3)插入显示记录的动态表格。

将插入点放置在页面上希望出现动态表格的位置。选择"插入">"数据对象">"动态数据">"动态表格",设置各个选项,然后单击"确定"。

如果不打算向用户显示记录 ID,可以从动态表格中删除该列。在页面上任意位置单击,将焦点移至页面。将光标移动到动态表格中该列的顶部附近直到列单元格外框为红色,然后单击选择该列。按 Delete 将该列从表格中删除。

3. 创建指向详细页的链接

生成主页并添加记录集后,创建用于打开详细页的链接。然后修改链接以便传递用户所选择记录的 ID。详细页将使用此 ID 在数据库中查找请求的记录并显示该记录。

注：可使用相同的过程创建指向更新页的链接。结果页与主页类似，更新页与详细页类似。

（1）打开详细页并传递记录 ID（ColdFusion、PHP）

①在动态表格中，选择将用作链接的文本的内容占位符。如图 12-23 所示。

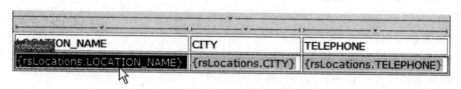

Rental Locations

ON_NAME	CITY	TELEPHONE
{rsLocations.LOCATION_NAME}	{rsLocations.CITY}	{rsLocations.TELEPHONE}

图 12-23　应用至所选占位符的链接

②在属性检查器中，单击"链接"框旁边的文件夹图标。

③浏览找到并选择该详细页。该详细页随即出现在属性检查器的"链接"框中。

在动态表格中，所选文本显示为已被链接。当该页面在服务器上运行时，该链接将应用于表格每一行中的文本。

④在主页上，选择动态表格中的链接。

⑤（ColdFusion）在属性检查器的"链接"框中，将下面的字符串添加到 URL 的末尾：

? recordID＝#recordsetName.fieldName#

问号将告知服务器接下来是一个或多个 URL 参数。单词"recordID"是 URL 参数的名称（用户可以指定任何所需的名称）。记下该 URL 参数的名称，因为接下来会在详细页中用到它。

等号后的表达式是该参数的值。在本例中，该值由从记录集返回记录 ID 的 ColdFusion 表达式生成。它将为动态表格中的每一行生成一个不同的 ID。在 ColdFusion 表达式中，用用户的记录集的名称替换 recordsetName，用记录集中唯一标识每条记录的字段的名称来替换 fieldName。大多数情况下，该字段将由一个记录 ID 号组成。在下例中，该字段由唯一位置代码组成：

locationDetail.cfm? recordID＝#rsLocations.CODE#

当该页运行时，记录集的 CODE 字段的值将插入到动态表格相应的行中。例如，如果澳大利亚堪培拉（Canberra）的租位代码为 CBR，则动态表格中有堪培拉（Canberra）的行将使用如下 URL：

locationDetail.cfm? recordID＝CBR

⑥（PHP）在属性检查器的"链接"字段中，将下面的字符串添加到 URL 的末尾处：

? recordID＝<? phpe cho $row_recordsetName['fieldName'];? >

问号将告知服务器接下来是一个或多个 URL 参数。单词 recordID 是 URL 参数的名称（用户可以使用任何喜欢的名称）。记下该 URL 参数的名称，因为接下来会在详细页中用到它。

等号后的表达式是该参数的值。在本例中，该值由从记录集返回记录 ID 的 PHP 表达式生成。它将为动态表格中的每一行生成一个不同的 ID。在 PHP 表达式中，用用户的记录集的名称替换 recordsetName，用记录集中唯一标识每条记录的字段的名称来替换

fieldName。大多数情况下,该字段将由一个记录 ID 号组成。在下例中,该字段由唯一位置代码组成:

　　locationDetail. php? recordID=<? phpecho $ row_rsLocations['CODE'];? >

当该页运行时,记录集的 CODE 字段的值将插入到动态表格中相应的行中。例如,如果澳大利亚堪培拉(Canberra)的租位代码为 CBR,则动态表格中有堪培拉(Canberra)的行将使用如下 URL:

　　locationDetail. php? recordID=CBR

⑦保存该页面。

(2)打开详细页并传递记录 ID(ASP)

①选择兼具链接功能的动态内容。

②在"服务器行为"面板("窗口">"服务器行为")中,单击加号(+)按钮,然后从弹出菜单中选择"转到详细页面"。

③在"详细页"框中,单击"浏览"并定位该页。

④从记录集和列弹出菜单中选择记录集和列,以指定要传递到详细页的值。通常,该值对于记录是唯一的,如记录的唯一键 ID。

⑤如果需要,可选择"URL 参数"或"表单参数"选项将现有的页面参数传递到详细页。

⑥单击"确定"。

会出现一个围绕所选文本的特殊链接。当用户单击该链接时,"转到详细页面"服务器行为将一个包含记录 ID 的 URL 参数传递到详细页。例如,如果 URL 参数的名称为 id,详细页的名称为 customerdetail. asp,则当用户单击该链接时,URL 将类似于:

　　http://www. mysite. com/customerdetail. asp? id=43

URL 的第一部分 http://www. mysite. com/customerdetail. asp 用于打开详细页。第二部分? id=43 是 URL 参数。它告诉详细页要查找和显示哪个记录。术语 id 是 URL 参数的名称,43 是它的值。在本例中,URL 参数包含记录的 ID 号,即 43。

4. 查找请求的记录并在详细页上显示

要显示主页所请求的记录,必须定义一个用来存放单个记录的记录集并将该记录集的列绑定到详细页。

(1)切换到详细页。如果用户还没有详细页,请创建一个空白页("文件">"新建")。

(2)在"绑定"面板("窗口">"绑定")中,单击加号(+)按钮并从弹出菜单中选择"记录集(查询)"或"数据集(查询)"。

将出现简单的"记录集"或"数据集"对话框。如果出现的是高级对话框,请单击"简单"。

(3)命名该记录集,然后选择一个数据源和将向记录集提供数据的数据库表。

(4)在"列"区域中,选择要包括在记录集中的表列。

详细页上的记录集可以与主页上的记录集相同,也可以不同。通常,详细页记录集的列数更多,可以显示更多的详细信息。

如果记录集不同,则请确保详细页上的记录集至少包含一个与主页上的记录集相同的列。这个公共列通常是记录 ID 列,但也可以是相关表格的链接字段。

若要使记录集中只包括某些表列,请单击"已选定",然后按住 Ctrl 单击列表中所需的列。

(5)如下所示完成"筛选"部分,以便查找和显示主页所传递的 URL 参数中指定的记录:

• 从筛选区域的第一个弹出菜单中选择记录集中的列,该列包含与主页传递的 URL 参数值相匹配的值。例如,如果 URL 参数包含一个记录 ID 号,则选择包含记录 ID 号的列。在上一节讨论的示例中,记录集列 CODE 包含与通过主页传递的 URL 参数值相匹配的值。

• 从第一个菜单旁边的弹出菜单中选择等号(它应该已被选定)。

• 从第三个弹出菜单中选择"URL 参数"。主页使用 URL 参数将信息传递到详细页。

• 在第四个框中,输入主页传递的 URL 参数的名称。

(6)单击"确定"。记录集随即出现在"绑定"面板中。

(7)通过下面的方法将记录集列绑定到详细页:在"绑定"面板("窗口">"绑定")上选择列,然后将其拖到页面上。将主页和详细页上传到服务器后,用户可以在浏览器中打开主页。单击主页上的详细链接,会打开详细页,其中显示所选记录的更多信息。

5.查找特定记录并在页面(ASP)上显示该记录

可以添加一个可在记录集中查找特定记录的服务器行为,以便在页面上显示此记录数据。仅当使用 ASP 服务器模型时,服务器行为才可用。

(1)创建一个满足以下前提条件的页面:

• URL 参数中包含一个从另一个页面传递给当前页面的记录 ID。可以在带有 HTML 超链接或 HTML 表单的另一个页面上创建 URL 参数。

• 为当前页所定义的记录集。该服务器行为将从此记录集中提取记录的详细信息。

• 绑定到该页面的记录集列。特定记录必须显示在该页面上。

(2)添加服务器行为以查找 URL 参数所指定的记录,方法是:单击"服务器行为"面板("窗口">"服务器行为")上的加号(+)按钮并选择"记录集分页">"移至特定记录"。

(3)在"移至记录"弹出菜单中,选择为该页定义的记录集。

(4)在"其中的列"弹出菜单中,选择包含由另一个页传递的值的列。

例如,如果另一个页传递一个记录 ID 号,则选择包含记录 ID 号的列。

(5)在"匹配 URL 参数"框中,输入另一个页所传递的 URL 参数的名称。

例如,如果另一个页用于打开详细页的 URL 是 id=43,则在"匹配 URL 参数"框中输入 id。

(6)单击"确定"。

浏览器下次请求该页面时,该服务器行为将读取另一个页所传递的 URL 参数中的记录 ID,并移动到记录集中的指定记录。

6.在一次操作中生成主页和详细页

开发 Web 应用程序时,使用"主详细页集"数据对象可以快速生成主页和详细页。

(1)若要创建空白动态页,请选择"文件">"新建">"空白页",从"页面类型"列表中选择一个动态页,然后单击"创建"。

该页将成为主页。

(2)为该页面定义记录集。

确保该记录集不仅包含主页所需的所有列,而且包含详细页所需的所有列。通常,主页上的记录集提取数据库表中的少数几列,而详细页上的记录集提取同一表格中的更多列以提供额外的详细信息。

(3)在"设计"视图中打开主页,然后选择"插入">"数据对象">"主详细页集"。

(4)在"记录集"弹出菜单中,确保已选择了包含要在主页上显示的记录的记录集。

(5)在"主页字段"区域,选择要在主页上显示的记录集列。

默认情况下,会选择记录集中的所有列。如果记录集包含唯一键列,如 recordID,则将其选定并单击减号(一)按钮使之不在页面上显示。

(6)若要更改列在主页上的显示顺序,请选择列表中的列并单击向上或向下箭头。

在主页上,记录集列在表格中水平排列。单击向上箭头可将列向左移动;单击向下箭头可将列向右移动。

(7)在"以此链接到详细信息"弹出菜单中,选择记录集中的一个列,其中将显示一个值,该值还用作指向详细页的链接。

例如,如果要使主页上的每个产品名称都有一个指向详细页的链接,请选择包含产品名称的记录集列。

(8)在"传递唯一键"弹出菜单中,选择记录集中包含标识记录的值的列。

通常,所选的列就是记录 ID 号。此值被传递到详细页使之能够标识用户所选的记录。

(9)如果唯一键列不是数字,请取消选择"数字"选项。

注:默认情况下选择此选项;并非所有型号的服务器都显示该选项。

(10)指定要在主页上显示的记录数。

(11)在"详细页名称"框中,单击"浏览"并找到已创建的详细页文件,或输入一个名称让数据对象创建一个详细页文件。

(12)在"详细页字段"区域,选择要在详细页上显示的列。

默认情况下,会选择主页的记录集中的所有列。如果该记录集包含唯一键列,如 recordID,则将其选定并单击减号(一)按钮使之不在详细页上显示。

(13)若要更改列在详细页上的出现顺序,请选择列表中的列并单击向上或向下箭头。

在详细页上,记录集列在表格中垂直排列。单击向上箭头可将列向上移动;单击向下箭头可将列向下移动。

(14)单击"确定"。

数据对象创建一个详细页(如果尚未创建),并且同时向主页和详细页中添加动态内容和服务器行为。

(15)自定义主页和详细页的布局以符合需要。

使用 Dreamweaver 页面设计工具可以全面自定义每个页面的布局。还可以在"服务器行为"面板中双击服务器行为对其进行编辑。

使用数据对象创建主页和详细页后,使用"服务器行为"面板("窗口">"服务器行为")来修改由数据对象插入到页面中的各种构造块。

12.3.2　生成搜索页和结果页

1.关于搜索页和结果页

可以使用 Dreamweaver 生成一组页面,以便用户可以搜索用户的数据库并查看搜索结果。

在大多数情况下,至少需要两个页面才能将此功能添加到 Web 应用程序中。第一个页面包含用户可以在其中输入搜索参数的 HTML 表单。尽管此页面不执行任何实际的搜索,但它仍被称为"搜索页"。

所需的第二个页面是结果页,它执行大部分搜索工作。结果页执行以下任务:

(1)读取搜索页提交的搜索参数;

(2)连接到数据库并查找记录;

(3)使用找到的记录建立记录集;

(4)显示记录集的内容。

或者,用户还可以添加详细页。详细页为用户提供有关结果页上的特定记录的更多信息。

如果只有一个搜索参数,Dreamweaver 允许用户将搜索功能添加到 Web 应用程序中,而不必使用 SQL 查询和变量。只需简单地设计页面并完成几个对话框。如果用户有多个搜索参数,则需要编写一条 SQL 语句并为其定义多个变量。

Dreamweaver 将 SQL 查询插入到页面中。当该页面在服务器上运行时,会检查数据库表中的每一条记录。如果某一记录中的特定字段满足 SQL 查询条件,则将该记录包含在记录集中。SQL 查询将生成一个只包含搜索结果的记录集。

例如,现场销售人员可能知道某个区域中收入超过某一水平的客户的信息。在搜索页上的表单中,该销售人员的同事输入一个地理区域和最低收入水平,然后单击"提交"按钮将这两个值发送给服务器。在服务器上,这两个值被传递给结果页的 SQL 语句,然后该语句创建一个记录集,其中只包含指定区域中收入超过指定水平的客户。

2.生成搜索页

Web 上的搜索页通常包含用户在其中输入搜索参数的表单字段。搜索页至少必须具有一个带有"提交"按钮的 HTML 表单。

若要向搜索页添加 HTML 表单,请完成以下步骤。

(1)打开搜索页或一个新页面,然后选择"插入">"表单">"表单"。

将在页面上创建一个空表单。用户可能需要启用"不可见元素"("查看">"可视化助理">"不可见元素")来查看表单的边界,边界由红色的细线表示。

(2)从"插入"菜单中选择"表单",添加表单对象以供用户输入搜索参数。

表单对象包括文本字段、菜单、选项和单选按钮。可以添加任意多的表单对象以帮助用户细化搜索操作。但是请记住,搜索页上搜索参数的数目越多,SQL 语句就将越复杂。

(3)在表单上添加一个"提交"按钮("插入">"表单">"按钮")。

(4)(可选)通过以下方法更改"提交"按钮的标签文字:选择该按钮,打开属性检查器("窗口">"属性"),并在"值"框中输入一个新值。

下一步,用户将告诉表单当用户单击"提交"按钮时向何处发送搜索参数。

(5)通过在"文档"窗口底部的标签选择器中选择<form>标签来选择表单,如图 12-24 所示。

图 12-24　通过在"文档"窗口底部的标签选择器中选择<form>标签来选择表单

(6)在该表单的属性检查器中的"动作"框中,输入将执行数据库搜索的结果页的文件名。

(7)在"方法"弹出菜单中,选择下列方法之一确定表单如何将数据发送到服务器:

• GET 通过将表单数据作为查询字符串附加到 URL 来发送这些数据。由于 URL 的长度限制为 8192 个字符,因此不要将 GET 方法用于较长的表单。

• POST 在消息正文中发送表单数据。

• Default 使用浏览器的默认方法(通常为 GET)。

搜索页就完成了。

3.生成简单的结果页

用户单击表单的"搜索"按钮时,搜索参数即发送到服务器上的结果页。由服务器上的结果页(而不是浏览器上的搜索页)负责从数据库检索记录。如果搜索页只向服务器提交一个搜索参数,则用户无需 SQL 查询和变量即可生成结果页。用户可以创建一个具有过滤器的基本记录集,该过滤器能够排除不满足搜索页所提交的搜索参数的记录。

注:如果具有多个搜索条件,则必须使用高级"记录集"对话框来定义记录集。

(1)创建存放搜索结果的记录集

①在"文档"窗口中打开结果页。

如果用户还没有结果页,请创建一个空白的动态页("文件">"新建">"空白页")。

②通过下列方法创建一个记录集:打开"绑定"面板("窗口">"绑定"),单击加号(+)按钮,并从弹出菜单中选择"记录集"。

③确保出现简单"记录集"对话框。如图 12-25 所示。

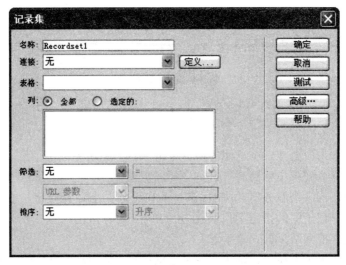

图 12-25　简单"记录集"对话框

如果出现的是高级对话框,则通过单击"简单"按钮切换到简单对话框。

④输入记录集的名称并选择一个连接。

该连接应该连接到包含希望用户搜索的数据的数据库。

⑤在"表"弹出菜单中,选择数据库中要搜索的表。

注:在单参数搜索中,可以只在一个表中搜索记录。若要同时搜索多个表,必须使用高级的"记录集"对话框并定义一个 SQL 查询。

⑥若要使记录集中只包括某些表列,请单击"已选定",然后按住 Ctrl 单击列表中所需的列。

用户应该只包括含有用户要在结果页显示的信息的列。

暂时使"记录集"对话框保持打开状态。下一步将使用该对话框获取搜索页发送的参数，并创建一个记录集过滤器来排除不满足参数的记录。

（2）创建记录集过滤器

①在"筛选"区域中的第一个弹出菜单中，选择要在其中搜索匹配记录的数据库表中的一列。

例如，如果搜索页发送的值是城市名，则在包含城市名的表中选择列。

②从第一个菜单旁边的弹出菜单中，选择等号（它应该为默认值）。

③从第三个弹出式菜单中，选择"表单变量"（如果搜索页上的表单使用 POST 方法），或者选择"URL 参数"（如果搜索页上的表单使用 GET 方法）。

搜索页使用表单变量或是 URL 参数将信息传递到结果页。

④在第四个框中，输入接受搜索页上的搜索参数的表单对象的名称。

对象名称也兼作为表单变量名称或 URL 参数。可以通过下面的方法获取此名称：切换到搜索页，单击表单上的表单对象以选择它，并在属性检查器中查看对象的名称。

例如，假设用户希望创建一个只包括到特定国家/地区的探险旅程的记录集。假设表中有一个名为 TRIPLOCATION 列。另外还假设搜索页上的 HTML 表单使用 GET 方法并包含一个名为 Location 的菜单对象（它显示国家/地区列表）。图 12-26 显示了应如何设置"筛选"部分。

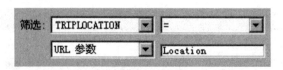

图 12-26　设置"筛选"部分

⑤（可选）单击"测试"，输入一个测试值，然后单击"确定"连接到数据库并创建一个记录集实例。

测试值模拟本来应由搜索页返回的值。单击"确定"关闭测试记录集。

⑥如果用户对该记录集感到满意，请单击"确定"。

将在页面中插入一个服务器端脚本，该脚本在服务器上运行时将检查数据库表中的每条记录。如果某一记录中的指定字段满足过滤条件，则将该记录包含在记录集中。此脚本会生成一个只包含搜索结果的记录集。

下一步是在结果页上显示记录集。有关详细信息，请参阅第 511 页的"显示搜索结果"。

4. 生成高级结果页

如果搜索页向服务器提交多个搜索参数，则必须为结果页编写一个 SQL 查询并在 SQL 变量中使用搜索参数。

注：如果仅有一个搜索条件，则可以使用简单"记录集"对话框来定义记录集。

（1）在 Dreamweaver 中打开结果页，然后通过下面的方法创建一个记录集：打开"绑定"面板（"窗口"＞"绑定"），单击加号（＋）按钮，然后从弹出菜单中选择"记录集"。

（2）确保出现了高级"记录集"对话框。

高级对话框有一个用于输入 SQL 语句的文本区域。如果出现的是简单对话框，则请通过单击"高级"按钮切换到高级对话框。

（3）输入记录集的名称并选择一个连接。

该连接应该连接到包含希望用户搜索的数据的数据库。

（4）在 SQL 文本区域中输入一条 Select 语句。

确保该语句包含一个 WHERE 子句，并且该子句带有可以用来保存搜索参数的变量。在下例中，变量名为 varLastName 和 varDept：

SELECT　EMPLOYEEID，FIRSTNAME，LASTNAME，DEPARTMENT，EXTENSION FROM EMPLOYEE ¬

WHERELASTNAMELIKE'varLastName' ¬

ANDDEPARTMENTLIKE'varDept'

若要减少键入量，可以使用高级"记录集"对话框底部的数据库项目。

（5）通过单击"变量"区域中的加号（＋）按钮并输入变量名、默认值（没有运行时值返回时变量应采用的值）和运行时值（通常是存放浏览器所发送值的服务器对象，如请求变量），将搜索参数的值赋给 SQL 变量。

在图 12-7 所示的 ASP 示例中，搜索页上的 HTML 表单使用 GET 方法并包含一个名为 LastName 的文本字段和一个名为 Department 的文本字段。

图 12-27　ASP 示例

在 ColdFusion 中，运行时值为 ♯LastName♯ 和 ♯Department♯。在 PHP 中，运行时值为 ＄_REQUEST["LastName"]和 ＄_REQUEST["Department"]。

（6）（可选）单击"测试"使用默认的变量值创建一个记录集实例。

默认值模拟本来应由搜索页返回的值。单击"确定"关闭测试记录集。

（7）如果用户对该记录集感到满意，请单击"确定"。

SQL 查询将插入到用户的页面中。

下一步是在结果页上显示记录集。

5.显示搜索结果

创建保留搜索结果的记录集后，用户必须在结果页上显示这些信息。显示记录的过程十分简单，只需将每个列从"绑定"面板拖动到结果页上即可。可以添加导航链接以便在记录集中向前和向后移动，或者可以创建重复区域在页面上显示多条记录。用户还可以将链接添加到详细页。

（1）将插入点放在结果页面上想要显示动态表格的地方，然后选择"插入"＞"数据对象"＞"动态数据"＞"动态表格"。

（2）通过选择用户所定义的用来放置搜索结果的记录集完成"动态表格"对话框。

（3）单击"确定"。用于显示搜索结果的动态表格将被插入到结果页面中。

6.创建一个链接以打开相关的页面（ASP）

用户可以创建打开相关页面并将现有参数传递到该页面的链接。仅当使用 ASP 服务器模型时,服务器行为才可用。

在将"转到相关页面"服务器行为添加到页面前,请确保该页面从另一个页面接收表单或 URL 参数。服务器行为的工作是将这些参数传递到第三个页面。例如,可以将结果页接收的搜索参数传递到另一个页面,从而使用户不必再次输入搜索参数。

另外,可以在页面上选择用作指向相关页面的链接的文本或图像,或者在不选择任何内容的情况下将指针放在该页面上即可插入链接文本。

(1)在"转到相关页面"框中,单击"浏览"并找到相关页面文件。

如果当前页面向自身提交数据,则输入当前页面的文件名。

(2)如果希望传递的参数直接从使用 GET 方法的 HTML 表单获得,或者列在该页的 URL 中,则请选择"URL 参数"选项。

(3)如果希望传递的参数直接从使用 POST 方法的 HTML 表单获得,则请选择"表单参数"选项。

(4)单击"确定"。

当单击新链接时,页面使用查询字符串将参数传递到相关页面。

12.3.3 生成记录插入页面

1. 关于生成记录插入页

用户的应用程序可以包含一个允许用户向数据库中插入新记录的页。

插入页由两个构造块组成:

• 一个允许用户输入数据的 HTML 表单

• 一个更新数据库的"插入记录"服务器行为

当用户在单击表单上的"提交"时,服务器行为会在数据库表中插入记录。

用户可以使用"插入记录表单"数据对象在一次操作中添加这两个构造块,也可以使用 Dreamweaver 表单工具和"服务器行为"面板分别添加它们。

注:插入页一次只能包含一个记录编辑服务器行为。例如,用户不能将"更新记录"或"删除记录"服务器行为添加到插入页。

2. 逐块生成插入页

还可以使用表单工具和服务器行为生成插入页。

(1)将 HTML 表单添加到插入页

①创建一个动态页("文件">"新建">"空白页"),并使用 Dreamweaver 设计工具设计页的布局。

②添加一个 HTML 表单,方法是:将插入点放置在希望表单出现的位置,然后选择"插入">"表单">"表单"。

将在页面上创建一个空表单。用户可能需要启用"不可见元素"("查看">"可视化助理">"不可见元素")来查看表单的边界,边界用红色细线表示。

③为 HTML 表单命名,方法是单击"文档"窗口底部的<form>标签以选择表单,打开属性检查器("窗口">"属性"),然后在"表单名称"框中输入一个名称。

不需要指定表单的 action 或 method 属性来指示当用户单击"提交"按钮时向何处及如何发送记录数据。"插入记录"服务器行为会为用户设置这些属性。

④为要插入记录的数据库表中的每一列添加一个表单对象,如文本字段("插入">"表

单"＞"文本字段")。

表单对象用于数据输入。为了实现该目的,经常会使用文本字段,但是用户也可以使用菜单、选项和单选按钮。

⑤在表单上添加一个"提交"按钮("插入"＞"表单"＞"按钮")。

可以通过以下方法更改"提交"按钮的标签文字:选择该按钮,打开属性检查器("窗口"＞"属性"),并在"标签文字"框中输入一个新值。

(2)添加服务器行为以在数据库表中插入记录(ColdFusion)

①在"服务器行为"面板("窗口"＞"服务器行为")中,单击加号(＋)按钮并从弹出菜单中选择"插入记录"。

②从"提交值,自"弹出菜单中选择一个表单。

③在"数据源"弹出菜单中,选择一个到数据库的连接。

④输入用户的用户名和密码。

⑤在"插入到表格"弹出菜单中,选择要向其中插入记录的数据库表。

⑥指定要向其中插入记录的数据库列,从"值"弹出菜单中选择将插入记录的表单对象,然后从"提交为"弹出菜单中为该表单对象选择数据类型。

数据类型是数据库表中的列所需的数据种类(文本、数字、布尔型选项值)。

为表单中的每个表单对象重复该过程。

⑦在"插入后,转到"框中,输入将记录插入表后要打开的页面,或单击"浏览"按钮浏览到该文件。

⑧单击"确定"。

Dreamweaver 将服务器行为添加到特定页面,该页面允许用户通过填写 HTML 表单并单击"提交"按钮在数据库表中插入记录。

(3)添加服务器行为以在数据库表格中插入记录(ASP)

①在"服务器行为"面板("窗口"＞"服务器行为")中,单击加号(＋)按钮并从弹出菜单中选择"插入记录"。

②在"连接"弹出菜单中,选择一个到数据库的链接。

如果用户需要定义连接,则单击"定义"按钮。

③在"插入到表格"弹出菜单中,选择应向其插入记录的数据库表。

④在"插入后,转到"框中,输入在将记录插入表后要打开的页面,或单击"浏览"浏览到该文件。

⑤在"获取值自"弹出菜单中,选择用于输入数据的 HTML 表单。

Dreamweaver 自动选择页面上的第一个表单。

⑥指定要向其中插入记录的数据库列,从"值"弹出菜单中选择将插入记录的表单对象,然后从"提交为"弹出菜单中为该表单对象选择数据类型。

数据类型是数据库表中的列所需的数据种类(文本、数字、布尔型选项值)。

为表单中的每个表单对象重复该过程。

⑦单击"确定"。

Dreamweaver 将服务器行为添加到特定页面,该页面允许用户通过填写 HTML 表单并单击"提交"按钮在数据库表中插入记录。

若要编辑服务器行为,请打开"服务器行为"面板("窗口"＞"服务器行为"),然后双击

"插入记录"行为。

3.用一次操作生成插入页

(1)在"设计"视图中打开页,然后选择"插入">"数据对象">"插入记录">"插入记录表单向导"。

(2)在"连接"弹出菜单中,选择一个到数据库的连接。如果需要定义连接,请单击"定义"。

(3)在"插入到表格"弹出菜单中,选择应向其插入记录的数据库表。

(4)如果使用ColdFusion,则输入用户名和密码。

(5)在"插入后,转到"框中,输入将记录插入表后要打开的页面,或单击"浏览"按钮浏览到该文件。

(6)在"表单字段"区域中,指定要包括在插入页面的HTML表单上的表单对象,以及每个表单对象应该更新数据库表格中的哪些列。

默认情况下,Dreamweaver为数据库表中的每个列创建一个表单对象。如果用户的数据库为创建的每个新记录都自动生成唯一键ID,则需删除对应于该键列的表单对象,方法是在列表中将其选中然后单击减号(一)按钮。这消除了表单的用户输入已存在的ID值的风险。

用户还可以更改HTML表单上表单对象的顺序,方法是在列表中选中某个表单对象然后单击对话框右侧的向上或向下箭头。

(7)指定每个数据输入域在HTML表单上的显示方式,方法是单击"表单域"表格中的一行,然后在表格下面的框中输入以下信息:

• 在"标签"框中,输入显示在数据输入字段旁边的描述性标签文字。默认情况下,Dreamweaver在标签中显示表列的名称。

• 在"显示为"弹出菜单中,选择一个表单对象作为数据输入字段。用户可以选择"文本字段"、"文本区域"、"菜单"、"复选框"、"单选按钮组"和"文本"。对于只读项,请选择"文本"。用户还可以选择"密码字段"、"文件字段"和"隐藏字段"。

注:隐藏字段插入在表单的结尾。

• 在"提交为"弹出菜单中,选择用户的数据库表接受的数据格式。例如,如果表列只接受数字数据,则选择"数字"。

• 设置表单对象的属性。用户选择作为数据输入字段的表单对象不同,选项也将不同。对于文本字段、文本区域和文本,用户可以输入初始值。对于菜单和单选按钮组,将打开另一个对话框来设置属性。对于选项,选择"已选中"或"未选中"选项。

(8)单击"确定"。

Dreamweaver将HTML表单和"插入记录"服务器行为添加到页面。表单对象布置在一个基本表格中,用户可以使用Dreamweaver页面设计工具自定义该表格。(确保所有表单对象都保持在表单的边界内。)

若要编辑服务器行为,请打开"服务器行为"面板("窗口">"服务器行为"),然后双击"插入记录"行为。

12.3.4　生成更新记录的页面

1.关于记录更新页

用户的应用程序可以包含允许用户更新数据库表中现有记录的一组页。这组页通常由一个搜索页、一个结果页和一个更新页组成。用户可以使用搜索页和结果页检索记录,使用更新页修改记录。

2. 搜索要更新的记录

当用户要更新某个记录时,他们必须首先在数据库中找到该记录。因此,用户需要一个搜索页和一个结果页以便使用更新页。用户在搜索页中输入搜索条件,并在结果页中选择记录。用户单击结果页上的记录时,更新页将打开并在 HTML 表单中显示该记录。

3. 创建指向更新页的链接

创建搜索页和结果页后,用户可在结果页上创建用来打开更新页的链接。然后修改链接以便传递用户所选择记录的 ID。更新页将使用此 ID 在数据库中查找请求的记录并显示该记录。

可使用与打开详细页并传递记录 ID 的过程相同的过程来打开更新页并传递记录 ID。有关详细信息,请参阅 12.3.1 节的"创建指向详细页的链接"。

4. 检索要更新的记录

在结果页将标识要更新的记录的记录 ID 传递给更新页后,更新页必须读取参数,从数据库表中检索该记录,然后将它临时存储在记录集中。

(1)在 Dreamweaver 中创建页并保存。

该页将成为用户的更新页。

(2)在"绑定"面板("窗口">"绑定")中,单击加号(+)按钮并选择"记录集"。

如果出现高级对话框,请单击"简单"。高级对话框有一个用于输入 SQL 语句的文本区域;而简单对话框却没有。

(3)对记录集进行命名,并使用"连接"和"表格"弹出菜单指定要更新的数据所在的位置。

(4)单击"所选"并选择一个键列(通常是记录 ID 列)和包含要更新的数据的列。

(5)配置"筛选"区域,以便键列的值等于结果页传递的相应 URL 参数的值。

这种过滤器会创建一个只包含结果页所指定记录的记录集。例如,如果用户的键列包含记录 ID 信息且名为 PRID,并且结果页在名为 id 的 URL 参数中传递相应的记录 ID 信息,则"筛选"区域的外观如图 12-28 所示。

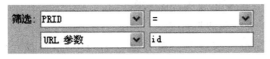

图 12-28　"筛选"

(6)单击"确定"。

当用户在结果页上选择一个记录时,更新页将生成一个只包含所选记录的记录集。

5. 逐块完成更新页

更新页具有三个构造块:

- 一个用于从数据库表中检索记录的过滤记录集
- 一个允许用户修改记录数据的 HTML 表单
- 一个用于更新数据库表的"更新记录"服务器行为

用户可以使用表单工具和"服务器行为"面板分别添加更新页的最后两个基本构造块。

(1)将 HTML 表单添加到更新页

①创建一个页("文件">"新建">"空白页")。该页将成为更新页。

②使用 Dreamweaver 设计工具对用户的页进行布局。

③添加一个 HTML 表单,方法是:将插入点放置在希望表单出现的位置,然后选择"插入">"表单">"表单"。

将在页面上创建一个空表单。用户可能需要启用"不可见元素"("查看">"可视化助理">"不可见元素")来查看表单的边界,边界用红色细线表示。

④为 HTML 表单命名,方法是单击"文档"窗口底部的<form>标签以选择表单,打开属性检查器("窗口">"属性"),然后在"表单名称"框中输入一个名称。

用户不必为表单指定 action 或 method 属性来指示当用户单击"提交"按钮时表单向何处及如何发送记录数据。"更新记录"服务器行为会为用户设置这些属性。

⑤为数据库表中要更新的每一列添加一个表单对象,例如文本字段("插入">"表单">"文本字段")。

表单对象用于数据输入。为了实现该目的,经常会使用文本字段,但是用户也可以使用菜单、选项和单选按钮。

每个表单对象都应该在早先定义的记录集中具有一个对应的列。唯一的例外就是唯一键列,该列没有对应的表单对象。

⑥在表单上添加一个"提交"按钮("插入">"表单">"按钮")。

可以通过以下方法更改"提交"按钮的标签文字:选择该按钮,打开属性检查器("窗口">"属性"),并在"标签文字"框中输入一个新值。

(2)在表单中显示记录

①确保用户定义了一个记录集来保存用户要更新的记录。

②将每个表单对象绑定到记录集中的数据,如以下主题所述:

• "在 HTML 文本域中显示动态内容"
• "动态预先选择 HTML 复选框"
• "动态预先选择 HTML 单选按钮"
• "插入或更改动态 HTML 表单菜单"
• "使现有 HTML 表单菜单成为动态对象"

(3)添加服务器行为来更新数据库表

①在"服务器行为"面板("窗口">"服务器行为")中,单击加号(+)按钮并从弹出菜单中选择"更新记录"。

即会出现"更新记录"对话框。

②从"提交值,自"弹出菜单中选择一个表单。

③在"数据源"或"连接"弹出菜单中,选择一个到数据库的链接。

④如果可行,则输入用户的用户名和密码。

⑤在"更新表格"弹出菜单中,选择包含用户要更新的记录的数据库表。

⑥(ColdFusion、PHP)指定要更新的数据库列,从"值"弹出菜单中选择将更新该列的表单对象,从"提交为"弹出菜单中为该表单对象选择数据类型,并且如果要将此列标识为主键,还应选择"主键"。

数据类型是数据库表中的列所需的数据种类(文本、数字、布尔型选项值)。

为表单中的每个表单对象重复该过程。

⑦(ASP)在"选取记录自"弹出菜单中,指定包含显示在 HTML 表单上的记录的记录

集。在"唯一键列"弹出菜单中,选择一个键列(通常是记录 ID 列)来标识数据库表中的记录。如果该值是一个数字,则选择"数字"选项。键列通常只接受数值,但有时候也接受文本值。

⑧在"更新后,转到"或"如果成功,则转到"框中,输入在表格中更新记录后将要打开的页,或单击"浏览"按钮浏览到该文件。

⑨(ASP)指定要更新的数据库列,从"值"弹出菜单中选择将更新该列的表单对象,然后从"提交为"弹出菜单中为该表单对象选择数据类型。数据类型是数据库表中的列所需的数据种类(文本、数字、布尔型选项值)。为表单中的每个表单对象重复该过程。

⑩单击"确定"。

Dreamweaver 将服务器行为添加到页,该页允许用户通过修改显示在 HTML 表单中的信息并单击"提交"按钮更新数据库表中的记录。

若要编辑服务器行为,请打开"服务器行为"面板("窗口">"服务器行为"),并双击"更新记录"行为。

6. 在一个操作中完成更新页

更新页具有三个构造块:

- 一个用于从数据库表中检索记录的过滤记录集
- 一个允许用户修改记录数据的 HTML 表单
- 一个用于更新数据库表的"更新记录"服务器行为

用户可以使用"更新记录表单"数据对象通过单个操作添加更新页的最后两个构造块。该数据对象将 HTML 表单和"更新记录"服务器行为添加到页中。

在用户可以使用该数据对象之前,Web 应用程序必须能够标识要更新的记录,并且用户的更新页必须能够检索它。

在数据对象将构造块放置在页上后,用户可以使用 Dreamweaver 设计工具按需要自定义表单,或使用"服务器行为"面板编辑"更新记录"服务器行为。

注:更新页一次只能包含一个记录编辑服务器行为。例如,用户不能将"插入记录"或"删除记录"服务器行为添加到更新页。

(1)在"设计"视图中打开该页,并选择"插入">"数据对象">"更新记录">"更新记录表单向导"。

即会出现"更新记录表单"对话框。

(2)在"连接"弹出菜单中,选择一个到数据库的连接。

如果用户需要定义连接,则单击"定义"按钮。

(3)在"要更新的表格"弹出菜单中,选择包含要更新的记录的数据库表。

(4)在"选取记录自"弹出菜单中,指定包含显示在 HTML 表单中的记录的记录集。

(5)在"唯一键列"弹出菜单中,选择一个键列(通常是记录 ID 列)来标识数据库表中的记录。

如果该值是一个数字,则选择"数字"选项。键列通常只接受数值,但有时候也接受文本值。

(6)在"更新后,转到"框中,输入在表格中更新记录之后要打开的页面。

(7)在"表单域"区域中,指定每个表单对象应该更新数据库表中的哪些列。

默认情况下,Dreamweaver 为数据库表中的每个列创建一个表单对象。如果用户的数据库为创建的每个新记录都自动生成唯一键 ID,则需删除对应于该键列的表单对象,方法是在列表中将其选中然后单击减号(一)按钮。这消除了表单的用户输入已存在的 ID 值的风险。

用户还可以更改 HTML 表单上表单对象的顺序,方法是在列表中选中某个表单对象然后单击对话框右侧的向上或向下箭头。

(8)指定每个数据输入域在 HTML 表单上的显示方式;方法是单击"表单域"表格中的某一行,然后在表格下面的框中输入以下信息:

• 在"标签"框中,输入显示在数据输入字段旁边的描述性标签文字。默认情况下,Dreamweaver 在标签中显示表列的名称。

• 在"显示为"弹出菜单中,选择一个表单对象作为数据输入字段。用户可以选择"文本字段"、"文本区域"、"菜单"、"复选框"、"单选按钮组"和"文本"。对于只读项,请选择"文本"。用户还可以选择"密码字段"、"文件字段"和"隐藏字段"。

注:隐藏字段插入在表单的结尾。

• 在"提交为"弹出菜单中,请选择用户的数据库表所需的数据格式。例如,如果表列只接受数字数据,则选择"数字"。

• 设置表单对象的属性。用户选择作为数据输入字段的表单对象不同,选项也将不同。对于文本字段、文本区域和文本,用户可以输入初始值。对于菜单和单选按钮组,将打开另一个对话框来设置属性。对于选项,选择"已选中"或"未选中"选项。

(9)通过选择另一个表单域行并输入标签、"显示为"值和"提交为"值来设置其他表单对象的属性。

对于菜单和单选按钮组,打开另一个对话框来设置属性。对于选项,定义一个选项当前记录的值和给定值之间的比较,以确定当显示记录时是否选中了该选项。

(10)单击"确定"。

Dreamweaver 将 HTML 表单和"更新记录"服务器行为添加到页中。

该数据对象将 HTML 表单和"更新记录"服务器行为添加到页中。表单对象布置在一个基本表格中,用户可以使用 Dreamweaver 页面设计工具自定义该表格。(确保所有表单对象都保持在表单的边界内。)

若要编辑服务器行为,请打开"服务器行为"面板("窗口">"服务器行为"),并双击"更新记录"行为。

7. 表单元素属性选项

"表单元素属性"对话框用于设置页上表单元素的选项以允许用户更新数据库中的记录。

(1)根据计划创建表单元素的方式,选择"手动"或"来自数据库"。

(2)单击加号(+)按钮添加元素。

(3)为该元素输入标签和值。

(4)在"选取值等于"框中,如果要在浏览器中打开页面时或在表单中显示记录时选择特定的元素,则输入一个等于该元素值的值。

用户可以输入静态值,或者通过单击闪电图标,然后从数据源列表中选择一个动态值来指定动态值。无论在何种情况下,所指定的值都应该与元素值之一匹配。

12.3.5　生成删除记录的页面

1. 关于记录删除页

应用程序可以包含允许用户删除数据库中记录的一组页。这组页通常由一个搜索页、一个结果页和一个删除页组成。删除页通常是一个与结果页一同使用的详细页。用户可以使用搜索页和结果页检索记录，并使用删除页来确认和删除记录。

创建搜索页和结果页后，在结果页上添加链接来打开删除页，然后生成显示记录和"提交"按钮的删除页。

2. 搜索要删除的记录

当用户要删除某个记录时，他们必须首先在数据库中找到该记录。因此，用户需要一个搜索页和一个结果页以便使用删除页。用户在搜索页中输入搜索条件，并在结果页中选择记录。当用户单击该记录时，删除页将打开并在 HTML 表单中显示该记录。

3. 创建指向删除页的链接

创建搜索页和结果页后，用户必须在结果页上创建用来打开删除页的链接。然后修改这些链接传递用户要删除的记录的 ID。删除页使用该 ID 来查找和显示记录。

（1）手动创建链接

①在结果页上，通过以下方式在表格中创建列来显示记录：在最后一个表格列内单击，然后选择"修改"＞"表格"＞"插入行或列"。

②选择"列"选项和"当前列之后"选项，并单击"确定"。

随即在该表格中将添加一列。

③在新创建的表格列中，在包含动态内容占位符的行中输入 Delete 字符串。确保在选项卡式的重复区域内输入该字符串。

用户还可以插入图像，上面带有指示删除的文字或符号。

④选择 Delete 字符串将一个链接应用于该字符串。

⑤在属性检查器的"链接"框中输入删除页。用户可以输入任何文件名。

在"链接"框外单击后，Delete 字符串在表格中显示为链接状态。如果启用"实时"视图，用户可以看到该链接被应用于每个表格行中的相同文本。

⑥在结果页上选择该"删除"链接。

⑦（ColdFusion）在属性检查器的"链接"框中，将下面的字符串添加到 URL 的末尾：

? recordID＝ #recordsetName. fieldName#

问号将告知服务器接下来是一个或多个 URL 参数。单词"recordID"是 URL 参数的名称（用户可以指定任何所需的名称）。记下该 URL 参数的名称，因为接下来会在删除页中用到它。

等号后的表达式是该参数的值。在本例中，该值由从记录集返回记录 ID 的 ColdFusion 表达式生成。它将为动态表格中的每一行生成一个不同的 ID。在 ColdFusion 表达式中，用用户的记录集的名称替换 recordsetName，用记录集中唯一标识每条记录的字段的名称来替换 fieldName。大多数情况下，该字段将由一个记录 ID 号组成。在下例中，该字段由唯一位置代码组成：

confirmDelete. cfm? recordID＝ #rsLocations. CODE#

当该页运行时，记录集的 CODE 字段的值将插入到动态表格相应的行中。例如，如果澳

大利亚堪培拉(Canberra)的租位代码为 CBR,则动态表格中有堪培拉(Canberra)的行将使用如下 URL:

confirmDelete. cfm? recordID=CBR

⑧(PHP)在属性检查器的"链接"字段中,将下面的字符串添加到 URL 的末尾处:

? recordID=<? php echo $ row_recordsetName['fieldName'];? >

问号将告知服务器接下来是一个或多个 URL 参数。单词"recordID"是 URL 参数的名称(用户可以指定任何所需的名称)。记下该 URL 参数的名称,因为接下来会在删除页中用到它。

等号后的表达式是该参数的值。在本例中,该值由从记录集返回记录 ID 的 PHP 表达式生成。它将为动态表格中的每一行生成一个不同的 ID。在 PHP 表达式中,用用户的记录集的名称替换 recordsetName,用记录集中唯一标识每条记录的字段的名称来替换 fieldName。大多数情况下,该字段将由一个记录 ID 号组成。在下例中,该字段由唯一位置代码组成:

confirmDelete. php? recordID=<? phpecho $ row_rsLocations['CODE'];? >

当该页运行时,记录集的 CODE 字段的值将插入到动态表格相应的行中。例如,如果澳大利亚堪培拉(Canberra)的租位代码为 CBR,则动态表格中有堪培拉(Canberra)的行将使用如下 URL:

confirmDelete. php? recordID=CBR

⑨(ASP)在属性检查器的"链接"字段中,将下面的字符串添加到 URL 的末尾处:

? recordID=<%=(recordsetName. Fields. Item("fieldName"). Value)%>

问号将告知服务器接下来是一个或多个 URL 参数。单词"recordID"是 URL 参数的名称(用户可以指定任何所需的名称)。记下该 URL 参数的名称,因为接下来会在删除页中用到它。

等号后的表达式是该参数的值。在本例中,该值由从记录集返回记录 ID 的 ASP 表达式生成。它将为动态表格中的每一行生成一个不同的 ID。在 ASP 表达式中,用用户的记录集的名称替换 recordsetName,用记录集中唯一标识每条记录的字段的名称来替换 fieldName。大多数情况下,该字段将由一个记录 ID 号组成。在下例中,该字段由唯一位置代码组成:

confirmDelete. asp? recordID=<%=(rsLocations. Fields. Item("CODE"). Value)%>

当该页运行时,记录集的 CODE 字段的值将插入到动态表格相应的行中。例如,如果澳大利亚堪培拉(Canberra)的租位代码为 CBR,则动态表格中有堪培拉(Canberra)的行将使用如下 URL:

confirmDelete. asp? recordID=CBR

⑩保存该页面。

(2)以可视化方式创建链接(仅适于 ASP)

①在结果页上,通过以下方式在表格中创建列来显示记录:在最后一个表格列内单击,然后选择"修改">"表格">"插入行或列"。

②选择"列"选项和"当前列之后"选项,并单击"确定"。

随即在该表格中将添加一列。

③在新创建的表格列中,在包含动态内容占位符的行中输入 Delete 字符串。确保在选

项卡式的重复区域内输入该字符串。

用户还可以插入图像,上面带有指示删除的文字或符号。

④选择 Delete 字符串将一个链接应用于该字符串。

⑤在"服务器行为"面板("窗口">"服务器行为")中,单击加号(＋)按钮,然后从弹出菜单中选择"转到详细页面"。

⑥在"详细页"框中,单击"浏览"并定位删除页。

⑦在"传递 URL 参数"框中,指定参数的名称,如 recordID。

可以使用用户喜欢的任何名称,但一定要记下此名称,因为后面要在删除页中使用它。

⑧从记录集和"列"弹出菜单中选择记录集和列,以指定要传递到删除页的值。通常,该值对于记录是唯一的,如记录的唯一键 ID。

⑨选择"URL 参数"选项。

⑩单击"确定"。

会出现一个围绕所选文本的特殊链接。当用户单击该链接时,"转到详细页面"服务器行为将一个包含记录 ID 的 URL 参数传递到指定删除页。例如,如果 URL 参数名为 recordID,删除页名为 confirmdelete.asp,则当用户单击链接时,URL 类似于下面的示例:

http://www.mysite.com/confirmdelete.asp? recordID＝43

URL 的第一部分 http://www.mysite.com/confirmdelete.asp 用于打开删除页。第二部分? recordID＝43 是 URL 参数。它告诉删除页要查找和显示哪个记录。术语 recordID 是 URL 参数的名称,43 是它的值。在本例中,URL 参数包含记录的 ID 号,即 43。

4. 生成删除页

完成用于列出记录的页后,请切换到删除页。删除页将显示该记录,并询问用户是否确实要删除该记录。当用户单击表单按钮确认该操作后,Web 应用程序将从数据库中删除该记录。

生成此页分四步:创建 HTML 表单;检索要在表单中显示的记录;在表单中显示记录;添加逻辑以从数据库中删除记录。检索和显示记录分两步:定义一个用来存放单个记录(用户希望删除的记录)的记录集;将该记录集的列绑定到表单。

注:删除页一次只能包含一个记录编辑服务器行为。例如,用户不能将"插入记录"或"更新记录"服务器行为添加到删除页。

(1)创建用来显示记录的 HTML 表单

①创建页面,并将它另存为用户在上一节指定的删除页。

用户在上一节创建"删除"链接时已指定了一个删除页。在第一次保存该文件时将使用该名称(如 deleteConfirm.cfm)。

②在页面上插入一个 HTML 表单("插入">"表单">"表单")。

③在表单中添加一个隐藏表单域。

该隐藏表单域是存储 URL 参数传递的记录 ID 所必需的。若要添加隐藏字段,请将插入点置于表单中,并选择"插入">"表单">"隐藏域"。

④在表单上添加按钮。

用户将单击该按钮以确认和删除所显示的记录。若要添加按钮,请将插入点置于表单中,然后选择"插入">"表单">"按钮"。

⑤用户可以通过所需的任何方式增强页面的设计并将其保存。

(2)检索用户希望删除的记录

①在"绑定"面板("窗口">"绑定")中,单击加号(＋)按钮并从弹出菜单中选择"记录集(查询)"。

将出现简单的"记录集"或"数据集"对话框。如果出现的是高级"记录集"对话框,请单击"简单"。如图 12-29 所示。

②为该记录集命名,并选择一个数据源和包含用户可删除的记录的数据库表。

③在"列"区域中,选择要在页上显示的表格列(记录字段)。

若要只显示记录的某些字段,请单击"已选定",然后按住 Ctrl 单击列表中的列,以选择所需字段。

确保包含记录 ID 字段,即使用户不打算显示该字段。

④如下所示完成"筛选"部分,以便查找和显示结果页所传递的 URL 参数中指定的记录:

• 从"筛选"区域的第一个弹出菜单中,选择记录集中的列,该列包含的值与带有"删除"链接的页所传递的 URL 参数值相匹配。例如,如果 URL 参数包含一个记录 ID 号,则选择包含记录 ID 号的列。在上一节讨论的示例中,记录集列 CODE 包含的值与带有"删除"链接的页所传递的 URL 参数值相匹配。

• 从第一个菜单旁边的弹出菜单中选择等号(如果尚未选定)。

• 从第三个弹出菜单中选择"URL 参数"。包含"删除"链接的页使用 URL 参数向删除页传递信息。

• 在第四个文本框中,输入由带有"删除"链接的页传递的 URL 参数的名称。

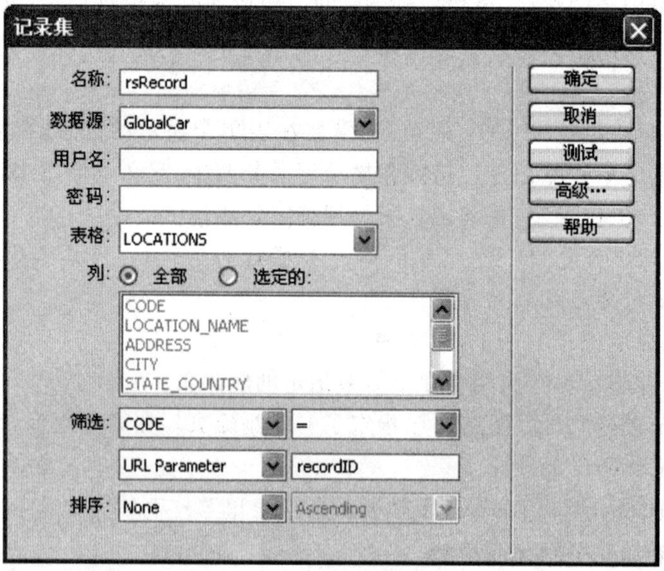

图 12-29　简单的"记录集"

⑤单击"确定"。

记录集随即出现在"绑定"面板中。

(3)显示用户希望删除的记录

①在"绑定"面板上选择记录集列(记录字段)并将它们拖动到删除页。

请确保用户在表单边框内插入只读动态内容。

接着,必须将记录 ID 列绑定到隐藏表单域。

②确保启用了"不可见元素"("查看"＞"可视化助理"＞"不可见元素"),然后单击代表隐藏表单字段的黄色盾牌图标。

已选中隐藏表单域。

③在属性检查器中,单击"值"框旁边的闪电图标。

④在"动态数据"对话框的记录集中选择记录 ID 列。

在图 12-30 所示的示例中,记录 ID 列 CODE 包含唯一存储代码。

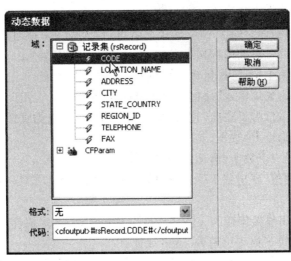

图 12-30　选定的记录 ID 列

⑤单击"确定",保存该页。如图 12-31 所示。

图 12-31　图题文字完成后的删除页

5.添加用来删除记录的逻辑

在删除页上显示所选记录后,用户必须向该页添加当用户单击"确认删除"按钮时从数据库中删除该记录的逻辑。用户可以使用"删除记录"服务器行为快速方便地添加此逻辑。

(1)添加服务器行为以删除记录(ColdFusion、PHP)

①请确保 ColdFusion 或 PHP 删除页在 Dreamweaver 中打开。

②在"服务器行为"面板("窗口">"服务器行为")中,单击加号(＋)按钮,然后选择"删除记录"。

③在"首先检查是否已定义变量"框中,确保选择"主键值"。

随后用户将在对话框中指定主键值。

④在"连接"或"数据源"(ColdFusion)弹出菜单中,选择一个指向该数据库的连接,以便服务器行为可以连接到受影响的数据库。

⑤在"表格"弹出菜单中,选择包含要删除的记录的数据库表。

⑥在"主键列"弹出菜单中,选择包含记录 ID 的表格列。

"删除记录"服务器行为将在此列搜索匹配值。此列与绑定到页面上的隐藏表单域的记录集列应包含相同的记录 ID 数据。

如果该记录 ID 是一个数字,请选择"数字"选项。

⑦(PHP)在"主键值"弹出菜单中,选择页上包含记录 ID 的变量,该记录 ID 标识了要删除的记录。

该变量是由隐藏表单域创建的。其名称与隐藏字段的 name 属性相同,是一个表单参数或 URL 参数,具体取决于该表单的 method 属性。

⑧在"删除后,转到"框或"如果成功,则转到"框中,指定从数据库表删除该记录后要打开的页。

可以指定向用户显示含有简短的成功消息的页,或者指定一个页,在其中列出剩余记录,使用户可以验证该记录是否已被删除。如图 16-32 所示。

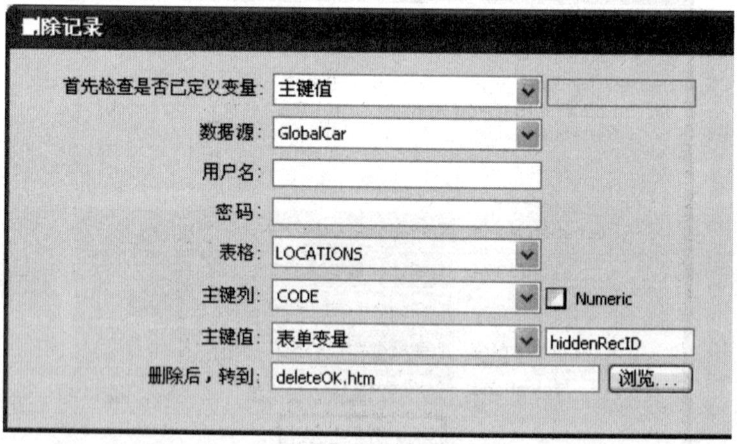

图 16-32　删除记录

⑨单击"确定"保存用户的工作。

(2)添加服务器行为以删除记录(ASP)

①请确保 ASP 删除页在 Dreamweaver 中打开。

②在"服务器行为"面板("窗口">"服务器行为")中,单击加号(＋)按钮,然后选择"删除记录"。

③在"连接"弹出菜单中,选择一个到该数据库的连接,这样服务器行为就可以连接到受影响的数据库。

如果用户需要定义连接,则单击"定义"按钮。

④在"从表格中删除"弹出菜单中,选择包含要删除的记录的数据库表格。

⑤在"选取记录自"弹出菜单中,指定包含要删除的记录的记录集。

⑥在"唯一键列"弹出菜单中,选择一个键列(通常是记录 ID 列)来标识数据库表中的记录。

如果该值是一个数字,则选择"数字"选项。键列通常只接受数值,但有时候也接受文本值。

⑦在"提交此表单以删除"弹出菜单中,指定具有将删除命令发送到服务器的"提交"按钮的 HTML 表单。

⑧在"删除后,转到"框中,指定从数据库表格删除该记录之后将打开的页。

可以指定向用户显示简短的成功消息的页,或者指定一个在其中列出剩余记录的页,使用户可以验证该记录是否已被删除。

⑧单击"确定"保存用户的工作。

(3)测试删除页

①将搜索、结果和删除页上传到 Web 服务器,打开浏览器,然后搜索要删除的一次性测试记录。

当单击结果页上的"删除"链接时,将显示删除页。

②单击"确认"按钮可从数据库中删除该记录。

③要验证记录是否已被删除,请再次搜索该记录。结果页中将不再显示该记录。

12.3.6　使用高级数据操作对象来生成页

1.关于 ASP 命令对象

ASP 命令对象是对数据库执行某种操作的服务器对象。该对象可以包含任何有效的 SQL 语句,包括返回记录集的语句或在数据库中插入、更新或删除记录的语句。如果 SQL 语句添加或删除表格中的列,则命令对象可以改变数据库的结构。用户还可以使用命令对象在数据库中运行预存过程。

应用程序服务器可以重复使用该对象的单个编译的版本来多次执行命令,从这种意义上说,命令对象是可以重复使用的。通过将命令对象的"Prepared"属性设置为 true 可以使该命令能够重复使用,如下面的 VBScript 语句所示:

mycommand. Prepared＝true

如果用户知道将多次执行该命令,则具有该对象的单个编译的版本可以使数据库操作更加有效。

注:并不是所有数据库提供程序都支持已准备命令。如果用户的数据库不支持,则将此属性设置为 true 时,可能返回一条错误消息。它甚至可能忽略准备命令的请求并将"Prepared"属性设置为 false。

命令对象是由 ASP 页上的脚本创建的,但是 Dreamweaver 允许用户创建命令对象而无需编写 ASP 代码。

2.使用 ASP 命令修改数据库

用户可以使用 Dreamweaver 创建在数据库中插入、更新或删除记录的 ASP 命令对象。用户可以向命令对象提供对数据库执行操作的 SQL 语句或预存过程。

(1)在 Dreamweaver 中,打开将运行该命令的 ASP 页。

(2)打开"服务器行为"面板("窗口">"服务器行为"),单击加号(+)按钮,然后选择"命令"。

(3)输入命令的名称,选择指向包含要编辑的记录的数据库的连接,然后选择需要执行该命令的编辑操作(插入、更新或删除)。

Dreamweaver 将根据用户选择的操作类型启动相应的 SQL 语句。例如,如果用户选择"插入",则对话框如图 12-33 所示。

图 12-33　输入命令的名称

(4)完成 SQL 语句。

有关编写修改数据库的 SQL 语句的信息,请查询 Transact-SQL 手册。

(5)使用"变量"区域定义任何 SQL 变量。提供变量名称和运行时值。指定每个变量的类型和大小可防范注入式攻击。

图 12-34 显示了包含三个 SQL 变量的插入语句。这三个变量的值是由传递到页的 URL 参数提供的,如在"变量"区域的"运行时值"列中定义的那样。

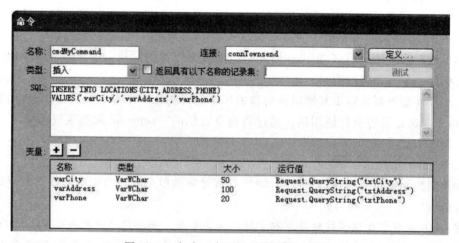

图 12-34　包含三个 SQL 变量的插入语句

若要获取"大小"值,请使用 Dreamweaver 中的"数据库"面板。在"数据库"面板中,查找所需的数据库并将其展开。然后,查找正在使用的表并将其展开。表中会列出各个字段的大小。例如,表中可能会显示"ADDRESS(WChar 50)"。在本例中,50 就是大小值。也可以在数据库应用程序中查找大小值。

注: 数字、布尔和日期/时间数据类型总是使用－1 作为大小值。

若要确定"类型"值,请参阅表 12-8。

表 12-8　"类型"值

数据库中的类型	Dreamweaver 中的类型	大小
数字(MS Access、MS SQL Server、MySQL)	双精度	－1
布尔型(是/否)(MS Access、MS SQL Server、MySQL)	双精度	－1
日期/时间(MS Access、MY SQL Server、MySQL)	DBTimeStamp	－1
所有其他文本字段类型,包括 MySQL 文本数据类型(char、varchar 和 longtext)	LongVarChar	检查数据库表
文本(MS Access)或 nvarchar,nchar(MS SQL Server)	VarWCher	检查数据库表
备注(MS Access)、ntext(MS SQL Server)或支持大量文本的字段	LongVarWChar	1073741823

(6)关闭对话框。

Dreamweaver 将在用户的页面中插入 ASP 代码,该代码在服务器上运行时将创建一个在数据库中插入、更新或删除记录的命令。

默认情况下,该代码将命令对象的"Prepared"属性设置为 true,这使应用程序服务器在每次运行该命令时都重复使用对象的单个编译的版本。若要更改此设置,请切换到"代码"视图并将"Prepared"属性更改为 false。

(7)创建一个包含 HTML 表单的页,以便用户可以输入记录数据。在 HTML 表单中包含三个文本字段(txtCity、txtAddress 和 txtPhone)和一个提交按钮。该表单使用 GET 方法并将文本字段值提交到包含用户的命令的页。

3. 关于预存过程

虽然用户可以使用服务器行为生成修改数据库的页面,但也可以使用数据库操作对象(例如预存过程或 ASP 命令对象)生成这些页面。

预存过程是一种可以重复使用的数据库项,用于对数据库执行某种操作。预存过程包含具有一定功能的 SQL 代码,例如能够插入、更新或删除记录的 SQL 代码。预存过程还可以改变数据库本身的结构。例如,用户可以使用预存过程添加表格列,或者甚至可以删除表格。

一个预存过程还可以调用另一个预存过程,以及接受输入参数并以输出参数的形式向调用过程返回多个值。

用户可以重复使用预存过程的单个编译的版本来多次执行数据库操作,从这种意义上说,预存过程是可以重复使用的。如果用户知道将多次执行某个数据库任务(即不同的应用程序将执行相同的任务),则使用预存过程执行该任务可以使数据库操作更有效。

注: MySQL 和 Microsoft Access 数据库不支持预存过程。

4. 添加预存过程(ColdFusion)

用户可以使用预存过程修改数据库。预存过程是一种可以重复使用的数据库项,用于对数据库执行某种操作。

在用户使用预存过程修改数据库之前,确保预存过程包含以某种方式修改数据库的

SQL。若要在数据库中创建并存储一个 SQL,请查询用户的数据库文档以及有用的 Transact-SQL 手册。

(1)在 Dreamweaver 中,打开将运行预存过程的页。

(2)在"绑定"面板("窗口">"绑定")中,单击加号(十)按钮,然后选择"预存过程"。

(3)在"数据源"弹出菜单中,选择一个到包含预存过程的数据库的连接。

(4)输入 ColdFusion 数据源的用户名和密码。

(5)从"过程"弹出菜单中选择一个预存过程。

Dreamweaver 自动填写任何参数。

(6)选择参数,如果需要进行更改请单击"编辑"。

即会出现"编辑预存过程变量"对话框。正在编辑的变量名显示在"名称"框中。

注:用户必须为任何预存过程输入参数输入测试值。

(7)按需要进行更改:

•从弹出菜单中选择一个方向。预存过程可能具有输入值、输出值,或者既具有输入值又具有输出值。

•从弹出菜单中选择 SQL 类型。输入返回变量、运行时值和测试值。

(8)如果预存过程采用参数,则单击加号(十)按钮添加页参数。

注:用户必须为每个预存过程参数返回值输入对应的页参数。除非有对应的返回值,否则不要添加页参数。

如果需要,再次单击加号(十)按钮添加另一个页参数。

(9)选择一个页参数,并单击减号(一)按钮删除该参数(如果需要)或单击"编辑"对该参数进行更改。

(10)选择"返回具有以下名称的记录集"选项,然后输入记录集的名称;如果预存过程返回记录集,则单击"测试"按钮查看预存过程返回的记录集。

Dreamweaver 运行预存过程并显示记录集(如果存在)。

注:如果预存过程返回记录集并采用参数,则用户必须在"变量"框的"默认值"列中输入一个值以测试该预存过程。

用户可以使用不同的测试值生成不同的记录集。若要更改测试值,则单击"参数"的"编辑"按钮,然后更改测试值;或者单击"页参数"的"编辑"按钮,然后更改默认值。

(11)如果预存过程返回状态代码返回值,则选择"返回具有以下名称的状态代码"选项,然后输入状态代码的名称。单击"确定"。

关闭对话框后,Dreamweaver 将在用户的页中插入 ColdFusion 代码,当在服务器上运行该代码时,将调用数据库中的预存过程。预存过程接着执行数据库操作,例如插入记录。

如果预存过程采用参数,则用户可以创建一个页,该页通过预存过程收集参数值并将参数值提交到页。例如,用户可以创建一个使用 URL 参数或 HTML 表单从用户收集参数值的页。

5.运行预存过程(ASP)

当处理 ASP 页时,用户必须将命令对象添加到页以运行预存过程。

(1)在 Dreamweaver 中,打开将运行预存过程的页。

(2)在"绑定"面板("窗口">"绑定")中,单击加号(十)按钮,然后选择"命令(预存过程)"。

即会出现"命令"对话框。

（3）输入该命令的名称,选择一个到包含预存过程的数据库的连接,然后从"类型"弹出菜单中选择"预存过程"。

（4）选择用户的预存过程,方法是展开"数据库项"框中的"预存过程"分支,从列表中选择预存过程,然后单击"过程"按钮。

（5）在"变量"表格中输入任何所需的参数。

不需要为任何 RETURN_VALUE 变量输入任何参数。

（6）单击"确定"。

关闭该对话框后,ASP 代码便插入到用户的页面中。当代码在服务器上运行时,代码将创建一个命令对象,该对象将在数据库中运行预存过程。预存过程接着执行数据库操作,例如插入记录。

默认情况下,该代码将命令对象的"Prepared"属性设置为 true,这使应用程序服务器在每次运行预存过程时重复使用对象的一个编译版本。如果用户知道将多次执行该命令,则具有该对象的单个编译的版本可以提高数据库操作的效率。但是,如果该命令只执行一两次,则使用单个编译的版本实际上可能会降低 Web 应用程序的效率,因为系统必须暂停来编译该命令。若要更改设置,请切换到"代码"视图并将"Prepared"属性更改为 false。

注:并不是所有数据库提供程序都支持已准备命令。如果用户的数据库不支持,当运行此页时,用户可能会得到一条错误信息。切换到"代码"视图并将"Prepared"属性更改为 false。

如果预存过程采用参数,则用户可以创建一个页,该页通过预存过程收集参数值并将参数值提交到该页。例如,用户可以创建一个使用 URL 参数或 HTML 表单从用户收集参数值的页。

12.3.7　生成注册页

1. 关于注册页

Web 应用程序可以包含要求用户在首次访问站点时进行注册的页。

注册页由以下构造块组成:

* 存储有关用户登录信息的数据库表
* 使用户可以选择用户名和密码的 HTML 表单

用户也可以使用该表单来获取用户的其他个人信息。

* 用于更新站点用户数据库表的"插入记录"服务器行为
* 用于确保用户输入的用户名没有被其他用户使用的"检查新用户名"服务器行为

2. 存储有关用户的登录信息

注册页需要使用数据库表来存储用户输入的登录信息。

* 请确保数据库表包含用户名和密码列。如果用户希望登录的用户具有不同的访问权限,请包含一个访问权限列。

* 如果要为站点的所有用户设置一个通用的密码,请配置数据库应用程序（Microsoft Access、Microsoft SQLServer、Oracle 等）,使其在默认情况下将该密码输入到每个新的用户记录中。在大多数数据库应用程序中,每次新建记录时,都可以将一个列设置为默认值。将该默认值设置为密码。

* 用户还可以使用数据库表来存储有关用户的其他有用信息。

创建注册页的下一步是向注册页添加一个 HTML 表单,以使用户可以选择用户名和密码(如果适用)。

3.添加用于选择用户名和密码的 HTML 表单

用户可以向注册页添加一个 HTML 表单,以使用户可以选择用户名和密码(如果适用)。

(1)创建页("文件">"新建">"空白页")并使用 Dreamweaver 设计工具设计注册页的布局。

(2)将插入点放置在用户想要显示表单的位置,然后从"插入"菜单中选择"表单",这样就可以添加一个 HTML 表单。

将在页面上创建一个空表单。用户可能需要启用"不可见元素"("查看">"可视化助理">"不可见元素")来查看表单的边界,边界用红色细线表示。

(3)为 HTML 表单命名,方法是单击"文档"窗口底部的<form>标签以选择表单,打开属性检查器("窗口">"属性"),然后在"表单名称"框中输入一个名称。

用户不必为表单指定 action 或 method 属性来指示当用户单击"提交"按钮时表单向何处及如何发送记录数据。"插入记录"服务器行为会为用户设置这些属性。

(4)添加文本字段("插入">"表单">"文本域"),以便让用户输入用户名和密码。

该表单还可以包含更多的表单对象,以记录其他个人数据。

用户应该在每个表单对象的旁边添加标签文字(以文本或图像的形式),让用户知道它们的用途,还应该通过将表单对象放入 HTML 表格来排列这些对象。有关表单对象的详细信息,请参见第 544 页的"创建 Web 表单"。

(5)在表单上添加一个"提交"按钮("插入">"表单">"按钮")。

可以通过以下方法更改"提交"按钮的标签文字:选择该按钮,打开属性检查器("窗口">"属性"),并在"值"框中输入一个新值。

创建注册页的下一步是添加"插入记录"服务器行为,以便将记录插入到数据库中的用户表格。

4.更新用户的数据库表格

用户必须在注册页中添加"插入记录"服务器行为,以更新数据库中的用户表格。

(1)在"服务器行为"面板("窗口">"服务器行为")中,单击加号(+)按钮并从弹出菜单中选择"插入记录"。

即会出现"插入记录"对话框。

(2)完成此对话框,确保指定数据库中要插入用户数据的用户表格。单击"确定"。

创建注册页的最后一步是确保用户名没有被其他注册用户使用。

5.添加用于确保用户名唯一的服务器行为

用户可以将服务器行为添加到用户注册页,它将先验证用户名是唯一的,然后才将该用户添加到注册用户数据库中。

当用户单击注册页上的"提交"按钮时,该服务器行为将对用户输入的用户名和存储在注册用户数据库表中的用户名进行比较。如果没有在数据库表中找到匹配的用户名,则该服务器行为通常会执行插入记录操作。如果找到匹配的用户名,该服务器行为将取消插入记录操作并打开一个新页(通常是提示用户该用户名已被使用的页)。

(1)在"服务器行为"面板("窗口">"服务器行为")中,单击加号(+)按钮并从弹出菜单中选择"用户身份验证">"检查新用户名"。

（2）在"用户名字段"弹出菜单中，选择访问者用来输入用户名的表单文本字段。

（3）在"如果已存在，则转到"框中，指定在数据库表中找到匹配的用户名时所打开的页，并单击"确定"。

所打开的页应提示用户该用户名已被使用，并且让用户重试。

12.3.8　生成登录页

1.关于登录页

Web 应用程序可以包含让注册用户登录站点的页。

登录页由以下构造块组成：

- 注册用户的数据库表
- 使用户可以输入用户名和密码的 HTML 表单
- 确保输入的用户名和密码有效的"登录用户"服务器行为

当用户成功登录时，将为该用户创建一个包含其用户名的会话变量。

2.创建注册用户的数据库表格

用户需要使用注册用户的数据库表格来验证在登录页中输入的用户名和密码是否有效。

生成登录页的下一步是将一个 HTML 表单添加到页面，以便用户可以登录。有关说明请参见下一个主题。

3.添加使用户可以登录的 HTML 表单

用户可以在页上添加一个 HTML 表单，以使用户可以通过输入用户名和密码来进行登录。

（1）创建页（"文件">"新建">"空白页"）并使用 Dreamweaver 设计工具设计登录页的布局。

（2）将插入点放置在希望表单出现的位置，然后从"插入"菜单中选择"表单"，这样就可以添加一个 HTML 表单。

将在页面上创建一个空表单。用户可能需要启用"不可见元素"（"查看">"可视化助理">"不可见元素"）来查看表单的边界，边界用红色细线表示。

（3）为 HTML 表单命名，方法是单击"文档"窗口底部的<form>标签以选择表单，打开属性检查器（"窗口">"属性"），然后在"表单名称"框中输入一个名称。

用户不必为表单指定 action 或 method 属性来指示当用户单击"提交"按钮时表单向何处及如何发送记录数据。登录用户服务器行为会为用户设置这些属性。

（4）在该表单上添加一个用户名和一个密码文本字段（"插入">"表单">"文本域"）。

在每个文本字段旁边添加标签（以文本或图像的形式），然后将这些文本字段放入 HTML 表格并将表格的 border 属性设置为 0，以排列这些文本字段。

（5）在表单上添加一个"提交"按钮（"插入">"表单">"按钮"）。

可以通过以下方法更改"提交"按钮的标签文字：选择该按钮，打开属性检查器（"窗口">"属性"），并在"标签文字"框中输入一个新值。

生成登录页的下一步是添加"登录用户"服务器行为，以验证输入的用户名和密码是否有效。

4.验证用户名和密码

用户必须在登录页中添加"登录用户"服务器行为以确保用户输入的用户名和密码有效。

当用户单击登录页上的"提交"按钮时,"登录用户"服务器行为将对用户输入的值和注册用户的值进行比较。如果这些值匹配,该服务器行为会打开一个页(通常是站点的欢迎屏幕)。如果这些值不匹配,则该服务器行为将会打开另一页(通常是提示用户登录尝试失败的页)。

(1)在"服务器行为"面板("窗口">"服务器行为")中,单击加号(+)按钮并从弹出菜单中选择"用户身份验证">"登录用户"。

(2)指定访问者在输入用户名和密码时所使用的表单和表单对象。

(3)(ColdFusion)如果可行,请输入用户的用户名和密码。

(4)指定包含所有注册用户的用户名和密码的数据库表和列。

该服务器行为将对访问者在登录页上输入的用户名及密码和这些列中的值进行比较。

(5)指定在登录过程成功时所打开的页。

所指定的页通常是站点的欢迎屏幕。

(6)指定在登录过程失败时所打开的页。

所指定的页通常会提示用户登录过程已失败,并且让用户重试。

(7)如果要让用户在试图访问受限页后前进到登录页,并且在登录后返回到该受限页,请选择"转到前一 URL"选项。

如果用户未先登录就试图通过打开受限页来访问站点,则受限页可以使该用户前进到登录页。当用户成功登录后,登录页会将该用户重定向到原来使用户前进到登录页的受限页。

当用户在这些页上完成"限制对页的访问"服务器行为的对话框后,请确保在"如果访问被拒绝,则转到"框中指定登录页。

(8)指定是仅根据用户名和密码还是同时根据授权级别来授予对该页的访问权,并单击"确定"。

将向登录页添加服务器行为以确保访问者输入的用户名和密码是有效的。

附　录

Macintosh 与 Windows 键位指令对照表

功能	WINDOWS	MACINTOSH
回车、确定	Enter	Return
右击	鼠标右键	Control
选项	alt	option
控制	Ctrl	Command
全选	Ctrl＋A	Command＋A
复制	Ctrl＋C	Command＋C
剪切	Ctrl＋X	Command＋X
粘贴	Ctrl＋V	Command＋V
重做	Ctrl＋Z	Command＋Z

参考文献

[1] 王晓红. 网页设计与制作[M]. 北京:机械工业出版社,2011.

[2] 尹霞. 网页设计项目式实训教程综合实例篇[M]. 北京:冶金工业出版社,2010.

[3] 杨海,崔强荣. 网站建设与网页设计案例教程[M]. 重庆:重庆大学出版社,2010.

[4] 马永强. 中文版 Dreamweaver 多媒体教学经典教程[M]. 北京:清华大学出版社,2009.

[5] 顾群业. Dreamweaver 网页设计标准教材[M]. 北京:中国电力出版社,2008.

[6] 周立. 网页设计与制作[M]. 北京:高等教育出版社,2009.

[7] 王晓红. 网络信息编辑[M]. 北京:高等教育出版社,2008

[8] 马宪敏. Dreamweaver 8 基础与实例教程[M]. 北京:中国水利水电出版社,2006.

[9] 倪洋. 网页设计[M]. 上海:上海人民美术出版社,2006.

[10] 李光明,曹蕾,余辉. 中文 Dreamweaver8 网页设计与实训教程. 北京:冶金工业出版社,2010.

[11] 杨选辉. 网页设计与制作教程[M]. 北京:清华大学出版社,2005.

[12] 周立. 网页设计与制作[M]. 北京:清华大学出版社,2004.